“十三五”高等职业教育规划教材

人工智能技术导论

聂 哲 肖正兴 主 编
王铮钧 赵艳红 郑 杰 李亚奇 王 廷 参 编

中国铁道出版社有限公司
CHINA RAILWAY PUBLISHING HOUSE CO., LTD.

内 容 简 介

本书以培养人工智能素养、计算思维能力和人工智能应用能力为目标，选用 Python 作为讲授计算思维和人工智能的载体，通过问题驱动、层层递进方式，培养学生的信息处理能力、问题解决能力和人工智能技术应用能力。本书内容主要包括人工智能绪论、人工智能之 Python 基础、人工智能之 Python 进阶、人工智能之商业智能、人工智能之 Baidu AI 库应用、人工智能之机器学习、创建 GUI 程序，以及人工智能之仿真模拟。

本书紧跟人工智能技术动态，选取人工智能中的典型应用，同时采用 Python 作为载体，具有很强的操作性和实用性。本书适合作为高等职业院校计算机公共基础课程的教材，也可作为电子信息、计算机相关专业的人工智能教材。

图书在版编目（CIP）数据

人工智能技术导论/聂哲，肖正兴主编. —北京：中国铁道出版社有限公司，2019. 10（2023. 7重印）
"十三五"高等职业教育规划教材
ISBN 978-7-113-26192-4

Ⅰ. ①人… Ⅱ. ①聂… ②肖… Ⅲ. ①人工智能-高等职业教育-教材 Ⅳ. ①TP18

中国版本图书馆CIP数据核字（2019）第186534号

书　　名：人工智能技术导论
作　　者：聂　哲　肖正兴

策　　划：翟玉峰　　　　　　编辑部电话：（010）83517321
责任编辑：翟玉峰　冯彩茹
封面设计：刘　颖
责任校对：张玉华
责任印制：樊启鹏

出版发行：中国铁道出版社有限公司（100054，北京市西城区右安门西街 8 号）
网　　址：http://www.tdpress.com/51eds/
印　　刷：三河市航远印刷有限公司
版　　次：2019 年 10 月第 1 版　2023 年 7 月第 4 次印刷
开　　本：787 mm×1 092 mm　1/16　印张：14.5　字数：315 千
印　　数：5 001 ～ 6 000 册
书　　号：ISBN 978-7-113-26192-4
定　　价：42.00 元

前　言

党的二十大报告提出："推动战略性新兴产业融合集群发展，构建新一代信息技术、人工智能、生物技术、新能源、新材料、高端装备、绿色环保等一批新的增长引擎。"从党的二十大报告可以看出，人工智能已经处于国家战略性地位，给社会和生活带来了根本性的变化，因此学生应具备人工智能视野，并能运用人工智能技术分析和解决专业问题。

本书以提高人工智能素养为切入点，以学生具备基本的人工智能思维能力为目标，以如何应用人工智能技术解决复杂问题为核心，培养高职学生的人工智能素养、计算思维能力和人工智能应用能力。

本书内容紧跟人工智能主流技术，选取了商业智能分析、云AI应用、机器学习和仿真模拟等典型案例，培养学生广泛地思考和实践如何利用人工智能的手段解决专业行业的各种复杂任务，重点学习如何有效地运用视觉、语言（语音）、大规模数据等AI处理技术，对专业任务进行辅助决策。

本书采用Python作为讲授计算思维和人工智能的载体。Python语言俗称粘性语言或胶水语言，由于其语法简单功能强大、编写简洁可读性好，能够用简单的语法结构封装各编程语言最优秀的程序代码，已成为各行业应用开发的首选编程语言。

本书通过问题驱动、案例引导、层层递进的编写方式，将案例拆解成递进式任务，教师可以根据学生特点分层次实施不同任务，便于分层次组织教学和因材施教，同时学生也能够根据自己的程度，递进式学习相关案例。

本书由聂哲、肖正兴任主编，由王铮钧、赵艳红、郑杰、李亚奇、王廷参与编写。

由于编者水平有限，加之时间仓促，书中难免存在疏漏和不足之处，恳请读者批评指正。

编　者

2023年5月

目 录

第1章 人工智能绪论

根据最新数据显示，目前我国手机上网用户数已经突破12亿用户，其中4G用户规模超过11亿户，随之而来的是移动APP的盛行，很多年前科幻小说中的场景，现在已经成为人们真实的生活经历。

在人工智能的浪潮下，未来的世界会变成什么样？让我们拭目以待。

1.1 人工智能的未来畅想

小明是一个生活在2030年的教师，让我们来畅想一下他的日常生活。

角色1：小明

角色2：Nida（机器人）

角色3：Miracle（机器人）

时间：2030年1月1日

06:00，起床时间到，Nida播放了一曲小明最爱的《致爱丽丝》，并轻声说："小明，今天是2030年1月1日，新的一天开始了。今天气温20℃～28℃，天气晴朗！加油噢！"

小明伸了个懒腰，打了一个长长的哈欠，哼着音乐起床。房间感知到了他起床的信号，自动电控的调光玻璃逐渐由漆黑变得透明，金色的阳光洒进卧室。

Nida快速扫描小明全身，根据小明这段时间的健康智能监测系统数据，为小明定制了一份营养均衡早餐：一碗瘦肉粥、营养油条、蔬菜和一杯热牛奶。小明享受着Nida准备的美味早餐。这样一份营养早餐，让他精力充沛，心情愉悦。小明一边吃着早餐，一边浏览着饭桌上呈现出的个性化、智能推送的信息，包括最新新闻、实时路况、空气质量，等等。

早餐完毕，Nida把一天的工作安排推送到小明面前。小明查看了工作安排，按照优先级处理了相关留言，并对当前的工作进行了简单安排。

7:30，Nida提醒小明："主人，上班时间到了，更衣出行吧！"出门前，小明对Nida说："开启安防。"此时房间内都处于红外保护状态，如果有人恶意闯入，将自动报警。

8:00，小明出行上班。

智能家居系统检测到小明要出门，告知车库中的汽车，汽车自主开到家门口等待，小明走上前轻轻对着汽车说："开门。"识别模块进行声音自动识别，车锁自动打开。

小明上车后，汽车车载精灵问道："小明，我是车载精灵，您现在是去上班吗？"

小明说："上班！"汽车根据当前的交通状况，自动选择最优路线并驶向上班地点。到达上班地点后，小明走向办公室，同时小明的车根据周边停车位空缺自动停车。

9:00，小明进入办公室后，Miracle把今天的工作安排按照紧急程度传送到小明的桌面。小明简单地浏览后，开始了高效工作的一天。小明是一名学校的管理人员。他所在的职业院校的最大特色是紧贴市场需求、学生的动手能力强。小明可以通过仪表盘查看学校教学的总体情况、学生考勤情况、教学总体情况。学生在该职业院校通过各种虚拟仿真设备进行实操能力的培养；教师通过各种实训平台进行教学指导，并通过大数据平台获取学生的学习效果，反哺到教学过程中。

高效充实的上午时光匆忙而短暂。11:30，小明通过桌面订餐系统预订了午餐，并预订了座位。来到餐厅，送餐机器人将烹饪好的午餐送到指定的座位上。

17:00，一天充实的工作结束。小明走出学校，无人驾驶汽车已经准确地停在他的面前。刚刚坐上汽车，家庭冰箱就通过汽车屏幕为小月发来了家里还有什么食物及菜谱。小明给Nida打了个电话，告知晚餐想吃什么。

18:00，小明回到家。他打开门，家里的灯光让人倍感舒畅，Nida自动播放小明最喜欢的音乐。妻子早已接孩子放学回来，孩子们都在AR环境下复习当天功课，并完成当天的作业。

20:00，吃完Nida准备的美味晚餐，一家人去附近的公园散步。锻炼的人们戴着智能腕带。该腕带记录着佩戴者每天锻炼的时间和散步的里程，并且把佩戴者的心跳、血压等信息上传到一个公共医疗数据库中，通过计算，它会准确地提醒主人的身体状况和适合的运动幅度。

夜色渐浓，一天即将结束。

睡前，孩子们躺在床上听Nida讲历史故事，慢慢地进入梦乡。

1.2 科技改变生活

人和其他动物的根本区别之一，是人类有创造意识，可以制造工具改变生存的空间和环境，而其他动物只能根据环境改造自己。人和其他动物的根本区别之二是人类可以通过种植、饲养创造和加工食物，而其他动物只能根据环境选择食物。

人类最重要的进化，是学会使用工具，有了“技术”。

如图1-1所示，人类不断发明新的工具延伸、拓展人的各项功能。约6000年前，以青铜器（铜锡合金）的出现为标志，人类进入“青铜时代”，直至公元初年。较之石器，金属工具有更大的优点。金属制造涉及采矿、冶炼、锻造等复杂技术，需要熔炉和风箱。金银加工、面包酿酒技术随后出现。动物被用来牵引和运输，之后又出现了车、船。依靠新的灌溉技术和农业技术，生产力提高，人口增加，国家开始出现。

图 1-1 人类工具

如图 1-2 所示，为了分配剩余产品，需要把口头的和定量的信息记录下来，由此出现了书写和计算。由“结绳记事”进化到文字，出现楔形文字、象形文字、拼音文字。书写替代了身传口授,其后渐渐产生出文学的成分。计算是随同书写一起发展起来的技术，用于计数、交换、记账。

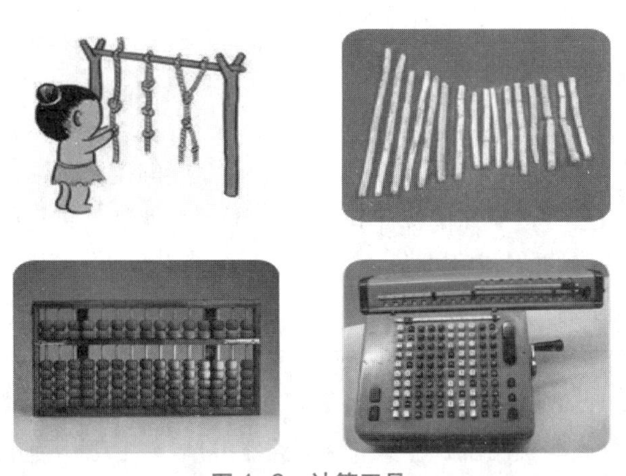

图 1-2 计算工具

如图1-3所示，随着集成电路的发展，计算机性能大幅提升，21世纪，科学和技术已进入人们生活的各个领域。以手机为例，方寸之间，集人类数千年科学和技术成果之大成，数百位科学家、发明家薪火相传，才带来今天这种执世界于掌心的智能设备。

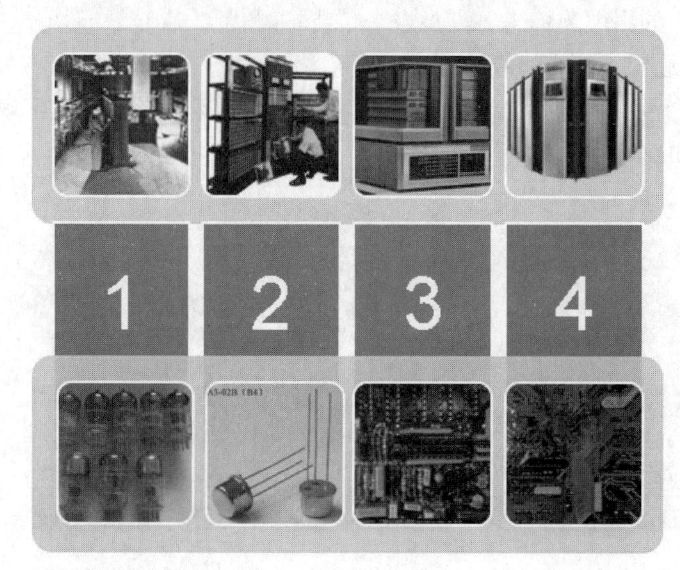

图 1–3 计算机发展史

1.3 人工智能概述

计算机面世不到100年，已经使人们的生活发生了翻天覆地的变化，如今，人工智能已经融入人们日常生活的点点滴滴。例如，手机能够告诉人们“今天的天气如何”、“去××图书馆应该如何走”，等等。而机器人不仅能够帮助人们清理房间，还可以陪人们聊天。

人工智能已变得无处不在，那么，人工智能到底是什么？

1.3.1 人工智能的定义

人工智能=“人工”+“智能”。

人工必须是人创造的东西。《现代汉语词典》对智能的定义为“经高科技处理，具有人的某些智慧和能力的”，这显然取决于记忆。人工智能就是人创造的能够获取和应用知识和技能的能力的程序、机器或者设备。

尼尔逊教授对人工智能下了这样一个定义：“人工智能是关于知识的学科——怎样表示知识以及怎样获得知识并使用知识的科学。”

MIT教授Patrick H. Winston认为：“人工智能就是研究如何使计算机去做过去只有人才能做的智能工作。”这些说法反映了人工智能学科的基本思想和基本内容。

人工智能是一种算法或者程序，该程序通过如下所列的约束条件得以实现：

(1) 人工智能是关于思维、感知和行动的表达系统。

(2) 人工智能是建立关于思维、感知和行动的模型。

那么，什么是模型？为什么需要建模？

埃及人堆金字塔时，工程浩大，空前绝后，不过金字塔修好之后，人们提出了一个让能工巧匠很为难的问题——金字塔到底有多高？大哲学家泰勒斯站在沙漠中苦思冥想，最后给出了丈量方案，如图1–4所示。

图 1–4 泰勒斯丈量金字塔高度

“为什么模型化思维非常重要？”模型提供了复杂世界的缩微的、抽象的版本，在这个缩微版本中，人们更容易阐述、理解甚至发现一些规律。然后，通过理解这些规律，找到解决现实问题的路径。

也正因为模型对现实世界的简化而丢失了一些信息，这也是利用模型解决现实问题经常面对的麻烦。丘吉尔说过：“两个经济学家讨论一个问题，通常得出两种结论；如果其中一人为著名经济学家，结论必有三种以上。”因为他们用的模型不同。

(3) 人工智能是通过特定表达方式表现关于思维、感知和行动的模型。

例如，一个农夫领了一匹狼和两只羊过河，他的船每次只能带一只动物过河，农夫不在时狼会吃羊，如何乘船才能把这些动物安全运过河？

我们需要使用特定的表达方式表示该问题，以及这个问题中共有多少种不同的状态。

(4) 人工智能是关于通过表示得以呈现的约束条件而表示针对思维、感知和行动的模型。

约束条件是：农夫不在的时候，狼会吃掉羊。

答案：第一次先带狼，空船回；第二次带第一只羊，再带狼回；第三次带第二只羊，留狼。空船回来带狼。

1.3.2 图灵测试

图灵测试（The Turing test）由艾伦·麦席森·图灵发明，指测试者与被测试者（一个人和一台机器）隔开的情况下，通过一些装置（如键盘）向被测试者随意提问。

进行多次测试后，如果有超过30%的测试者不能确定出被测试者是人还是机器，那么这台机器就通过了测试，并被认为具有人类智能。图灵测试一词来源于计算机科学和密码学的先驱艾伦·麦席森·图灵写于1950年的一篇论文《计算机器与智能》，其中30%是图灵对2000年时的机器思考能力的预测，目前人们仍远远落后于这个预测。

1.3.3 中文房间

一个对中文一窍不通，只会说英语的人被关在一个封闭、只有一个窗口的房间里，他手上有一本绝对完美的中英手册，用来指导他以递纸条的方式翻译并回复窗外的中文信息。希尔勒认为，尽管房间里的人能够以假乱真，让房间外面的人相信他是一个懂中文的人，但客观事实是他根本不懂中文。

上述过程中，房外人的角色相当于程序员，房中人相当于机器，而中英手册则相当于计算机程序。每当房外人给出一个输入，房中人便依照手册给出一个输出。而正如房中人不可能通过中英手册理解中文一样，机器也不可能通过程序来获得理解力。既然机器没有理解能力，那么所谓的“让机器拥有等价人类智能”的强人工智能便无从说起。

1.3.4 人工智能的分类

人工智能一个比较流行的定义，也是该领域较早的定义，是由约翰·麦卡锡（John Mccarthy）在1956年的达特茅斯会议（Dartmouth Conference）上提出的：人工智能就是要让机器的行为看起来就像是人所表现出的智能行为一样。但是这个定义似乎忽略了强人工智能的可能性。另一个定义是指人工智能是人造机器所表现出来的智能性。总体来讲，对人工智能的定义大多可划分为四类，即机器“像人一样思考”、“像人一样行动”、“理性地思考”和“理性地行动”。这里“行动”应广义地理解为采取行动，或制定行动的决策，而不是肢体动作。

1. 强人工智能（BOTTOM-UP AI）

强人工智能的观点认为有可能制造出能真正地推理和解决问题的智能机器，并且，这样的机器被认为是有知觉的，有自我意识的。强人工智能可以有两类：

（1）类人的人工智能，即机器的思考和推理就像人的思维一样。

（2）非类人的人工智能，即机器产生了和人完全不一样的知觉和意识，使用和人完全不一样的推理方式。

2. 弱人工智能（TOP-DOWN AI）

弱人工智能观点认为不可能制造出能真正地推理和解决问题的智能机器，这些机器只不过看起来像是智能的，但是并不真正拥有智能，也不会有自主意识。

主流科研集中在弱人工智能上，并且一般认为这一研究领域已经取得可观的成就。强人工智能的研究则处于停滞不前的状态下。

弱人工智能就是擅长于单个方面的人工智能。比如能战胜象棋世界冠军的人工智能，但是它只会下象棋，你要问它西红柿炒鸡蛋怎么做，它就不知道了。

虽然现在还没有达到强人工智能的阶段，但是弱人工智能已经相当普及，已经成为人们日常生活必不可少的一部分。如图1-5所示，市场上已经有很多弱人工智能的应用。

图 1–5　弱人工智能应用

汽车的弱人工智能系统：从控制防抱死系统的计算机，到控制汽油注入参数的计算机。还有百度研发的无人驾驶车，就包括了很多弱人工智能，这些弱人工智能能够感知周围环境并做出反应。

手机上的弱人工智能系统：地图软件导航，接受音乐电台推荐，查询明天的天气，和Siri聊天，以及其他很多应用，其实都是弱人工智能。

产品推荐：电商网站的产品推荐，还有社交网站的好友推荐，这些都是弱人工智能组成的。网购时出现的“买这个商品的人还购买了”推荐，还有媒体平台，也会根据用户的日常浏览记录为用户推送喜欢看的信息，也属于弱人工智能。

谷歌翻译：对着手机说中文，手机直接翻译成英文。

谷歌、百度、360等各大搜索引擎：都是巨大的弱人工智能，背后是非常复杂的排序方法和内容检索。

除了这些，还有军事、制造、金融、医疗等很多领域，都广泛应用了各种复杂的弱人工智能。

1.4 人工智能简史

1.4.1　人工智能的诞生期

1. 人工智能的诞生（20世纪40—50年代）

1）1950年：图灵测试

1950年，著名的图灵测试诞生，按照“人工智能之父”图灵的定义：如果一台机器能够与人类展开对话（通过电传设备）而不能被辨别出其机器身份，那么称这台机器具有智能。同一年，图灵还预言会创造出具有真正智能的机器的可能性。

2）1954年：第一台可编程机器人诞生

1954年美国人乔治·戴沃尔设计了世界上第一台可编程机器人。

3）1956年：人工智能诞生

1956年夏天，美国达特茅斯学院举行了历史上第一次人工智能研讨会，被认为是人工智能诞生的标志。会上，麦卡锡首次提出了“人工智能”这个概念，纽厄尔和西蒙则展示了编写的逻辑理论机器。

2. 人工智能的黄金时代（20世纪60年代）

1）1966—1972年：首台人工智能机器人Shakey诞生

1966—1972年期间，美国斯坦福国际研究所研制出机器人Shakey，这是首台采用人工智能的移动机器人。

2）1966年：世界上第一个聊天机器人ELIZA发布

美国麻省理工学院（MIT）的魏泽鲍姆发布了世界上第一个聊天机器人ELIZA。ELIZA的智能之处在于她能通过脚本理解简单的自然语言，并能产生类似人类的互动。

3）1968年：计算机鼠标发明

1968年12月9日，美国加州斯坦福研究所的道格·恩格勒巴特发明了计算机鼠标，构想出超文本链接概念，它在几十年后成为现代互联网的根基。

3. 人工智能的低谷（20世纪70年代）

20世纪70年代初，人工智能遭遇了瓶颈。当时的计算机有限的内存和处理速度不足以解决任何实际的人工智能问题。要求程序对这个世界具有儿童水平的认识，研究者们很快发现这个要求太高：1970年没人能够做出如此巨大的数据库，也没人知道一个程序如何才能学到如此丰富的信息。由于缺乏进展，对人工智能提供资助的机构（如英国政府、美国国防部高级研究计划局和美国国家科学委员会）对无方向的人工智能研究逐渐停止了资助。

1.4.2 人工智能的繁荣期

1. 人工智能的繁荣期（1980—1987年）

1）1981年：日本研发人工智能计算机

1981年，日本经济产业省拨款8.5亿美元用以研发第五代计算机项目，在当时被称为人工智能计算机。随后，英国、美国纷纷响应，开始向信息技术领域的研究提供大量资金。

2）1984年：启动Cyc（大百科全书）项目

在美国人道格拉斯·莱纳特的带领下，启动了Cyc项目，其目标是使人工智能的应用能够以类似人类推理的方式工作。

3）1986年：3D打印机问世

美国发明家查尔斯·赫尔制造出人类历史上首台3D打印机。

2. 人工智能的冬天（1988—1993年）

“AI（人工智能）之冬”一词由经历过1974年经费削减的研究者提出。他们注意到了对专家系统的狂热追捧，预计不久后人们将转向失望。事实被他们不幸言中，专家系统的实用性仅仅局限于某些特定情景。到了20世纪80年代晚期，美国国防部高级研究计划局（DARPA）的新任领导认为人工智能并非“下一个浪潮”，拨款开始倾向于那些看起来更容易出成果的项目。

1.4.3 人工智能真正的春天

1）1997年：计算机“深蓝”战胜国际象棋世界冠军

1997年5月11日，IBM公司的计算机“深蓝”战胜国际象棋世界冠军卡斯帕罗夫，成为首个在标准比赛时限内击败国际象棋世界冠军的计算机系统。

2）2011年：开发出使用自然语言回答问题的人工智能程序

2011年，Watson（沃森）作为IBM公司开发的使用自然语言回答问题的人工智能程序参加美国智力问答节目，打败两位人类冠军，赢得了100万美元的奖金。

3）2012年：Spaun诞生

加拿大神经学家团队创造了一个具备简单认知能力、有250万个模拟“神经元”的虚拟大脑，命名为Spaun，并通过了最基本的智商测试。

4）2013年：深度学习算法被广泛运用在产品开发中

Facebook人工智能实验室成立，探索深度学习领域，借此为Facebook用户提供更智能化的产品体验；Google收购了语音和图像识别公司DNNResearch，推广深度学习平台；百度创立了深度学习研究院等。

5）2015年：人工智能突破之年

Google开源了利用大量数据就能直接训练计算机来完成任务的第二代机器学习平台Tensor Flow；剑桥大学建立人工智能研究所等。

6）2016年：AlphaGo战胜围棋世界冠军李世石

2016年3月15日，Google人工智能AlphaGo与世界围棋冠军李世石的人机大战最后一场落下了帷幕。人机大战第五场经过长达5个小时的搏杀，最终李世石与AlphaGo总比分定格在1比4，以李世石认输结束。这一次人机对弈让人工智能正式被世人所熟知，整个人工智能市场也像是被引燃了导火线，开始了新一轮爆发。

1.4.4 人工智能的大事记

1）1942年：“机器人三定律”提出

美国科幻巨匠阿西莫夫提出“机器人三定律”，后来成为学术界默认的研发原则。

2）1956年：人工智能的诞生

达特茅斯会议上，科学家们探讨用机器模拟人类智能等问题，并首次提出人工智能（AI）的术语，AI的名称和任务得以确定，同时出现了最初的成就和最早的一批研究者。

3）1959年：第一代机器人出现

德沃尔与美国发明家约瑟夫·英格伯格联手制造出第一台工业机器人。随后，成立了世界上第一家机器人制造工厂——Unimation公司。

4）1965年：兴起研究“有感觉”的机器人

约翰·霍普金斯大学应用物理实验室研制出Beast机器人。Beast已经能通过声纳系统、光电管等装置，根据环境校正自己的位置。

5）1968年：世界第一台智能机器人诞生

美国斯坦福研究所公布他们研发成功的机器人Shakey。它带有视觉传感器，能根据人的指令发现并抓取积木，可以算是世界第一台智能机器人，不过控制它的计算机有一个房间那么大。

6）2002年：家用机器人诞生

美国iRobot公司推出了吸尘器机器人Roomba，它能避开障碍，自动设计行进路线，还能在电量不足时，自动驶向充电座。

7）2014年：机器人首次通过图灵测试

在英国皇家学会举行的“2014图灵测试”大会上，聊天程序“尤金·古斯特曼”（Eugene Goostman）首次通过了图灵测试，预示着人工智能进入全新时代。

8）2016年：AlphaGo打败人类

2016年3月，AlphaGo对战世界围棋冠军李世石，并以4：1的总比分获胜。

1.5 人工智能在部分行业中的应用

1.5.1 安全防范

天网工程是指为满足城市治安防控和城市管理需要，利用GIS地图、图像采集、传输、控制、显示等设备和控制软件，对固定区域进行实时监控和信息记录的视频监控系统。如图1-6所示，天网工程通过在交通要道、治安卡口、公共聚集场所、宾馆、学校、医院以及治安复杂的场所安装视频监控设备，利用视频专网、互联网、移动等网络把一定区域内所有视频监控点图像传播到监控中心（即“天网工程”管理平台），对刑事案件、治安案件、交通违章、城管违章等图像信息分类，为强化城市综合管理、预防打击犯罪和突发性治安灾害事故提供可靠的影像资料。

图 1–6　天网视频监控

公安部联合工信部等相关部委共同发起建设的信息化工程，涉及众多领域，包含城市治安防控体系的建设、人口信息化建设等，由上述信息构成基础数据库数据，根据需要进行编译、整理、加工，供授权单位进行信息查询。

天网工程整体按照部级—省厅级—市县级平台架构部署实施，具有良好的拓展性与融合性。目前许多城镇、农村、企业都加入了天网工程，为保持社会治安、打击犯罪提供了有力的工具。

1.5.2 工业机器人+无人驾驶

（1）Atlas机器人。Google收购了波士顿动力公司（Boston Dynamics），这家被众多国内机器人领域的研究人员视作机器人领域“最高水平”的公司放了一个大招——在YouTube上发布了一支它们最新开发的新一代Atlas机器人的视频。如图1–7所示，Altlas机器人具备开门、雪地行走、搬东西、跳跃等功能。

图 1–7 Atlas 机器人

（2）亚马逊仓库中的机器人，如图1–8所示，可以负责在仓库中进行货物的搬运，并能在搬运过程中自动避障。

图 1–8 仓库机器人

（3）中国无人驾驶公交车。如图1-9所示，2017年，中国无人驾驶公交车——阿尔法巴开始在深圳科技园区的道路上行驶。这四辆巴士在长约1.2 km的公路上行驶三站。这四辆公交车可容纳25人，其中有17座位，8人站立。运行时速25 km/h，最高时速可达40 km/h。40 min即可充满电，单次续航里程可达150 km。可以监测到100 m之内的路况。

图 1-9　无人驾驶汽车

1.5.3　智慧医疗

1. IBM Watson系统

IBM Watson能够快速筛选癌症患者记录，为医生提供可供选择的循证治疗方案。

2. 微软个人健康管理平台

微软发布了面向个人的健康管理平台，整合不同的健康及健身设备搜集的数据，苹果、Facebook等公司也通过设立医疗健康部门、开发医疗健康类应用、收购医疗健康类初创企业等方式，逐步踏入医疗健康行业。

我国人工智能医疗发展虽然起步稍晚，但是热度不减。数据显示，2017年中国人工智能医疗市场规模超过130亿元人民币，并在2018年达到200亿元人民币。

目前我国人工智能医疗企业聚焦的应用场景集中在以下几个领域：

（1）基于声音、对话模式的人工智能虚拟助理。例如，广州市妇女儿童医疗中心主导开发的人工智能平台可实现精确导诊、辅助医生诊断。

（2）基于计算机视觉技术对医疗影像进行快速读片和智能诊断。腾讯人工智能实验室专家姚建华介绍，目前人工智能技术与医疗影像诊断的结合场景包括肺癌检查、糖网眼底检查、食管癌检查以及部分疾病的核医学检查、核病理检查等。

（3）基于海量医学文献和临床试验信息的药物研发。目前我国制药企业也纷纷进入人工智能领域，人工智能可以从海量医学文献和临床试验信息等数据中，寻找到可用的信息并提取生物学知识，进行生物化学预测，据预测该方法有望将药物研发时间和成本各缩短约50%。

1.5.4 微信人工智能小程序

微信作为人手必备的社交工具，该程序上已经集成了很多人工智能应用，如图1-10所示，有微软六代小冰、猜画小哥、形色识花和百度AI体验中心等小程序，可以快捷体验手机上的人工智能。

图 1-10　微信 AI 应用小程序

1.6 云 AI 应用场景

1.6.1 什么是人工智能云服务

所谓人工智能云服务，一般也被称为AIaaS（AI as a Service，AI即服务）。这是目前主流的一种人工智能平台的服务方式，具体来说，AIaaS平台会把几类常见的AI服务进行拆分，并在云端提供独立或者打包的服务。这种服务模式类似于开了一个AI主题商城：所有的开发者都可以通过API接口的方式来接入使用平台提供的一种或者是多种人工智能服务，部分资深的开发者还可以使用平台提供的AI框架和AI基础设施来部署和运维自己专属的机器人。

以腾讯云为例，目前平台提供25种不同类型的人工智能服务，其中有8种偏重场景的应用服务、15种侧重平台的服务，以及2种能够支持多种算法的机器学习和深度学习框架。

1.6.2 为什么AI需要迁移到云平台中

传统的AI服务有两大不可忽视的弊端：经济价值低；部署和运行成本高昂。前面一点主要是受制于以前落后的AI技术——在深度学习等概念没有发展起来之前，AI所能做的事情很少，而且即便是在那些实现了商业化使用的场景（如企业客服）中，这些弱AI的表现也并不佳。

至于我们今天要提到的人工智能云服务，则主要解决的是第二个瓶颈：即部署和运行成本高昂问题。按照业界的主流观点，AI迁移到云平台是大势所趋——因为未来的AI系统必须要能同时处理千亿量级的数据，同时要在AI系统中做自然语言处理或者是运行机器学习模型。这一过程需要大量的存储和计算能力，完全不是一般的计算机或者手机等设备能够承载的，最好的解决方案就是把它们集中在云端服务器上进行统一处理，也就是所谓的人工智能云服务。

用户在使用这些云AI产品时，不再需要花费很多精力和成本在软硬件上，只需要从平台上按需购买服务并简单接入自己的产品即可。如果说以前的AI产品部署像是为了喝水而挖一口井，那么现在就像是企业直接从自来水公司接了一根自来水管，想用水的时候打开水龙头即可。在收费方面也不再是像以前那样需要一次性买断，而是根据实际使用量（调用次数）来收费。使用云AI产品的另一个巨大好处就是其训练和升级维护也由服务商统一负责管理，不再需要企业聘请专业技术人员进行驻场，这也为企业节省了一笔不菲的开支。

1.6.3 人工智能云服务的类型

根据部署方式的不同，人工智能云服务又可分为以下三种不同类型：公有云、私有云、混合云。

1. 公有云

服务全部存放于公共云服务器上。用户无须购买软件和硬件设备，有需求直接线上调用相关服务即可。这种部署方式成本低廉、使用方便，是最受中小企业欢迎的一种人工智能云服务类型。但需要注意的是，若采用公有云方案，用户数据将全部备份在共享云服务器上，数据存在泄漏风险。

2. 私有云

服务器独立供指定客户使用，主要目的在于确保数据安全性，加强企业对系统的管理能力。但是私有云搭建方案初期投入较高，部署需要的时间长，而且后期需要有专人进行维护。一般来说并不太适合预算不充足的小企业选用。

3. 混合云

这种方案的主要特点是帮助用户实现数据的本地化，确保用户的数据安全，同时对于不敏感的环节可以在公有云服务器中处理。这种方案比较适合无力搭建私有云但又注重自身数据安全的企业使用。

1.7 小试牛刀

打开 PyCharm开发环境，实现以下绘制图形的程序：

```
1   import turtle
2   def draw_m_angle(size=50,m=5):
3       ''' 绘制正m角形 args:
4        size: int类型,正多角形的边长,默认为50
5        m: int类型,是几角形,默认为5
6         '''
7        for i in range(m):
8            turtle.forward(size)
9            turtle.left(360.0/m)
10           turtle.forward(size)
11           turtle.right(2*360.0/m)
12  def copyn(size=50,m=5,n=10):
13       for i in range(n):
14           draw_m_angle(size,m)
15           turtle.left(360/n)
16  size=eval(input("请输入边长大小:"))
17  m=eval(input("请输入正m角形的m值"))
18  n=eval(input("请输入正m角形的个数"))
19  copyn(size,m)
20  turtle.done()
```

本章小结

本章学习了什么是人工智能，人工智能为什么会出现，以及当前人工智能能够做什么。

AI作为一种工具的存在，机器学习等都是实现它的一种工具，AI技术有很多：机器视觉、指纹识别、人脸识别、视网膜识别、虹膜识别、掌纹识别、专家系统、自动规划、智能搜索、定理证明、博弈、自动程序设计、智能控制、机器人学、语言和图像理解、遗传编程等。如何应用这些技术解决自身问题，提高工作、学习和生活效率还需要不断挖掘。

课后习题

通过本章的阅读，并查阅相关资料，了解人工智能在自己的专业中有哪些应用。

第2章 人工智能之Python基础

毋庸置疑，20世纪40年代问世的电子计算机是人类最伟大的科学技术成就之一，它的诞生不但极大地推动了科学技术的发展，也深刻地影响了人们的思维和行为。随着相关领域科学技术的迅猛发展，计算机学科涉及的领域和值得探索的方向（如人工智能等）也愈来愈广泛，大到社会的方方面面，小到个人的点点滴滴，在数字化的今天，计算机可作为协助你学习的万能工具。

2.1 绘制三角形——初识Python

2.1.1 提出问题

完成自己的第一个Python程序：不是显示“hello world”，而是可以绘制一个能由自己确定位置、大小和颜色的等边三角形（在本节中，统称三角形）。

2.1.2 预备知识

1. 计算机与程序设计的基础知识

1）利用计算机进行问题求解的一般过程

If you can’t solve a problem, then there is an easier problem you can solve: find it.——G. Pólya

人们掌握知识的很重要的一个目的就在于解决所面临的新问题。针对问题本身的特点，可以将其主要分为两种类型：算法式和启发式。

算法式问题是指能通过直观、特定的步骤来解决的问题，例如，“兼职收入够每月的花销吗？”“这学期能得奖学金吗？”主要包括与数学公式运算相类似的一般计算型问题、包含关系或逻辑处理的逻辑型问题以及需要重复执行一组计算或逻辑处理的重复型问题。

而启发式问题是指不能通过直观、特定的步骤来解决的问题，例如，“现在买哪种基金好？”“开什么样的网店能赚钱？”对于这类问题的求解，不仅要有相应的知识和经验，而且还要经过不断地尝试、反复地摸索才可能会有较为合适、接近期望值的结果。

在启发式问题的逐步解决过程中，往往隐含着很多相关的算法式问题的求解，同样，一个复杂的算法式问题往往会由多个简单的不同类型的算法式问题所构成。

1945年匈牙利数学家G. Pólya提出了未经严格定义的问题求解阶段，仍然是今天讲述问题求解技能所依据的基本原则。

阶段1：理解问题。

阶段2：设计一个解决这个问题的方案。

阶段3：实现这个方案。

阶段4：评估这个解决方案的精确度，同时，评估用它作为解决其他问题的工具的潜力。

在利用计算机对一个问题进行求解时，其求解过程与一般的问题求解相类似，大致包括：

（1）分析问题。对于接收的任务要进行认真的分析，研究所给定的条件，分析最后应达到的目标，找出解决问题的规律，选择解题的方法，完成实际问题。

（2）设计程序以解决问题。

①分析问题构造模型。在得到一个基本的物理模型后，用数学语言描述它（例如，列出解题的数学公式），即建立数学模型。

②选择计算方法。确定用什么方法最有效、最近似地实现各种数值计算，用计算机解题应当先确定用哪一种方法。

③确定算法。在编写程序之前，应当整理好思路，设想好每一步如何运算或处理，即为“算法”。

④画流程图。把算法用框图画出来，用一个框表示要完成的一个或几个步骤，它表示工作的流程，称为流程图。它能使人们思路清楚，减少编写程序中的错误。

（3）编写程序。根据得到的算法，用一种高级计算机语言编写出源程序。

（4）调试及运行程序、分析结果。对源程序进行编辑、编译和连接，运行可执行程序，得到运行结果。能得到运行结果并不意味着程序正确，要对结果进行分析，看它是否合理，若不合理，就要对程序进行调试，即通过上机发现和排除程序中的故障。

一个复杂的程序往往不是一次上机就能通过并得到正确结果的，需要反复试算修改，才能得到正确的可供正式运行的程序。

2）程序与程序设计的基本概念

程序设计（Programming，也称编程）是给出解决特定问题程序的过程，是设计、编制、调试程序的方法和过程，它是计算机进行问题求解过程中的重要组成部分。

程序（Program）是为实现特定目标或解决特定问题而用计算机语言编写的命令序列的集合，告诉计算机如何完成一个具体的任务。

程序是程序设计中最为基本的概念，是为了便于进行程序设计而建立的程序设计基本单位。程序设计往往以某种程序设计语言为工具，给出这种语言下的程序。由于现在的计算机还不能理解人类的自然语言，所以还不能用自然语言编写计算机程序。

3）IPO程序处理流程

瑞士计算机科学家尼古拉斯·沃斯（Nicklaus Wirth）凭借一句话获得图灵奖，让他获得图灵奖的这句话就是他提出的著名公式：

算法 + 数据结构 = 程序(Algorithm + Data Structures=Programs)

在利用计算机对一个问题进行求解时，其求解过程大致包括分析问题、设计程序以解决问题、编写程序、调试及运行程序和分析结果，在完成分析问题和设计程序之后，就要根据得到的算法，用一种计算机语言编写出源程序。

无论程序规模如何，通常意义上讲，每个程序都有基本统一的处理流程：输入（Input）、处理（Process）和输出（Output），我们称为IPO处理，如图2-1所示。

图 2-1　程序处理流程

（1）输入：获取实现程序功能所需要的源数据。根据对问题的分析，要清楚到底需要什么样的数据，这些数据从哪里获取。

（2）处理：对获取的数据进行各种操作以产生出结果的过程。根据设计方案，对各类不同的数据进行相应的处理，这种问题的处理方法可称为“算法”。

算法应该说是解决问题的一种特殊方法——它虽然不是问题的答案，但它是经过准确定义以获得答案的过程。作为程序最重要的组成部分，算法是一个程序的灵魂。

（3）输出：程序功能实现后产生的目标数据的具体呈现方式。根据对问题的分析，要明确问题解决后的结果形式，是准确的数值、一些文字描述、一种状态或者是一整套可行的方案以及如何展示这些结果。

IPO 处理：类似大厨做菜的工序，原材料的准备、加工以及精美菜式的呈现。

2. 为什么是Python

There should be one - and preferably only one - obvious way to do it. —— The Zen of Python, Tim Peters.

IEEE发布的2017年编程语言排行榜中，Python高居首位，已经成为世界上最受欢迎的语言，C和Java分别位居第二位和第三位。Python语言在人工智能、机器学习、数据分析等领域的突出表现让其火爆异常。

Python是荷兰人Guido van Rossum在1989年圣诞节期间，为了打发无聊的圣诞节而编写的一个编程语言，第一个公开发行版发行于1991年。Python设计者开发时总的指导思想是：对于一个特定的问题，“用一种方法，最好是只有一种方法来做一件事”。

1）易读易写

Python的设计哲学是“优雅”、“明确”和“简单”，其设计目标之一是让代码具备高度的可阅读性，所以，Python程序看上去总是简单易懂，能够一目了然。Python的这种伪代码本质是它最大的优点之一，它使用户能够专注于解决问题而不是去搞明白语言本身。

除了便于读懂，Python还易于编写，它虽然是用C语言写的，但是它摈弃了其中非常复杂的指针，简化了Python的语法。比如，完成同一个任务，C语言可能要写500行代码，Java也许只需要写不到100行代码，而Python很可能只需要十几行代码。

2）现找现用

Python提供了非常完善的基础代码库，覆盖了网络、文件、GUI、数据库、文本等大量内容，被形象地称作“内置电池”。而除了内置的库外，Python还有大量丰富的第三方库，也就是别人开发的、可供直接使用的东西。

PyPI（Python Package Index）是Python官方的第三方库的仓库，截至2018年8月初，有高达近15万的量，如图2-2所示，可以帮助用户解决各种各样的问题，如文档生成、数据库、网页浏览器、密码系统、GUI（图形用户界面）等。

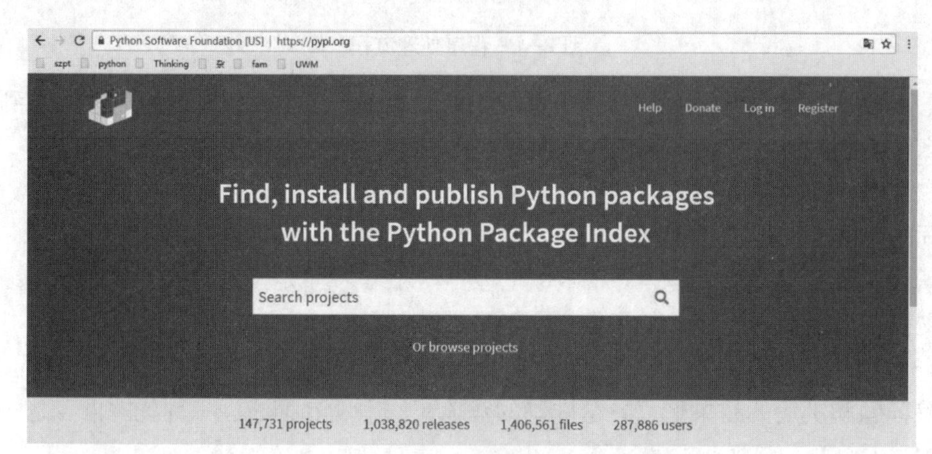

图 2–2　Python 官方的第三方库

3）开源开放

开源、开放是Python语言最重要的特点，Python解释器开源、Python库开源、程序生态环境开放，Python是FLOSS（自由/开放源码软件）之一，可以自由地发布这个软件的拷贝、阅读它的源代码、对它做改动、把它的一部分用于新的自由软件中。

Python拥有庞大的计算生态，从游戏制作到数据处理、从数据可视化分析再到人工智能等。它具有极为丰富和强大的库，除了标准库，还有第三方库可以使用，许多大型网站就是用Python开发的，如YouTube、Instagram、Yahoo、豆瓣、知乎、拉勾网等。随着现在运维自动化、云计算、虚拟化、机器智能等技术的快速发展，Python在人们的视野中也越来越受重视，很多大公司，包括Google、Yahoo、BAT、京东、网易、NASA（美国航空航天局）等，都大量使用Python语言。

3. 初识Python 3

Python语言的版本更迭痛苦且漫长，带来的是大量库函数的升级替换。目前，Python 3.x系列已经成为主流。但是为了不带入过多的累赘，Python 3.x在设计时没有考虑向下兼容，所以，Python 3和Python 2是不兼容的，而且差异比较大，且Python核心团队计划在2020年停止支持Python 2，因此，Python 3是首选版本。

1）开发环境

学习任何一门计算机语言，首先要在计算机上安装相应的软件，使计算机有这个语言的沟通环境。本书在Python解析器和工具中，选择了Anaconda+ PyCharm。

Python易用，但用好却不容易，其中比较困难的是包管理和Python不同版本的问题，特别是在Windows环境下。而Anaconda具有强大而方便的包管理与环境管理的功能。Anaconda通过管理工具包、开发环境、Python版本，大大简化了工作流程，不仅可以方便地安装、更新、卸载工具包，安装时能自动安装相应的依赖包，而且它自带Python 3.x，安装Anaconda的同时也安装了Python 3.x。

JetBrains公司开发的Python IDE PyCharm是一款Python IDE（集成开发环境），其主要功能包括：

（1）编码协助功能。IDE提供了一个带编码补全、代码片段、支持代码折叠和分割窗口的智能可配置的编辑器，帮助用户更快更轻松地完成编码工作。

（2）项目代码导航。IDE可以即时地从一个文件导航至另一个文件，从一个方法导航至其声明或者用法，甚至可以穿过类的层次。

（3）代码分析功能，可使用其编码语法、错误高亮、智能检测以及一键式代码快速补全建议，使得编码更优化。

（4）图形页面调试器，它可以实现断点、步进、多画面视图、窗口以及评估表达式等功能。

除了拥有IDE的基本功能，还提供了一些很好的功能用于Django Web开发。这些功能在代码分析程序的支持下，使PyCharm成为Python开发人员和初学者都便于使用的有力工具。

2）Python交互命令

在Windows环境下打开命令提示符窗口：从“开始”菜单选择或输入cmd命令，如图2-3所示。

在Windows命令行模式下输入命令Python，即可进入Python交互命令窗口，它的提示符是>>>，在其后直接输入Python代码，然后按Enter键，立刻得到代码的执行结果。这就是Python交互运行模式，它是初学者熟悉代码的一种直观方式。

图 2–3　Windows 命令提示符

示例1

如图2–4所示，在Python交互命令窗口运行Python代码。

（1）输入1+2*3，按Enter键运行，查看结果。

（2）输入import this，按Enter键运行，查看结果。

（3）输入exit()，按Enter键运行，查看结果。

“import this”是一行特别的代码，运行后就会出现一篇Python格言，描述了一系列Python的设计原则，阅读这些文字，可以更好地了解Python哲学理念及设计思想。

如果想退出Python交互命令窗口，可以输入exit()，并按Enter键，回到Windows命令行模式，如图2–4所示。也可直接关闭Windows命令提示符窗口。

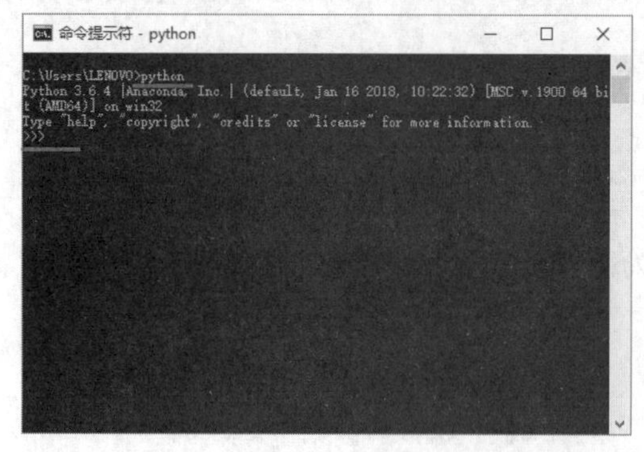

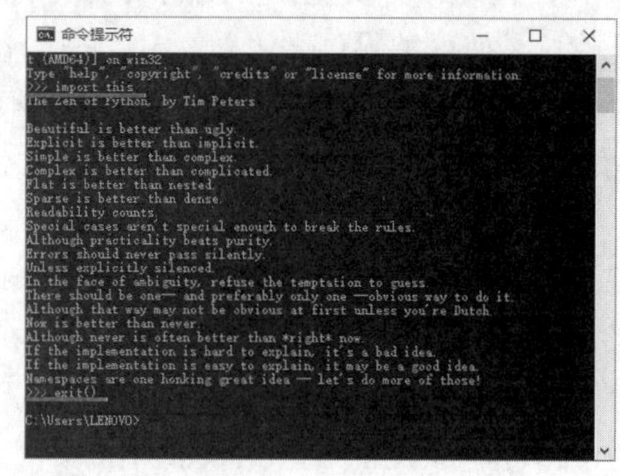

图 2–4　Python 交互命令窗口：简单命令

提示： Python交互命令窗口的使用小技巧。

在 Python 交互命令窗口中，用↑和↓键可以找出之前输入过的代码。

在Python交互运行模式下，可以直接写代码，优点是很直观，输入后就能得到结果；但缺点是无法保存，下次运行时，必须再输入一遍代码。这种交互运行模式一般适用于功能较为独立、代码行数很少的情况。

3）py脚本运行

随着Python学习的不断深入，需要解决的问题会越来越复杂，这时采用Python交互运行模式来执行代码可能无法满足需求，而是需要另一种模式——脚本运行模式。

Python脚本运行模式是指，先把Python代码编写到扩展名为 .py的文件中保存，然后，在此基础上根据要求完成进一步的编辑、运行、调试等工作。

.py是最基本的Python源码扩展名，其文件名是英文字母、数字、下画线的组合（如y0201_01.py）。有两种方法可以新建一个py脚本文件：在开发环境中新建和在Windows资源管理器中新建。

注意： _与-是不同的符号。

“–”在计算机程序中有一个很基本的用途是减法运算符。

（1）在PyCharm中新建py文件。本书采用的集成开发环境是PyCharm，因此可以在PyCharm中新建py文件，如图2-5所示。

注意： PyCharm中的工程文件夹。

在 PyCharm 中新建 py 文件需要在一个工程文件夹中进行。本书中，PyCharm 的工程文件夹均在 D:\0000 文件夹中。

首先，启动PyCharm，如果是在现有的文件夹中新建py文件，就选择“File”→“Open”命令，弹出“Open File or Project”对话框，选择相应的文件夹（D:\0000），单击“Ok”按钮；如果没有文件夹，就选择“File”→“Create New Project”命令，弹出“New Project”对话框，输入需要新建的文件夹名称（D:\0000），单击“Create”按钮，即进入PyCharm。

然后，在PyCharm中，右击“project”中的工程名（0000），在弹出的快捷菜单中，选择“New”→“Python File”命令，弹出“New Python file”对话框，输入py文件名（如s0201），单击“Ok”按钮。

可以看到，在PyCharm中新增了py文件（如s0201.py）。

（2）在Windows资源管理器中新建py文件。py脚本文件实质上是一个文本文件，因此，可以通过修改文本文件的扩展名来新建py文件。

注意： 显示文件扩展名。

要修改文件的扩展名，就必须看得到扩展名，但有些情况下扩展名会被隐藏，此时，就需要在 Windows 资源管理器中进行相应的设置，以显示文件扩展名。

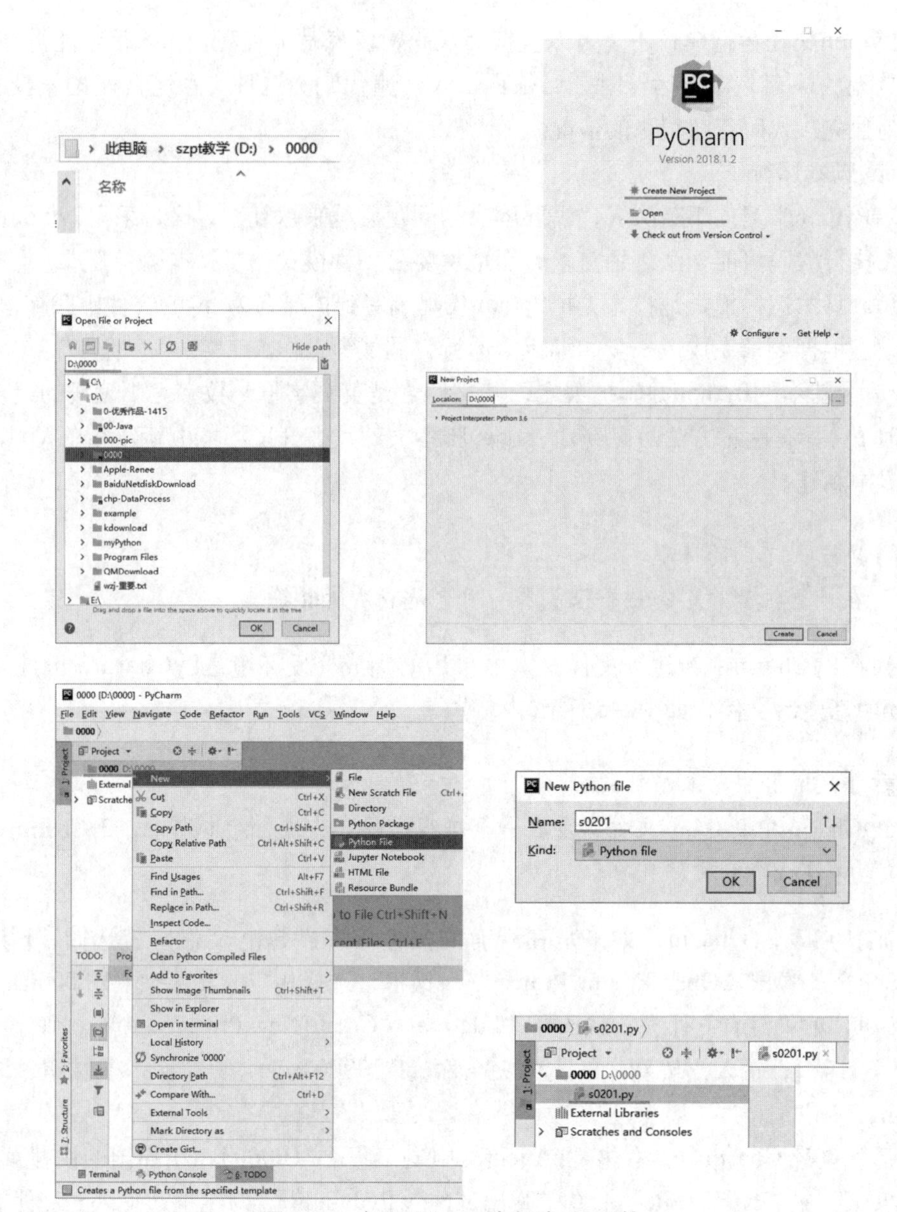

图 2–5　在 PyCharm 中新建 py 文件

如图2-6所示，在Windows资源管理器中新建一个文本文件（如s0202.txt）。右击该文本文件，在弹出的快捷菜单中选择“重命名”命令，将扩展名.txt改成.py即可。

对于初学者来说，对py文件的编辑和运行应尽可能在PyCharm中完成。

如果有现成的py文件，可以在Windows资源管理器中双击该文件或者将该文件拖动到打开的PyCharm中，然后在PyCharm中进行代码的编辑和运行。

注意： 在Windows命令提示符窗口中运行py脚本。

还有一种运行 py 脚本的方式，就是在 Windows 命令提示符窗口中运行 Python 命令：

```
python py 文件
```

图 2–6　在 Windows 资源管理器中新建 py 文件

示例2

如图2–7所示，在PyCharm中，新建、编辑和运行py文件（s0201.py）。

（1）新建py文件，命名为s0201.py。

（2）双击“project”中的“s0201.py”，进入该py文件的编辑窗口，输入1+2*3，按Ctrl+S组合键保存。

（3）右击编辑窗口的空白处，选择“Run s0201”命令，在运行窗口即可看到结果。

观察：结果正确吗？如果代码还没有运行就弹出“Edit configuration”对话框，这时需要将“Python interpreter”设置为“Python 3.6”。

一般情况下，只要PyCharm安装并配置正确，py文件就能正常运行。

如果在使用过程中，PyCharm的配置发生了变化从而导致py文件无法正常运行，那么，就要查看“Project Interpreter”的值，如果该值不是“Python 3.6”（Anaconda中的Python），就要为其重新设置，如图2–8所示。在PyCharm中，选择“File”→“Settings”命令，在弹出的“Settings”对话框中，将“Project Interpreter”设置为“Python 3.6”。

4. Python 3的基本语法规则

Python是一种计算机程序设计语言，和日常使用的自然语言有所不同。用计算机编程语言“说”的话（语句或者代码）决不能有歧义，否则，计算机就“听”不懂。

因此，任何一种编程语言都有自己的一套语法，即使像Python这样易读易写的语言，也有一些必须记住、必须遵守的语法规则，设计者有意识地设计限制性很强的语法，使得初学者从一开始就不得不形成良好的编程习惯。

注意： Python代码区分大小写。

有一个规则是初学者最容易忽视的——Python 代码区分大小写。例如，True 和 true 在 Python 中是不一样的。

1）缩进和冒号（:）

缩进（Indent）是向里面收缩的意思，类似的情况就是人们写书信或者文章时，每段前面都要空出两个字的位置。计算机中的缩进，从根本上讲，就是通过空格键

（Space）或者制表键（Tab）等方法在实际内容之前增加空白。

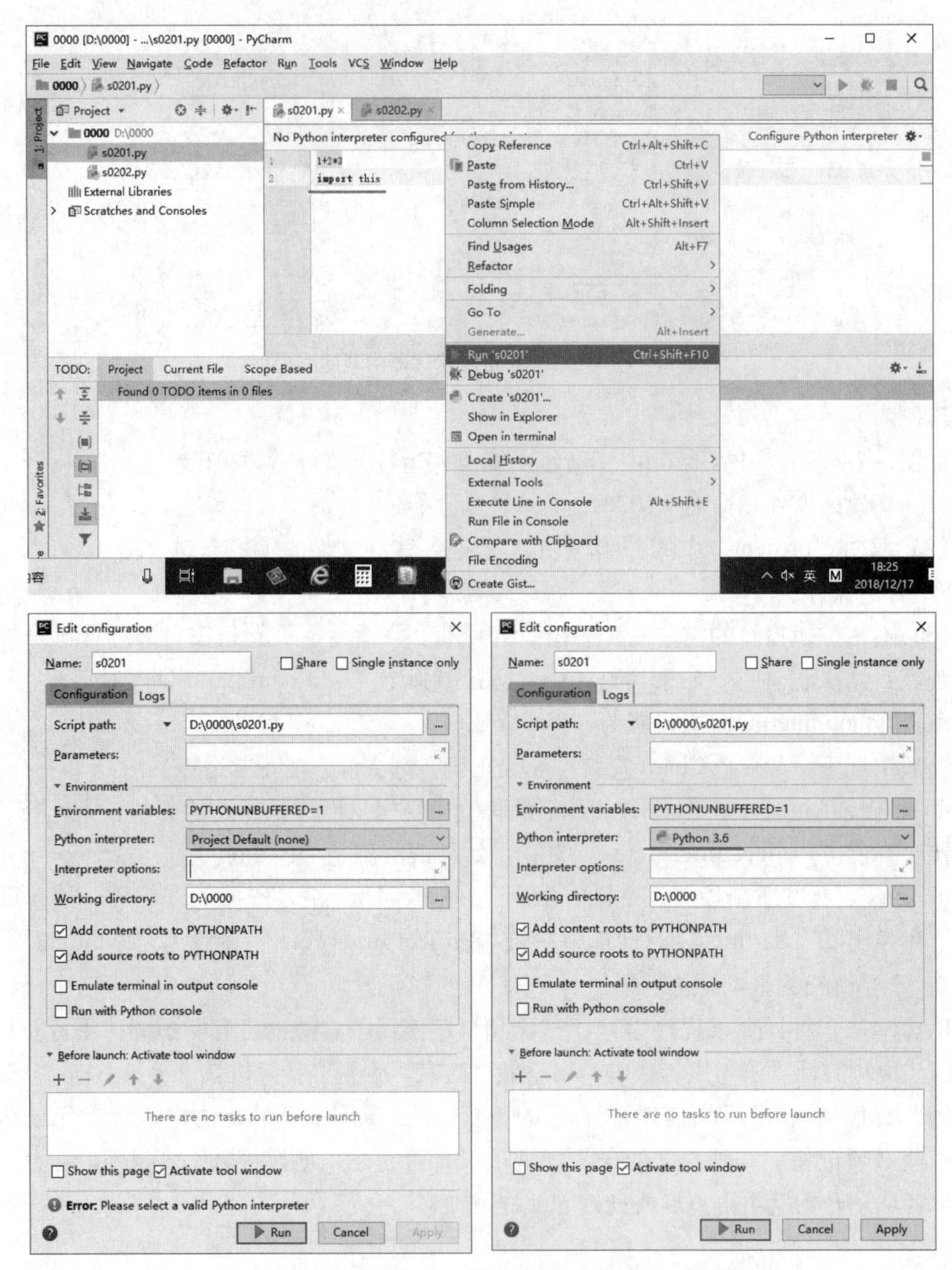

图 2–7　在 PyCharm 中编辑和运行 py 文件

Python最基本的操作是缩进规则。缩进称为语法的一部分，通过采用严格的缩进来表明程序的格式框架，也就是说，每一行代码开始前的空白区域（缩进）是用来表示代码之间的包含和层次关系的，不需要缩进的代码必须顶头编写，绝对不要留空白。

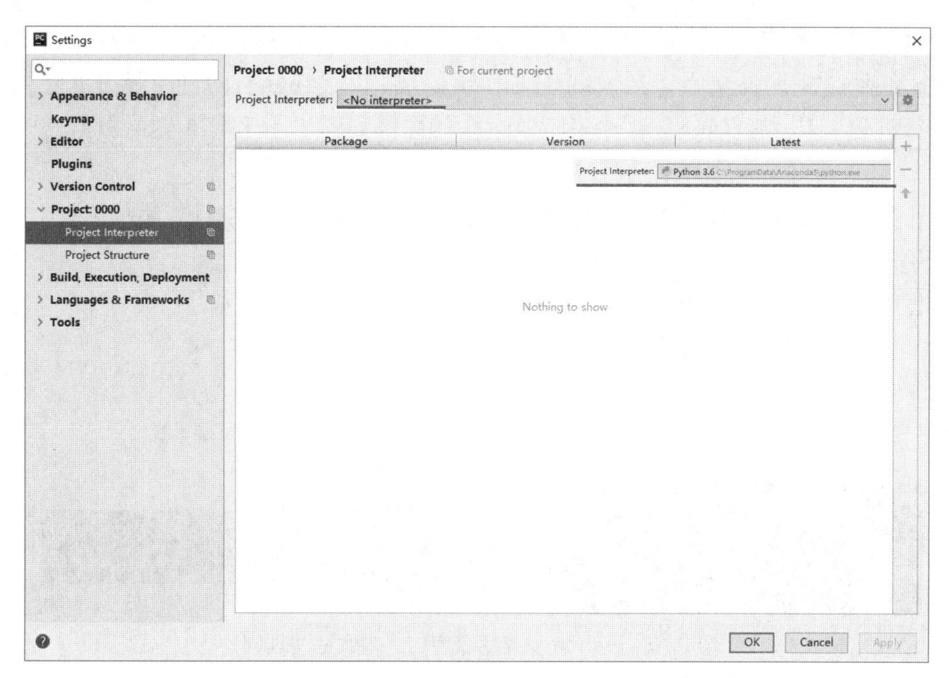

图 2-8　在 PyCharm 中设置 Project Interpreter

注意：当代码以冒号（:）结尾时，之后缩进的代码视为代码块。

具体来说，Python 利用缩进来表示代码块的开始和退出（Off-side 规则），增加缩进表示代码块的开始，而减少缩进则表示代码块的退出。

缩进的空格数是可以改变的，但是，同一个代码块中的代码必须包含相同的缩进空格数。没有规定缩进是几个空格还是一个制表符，但Python 3不允许同时使用空格和制表符的缩进。

一般来说，按照约定俗成，应该始终坚持使用4个空格的缩进。需要注意的是，在编辑器（PyCharm等）中，需要设置把Tab键自动转换为4个空格。Tab键缩进和空格缩进是不一样的，应确保不混用Tab键和空格键。

> Python 没有明确的大括号 {}、中括号 [] 或者关键字，这意味着空白（Tab 键和空格键）非常重要，而且必须是一致的。

2）代码行和注释行

Python通常是在一行中编写一条代码（也称语句），也可以在一行中编写多条代码，代码之间使用分号（;）分隔。一行代码也可以分为多行显示，在行尾使用反斜杠（\）即可。

空行也是程序代码的一部分。空行与代码缩进不同，空行并不是Python语法的一部分：书写时不插入空行，运行也不会出错。那为什么要有空行呢？

空行的重要作用在于：分隔两段不同功能或含义的代码，便于日后代码的维护或重构。

注释行是编写者自行加入的信息，用来对代码进行相应的说明，从而提高代码的可读性。注释是辅助性文字，会被编译或解释器忽略。Python有两种注释方法：单行注释和多行注释，以#开头的是单行注释，而多行注释是以'''（三个英文单引号）开头和结尾。

对于初学者来说，需要从一开始编写代码时就有意识地增加空行、添加注释。

示例3

如图2-9所示，在Python交互命令窗口，运行Python代码。

（1）输入两个空格后，再输入“1+2”，按Enter键运行，查看结果。

（2）输入“1+2”，之后再输入“;3+4”，按Enter键运行，查看结果。

（3）输入“#这是注释哦！”，按Enter键运行，查看结果。

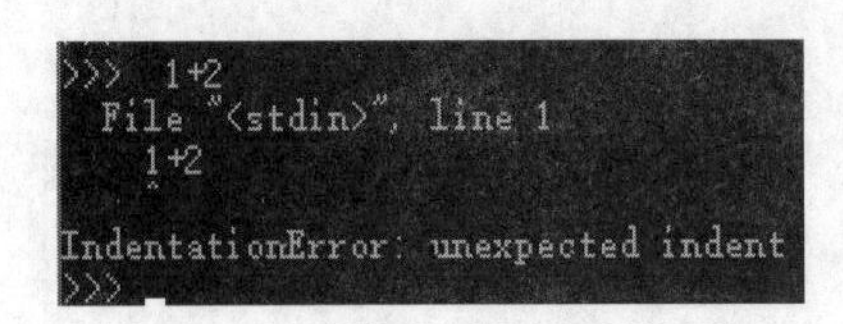

图 2-9　Python 交互命令窗口：基本语法规则

3）关键字：import和from

关键字，也称保留字，是Python中一些具有特殊功能、特定含义的标识符。Python共有33个关键字，不允许开发者自行定义和这些关键字相同名称的标识符。

Python的一大特色是拥有非常完善的基础代码库和大量丰富的第三方库，库的概念是具有相关功能模块的集合，这些库中有着数量庞大的模块和包可供使用。模块（Module）本质上是一个py文件，实现一定的功能；而包（Package）是一个由模块和子包组成的Python应用程序执行环境，其本质是一个有层次的文件目录结构（必须带有一个_ _init_ _.py文件）。本书从使用角度出发，不区分模块和包，统称模块。

要想“现找现用”这些资源，首先，要知道解决某个问题需要用到什么模块，一般情况下，在互联网上通过问题的主题词搜索就会得到相应的信息；然后，要将指定模块导入到当前程序中。

Python利用import或者from...import导入相应的模块，必须在模块使用之前进行导入，因此，一般来说，导入总是放在文件的顶部，尽量按照这样的顺序：Python标准库、Python第三方库、自定义模块。

import的语法如下：

```
import 模块名  #导入一个模块
from 模块名 import 指定元素 [as 新名称]  #导入模块中的指定元素，新名称通常是简称
from 模块名 import *  #导入模块中的全部元素
```

import和from是Python的关键字。关键字是预先保留的标识符，每个关键字在Python中都有特殊的含义，在之后各章节用到时会有详细的介绍。

标准库提供了一个keyword模块，可以输出当前版本的所有关键字。下面这个示例既

可以体验如何导入标准库提供的模块，同时也对关键字有个基本的了解。除True、False和None外，其他关键字均为小写形式。

示例4

如图2-10所示，在Python交互命令窗口运行Python代码。

（1）输入“import keyword”，按Enter键运行，查看结果。

（2）输入“keyword.kwlist”，按Enter键运行，查看结果。

尝试：输入“keyword._ _file_ _”，按Enter键运行，可以看到这个模块对应的实际文件（_ _是两个_的连写）。

```
>>> import keyword
>>>
>>>
>>> keyword.kwlist
['False', 'None', 'True', 'and', 'as', 'assert',
 'break', 'class', 'continue', 'def', 'del', 'el
if', 'else', 'except', 'finally', 'for', 'from',
 'global', 'if', 'import', 'in', 'is', 'lambda',
 'nonlocal', 'not', 'or', 'pass', 'raise', 'retu
rn', 'try', 'while', 'with', 'yield']
>>>
>>>
>>>
>>> keyword.__file__
'C:\\ProgramData\\Anaconda3\\lib\\keyword.py'
>>>
```

图 2-10　Python 交互命令窗口：keyword

4）关键字：def

Python在设计上坚持清晰划一的风格，其设计目标之一是让代码具备高度的可阅读性，因而，在逻辑结构上会用函数来组织代码。函数就是组织好的、可重复使用的、用来实现单一或相关联功能的代码段。

对于Python内置标准库和第三方库，其py文件中都包含了一个或多个函数，这样通过import导入后，就可以在自己编写的程序中重复使用这个模块的所有函数。同样，在自己编写的程序中，也应该体现Python的这种设计风格，将实现功能的代码用函数来组织。

函数是计算机程序语言中很重要的部分，要深入理解和灵活使用它需要知识的积累，本书将在后续章节进行详细介绍。作为Python风格的体现，希望初学者在一开始编程时就有良好的书写习惯，因此，本节仅介绍与程序基本框架相关的内容。

使用def定义函数，首行以该关键字开始，后面是函数名称以及一对小括号()，以冒号（:）结束；该行之后的一行或多行代码构成代码块。最简单的格式如下：

```
def 函数名():
    实现函数功能的代码组   #注意缩进
```

定义函数只是让函数名与一段代码对应起来，要使用这个函数，必须进行调用。针对上面的定义，其调用方式如下：

```
函数名()
```

示例5

尝试在PyCharm中完成一个函数的定义和调用。在实现过程中，要注意正确运用之前的知识，如缩进、冒号、注释、关键字。

这里需要多加留意的是PyCharm的一些特点，例如，输入print时，只需输入3个字符pri，系统就会自动弹出该函数，按Enter键后代码自动补全，并且自动加上一对括号；同样，定义myFunction之后，只需输入1个字符m，就可以在提示的列表中找到所需的那个函数，如图2-11所示，然后按Enter键。

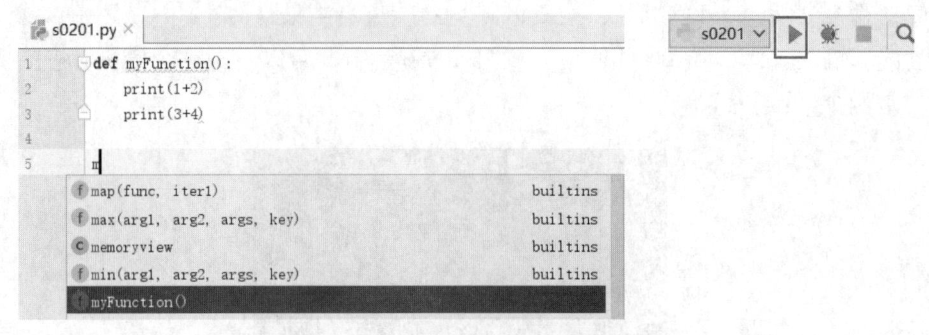

图 2-11　PyCharm：定义和调用函数

示例5中定义了一个函数myFunction，其功能是显示两个算术运算（1+2、3+4）的结果；因此，这个函数包含了两行代码。定义myFunction之后，进行了调用。这里需要说明的是，print是Python自带的函数，这里的使用就是该函数的调用。

如图2-11所示，在PyCharm中，定义和调用一个自定义函数（myFunction）。

（1）双击“project”中的“s0201.py”，进入该py文件的编辑窗口。

（2）在编辑窗口输入相应的代码，其中函数名为myFunction，也可以自行设定。

（3）在导航条（Navigation Bar）中，选择s0201，单击“运行”按钮，查看运行。

5. Python 3的数据基础知识

数据（Data）不仅指狭义上的数字，还可以是具有一定意义的文字、字母和数字符号的组合，以及图形、图像、视频、音频等，也是客观事物的属性、数量、位置及其相互关系的抽象表示。比如，银行账号和密码、体检时的各项血液指标和心电图报告等都是数据。

在计算机科学中，数据是指所有能输入到计算机并被计算机程序处理的、具有一定意义的数字、字母、符号和模拟量等的通称。在Python 3中，这些数据该如何表示?

1）基本数据类型

根据数据所表达的含义，可知各自所对应的类型。比如，某人的身高和他的身份证号码就应该是不同的数据类型（Data Type）。

Python 3的基本数据类型包括以下六种类型：数字（Number）、字符串（String）、列表（List）、元组（Tuple）、集合（Set）、字典（Dictionary）。本节对最常用的数据类型——数字和字符串进行简单的介绍，在之后的章节中会连续对各种数据类型进行深入的讲解。

（1）数字。数字类型用于存储数值。Python 3中的数字有四种类型，包括整数（int）、布尔（bool）、浮点数（float）和复数（complex）。其中：

整数：也被称为整型，是不带小数点的数，理论上没有限制大小，如0、99999999999999、-12345678999999等。

布尔：只有两个值——True和False，对应整数1和0。

提示：True和False是关键字，首字母要大写。

浮点数：就是带小数点的数，由整数部分与小数部分组成；可以用数学写法，如12345.6，但是，对于很大或很小的浮点数，就必须用科学计数法表示，把10用e替代，如1.23456e4。

之所以称为浮点数，是因为按照科学记数法表示时，一个浮点数的小数点位置是可变的，如 1.23456×10^4 和 123.456×10^2 是相等的。

复数：由实数部分和虚数部分构成，可以用A+Bj或者complex(A,B)表示。其中，A是复数的实部，B是复数的虚部，如1+2j、1.1+2.2j。

（2）字符串。字符串是以一对单引号（'）或双引号（"）括起来的任意字符，比如，'he'、"0755"；使用一对三引号（3个单引号'''或3个双引号"""）可以指定一个多行字符串。

注意：在Python中，单引号和双引号使用完全相同。

这里需要着重说明的是，单引号或双引号本身只是一种表示方式，不是字符串的一部分，因此，字符串'he'只有包含h和e这两个字符；如果单引号本身也是字符串的一部分，那就需要用双引号来括起来，比如，"he's"，包含了h、e、'、s这四个字符。

对于一个字符串既包含单引号，同时又包含双引号的情况，该怎么表示？这就需要一个在计算机语言中很特别的符号——反斜杠（\），称为“转义符”，意指反斜杠后面的字符已经不是它本来的含义，比如，"\"'"只包含"和'两个字符。

对于代码中要用到一些特殊的字符、无法看见的字符以及与语言本身语法有冲突的字符的情况，都需要转义符。

如果反斜杠本身也是字符串的一部分，又该如何处理？就要使用r，它可以让反斜杠不发生转义，比如，r"\"'"包含\、"和'三个字符。

注意：字符串的用法。

①按字面意义级联字符串，比如，"he's " "in szpt" 会被自动转换为 he's in szpt。

②没有单独的字符类型，一个字符就是长度为 1 的字符串，比如，'x'。

③对于初学者来说，转义符好像会有些复杂，其实不用刻意去记住那些重要的转义符，关键是在阅读代码时，有反斜杠出现时，要有意识地提醒自己：这里要转了。

在Python中，字符串有两种索引（下标）方式，从左往右是以0开始，从右往左则是以-1开始。可以在字符串中用索引截取其中的字符，截取字符串的语法格式如下：

```
字符串[头下标:尾下标]
```

比如，'Python'[2:4]与'Python'[-4:-2]截取的是相同的字符——'th'。但要注意的是：字符串可以截取其中的字符，但无法改变其内容。

2）标识符

在编程语言中，标识符（Token）就是编程者自己规定的具有特定含义的词。在Python中，标识符是由字母、下画线、数字构成的，第一个字母必须是字母或下画线，而且大小写敏感。

提示： 以下画线开头的标识符。

它们具有特殊意义，比如，之前用到过的 __file__，还有 __name__，会在之后的章节中使用到时进行讲解。

见名知意，起一个有意义的名字，尽量做到从名字中就能直观地明白这个标识符要表达的内容，从而提高代码可读性。比如，身高就定义为height，姓名就定义为name。

还有小驼峰式命名法（little camel-case），第一个单词首字母小写，后面其他单词首字母大写，如myFunction、drawSpiral。

有小驼峰式命名法，自然就有大驼峰式命名法，此外，还有一种匈牙利命名法，这就是常用的三种编程命名规则。

注意： 关键字与标识符。

不能把 Python 的 33 个关键字用作任何标识符名称。关键字其实就是 Python 内部已经使用了的标识符，如果使用这些关键字，将会覆盖 Python 内置的功能，可能会导致无法预知的错误。

变量也是一种标识符，用于存储数据。变量是有类型的，在Python中，只要定义了一个变量，而且它已存储了数据，那么，它的类型就确定了，不需要编程者主动去说明其类型，系统会自动识别。

提示： type函数。

可以使用该函数来查看变量的类型——type（变量）。

每个变量在使用前都必须赋值，变量赋值以后该变量才会被创建。等号（=）是用来给变量赋值的，等号（=）运算符左边是一个变量名，等号（=）运算符右边是存储在变量中的值，比如，myHeight = 1.75。

Python允许同时为多个变量赋相同的值，比如，myHeight = yourHeight = hisHeight = 1.75；也可以为多个变量赋不同的值，比如，myHeight, myName = 1.75, "Andy"。

此外，同步赋值语句可以使赋值过程变得更简洁，通过减少变量使用，简化语句表达，增加程序的可读性。

同步赋值，一行语句即可：

```
myCoca, myBeert=myBeer, myCoca
```

3）运算符

运算符（Operator）是一组符号，用于执行程序代码中数据的各种运算。Python的运算符有很多种，这里先介绍与数字和字符串类型相关的算术运算符和赋值运算符。下面通过描述、实例和结果来说明运算符的用法。其中，num1=10, num2=2, num3=3, str1='Python', str2='hello'这些变量分别表示操作数。

（1）算术运算符，如表2-1所示。

表2-1　算术运算符

运算符	描　述	实　例	结　果
+	加号：两个数相加或者返回一个相连后的字符串	num1+num2 str2+str1	12 'helloPython'
-	减号：得到负数或者两个数相减	-num3 num1-num2	-3 8
*	乘号：两个数相乘或者返回一个被重复若干次的字符串	num1*num2 str1*num2	20 'PythonPython'
**	幂号：a**b，返回a的b次幂	num1**num2	100
/	除号：两个数相除	num1/num2	5.0
//	取整除号：返回除法的商的整数部分	num1//num3	3
%	取模号：返回除法的余数	num1%num3	1

注意： 算术运算符 / 与 //。

除法（/）总是返回一个浮点数，如需返回整数，则使用 // 操作符；在混合计算时，Python 会把整型转换成浮点数。

（2）赋值运算符，如表2-2所示。

表2-2　赋值运算符

运算符	描　述	实　例	结　果
=	简单赋值	result=num1+num2	将右侧num1+num2的运算结果赋值给左侧的变量result
+=	加法赋值	result+=num1	等同于：result=result+num1
-=	减法赋值	result-=num1	等同于：result=result-num1
*=	乘法赋值	result*=num1	等同于：result=result*num1
**=	幂赋值	result**=num1	等同于：result=result**num1
/=	除法赋值	result/=num1	等同于：result=result/num1
//=	取整赋值	result//=num1	等同于：result=result//num1
%=	取模赋值	result%=num1	等同于：result=result%num1

以上介绍的是Python中关于数据的一些基础知识，这对于用计算机来解决问题是非常重要的内容。下面这个示例就是利用几段代码来熟悉Python中的数字、字符串、变量、运算符等概念。

示例6

如图2-12所示，在Python交互命令窗口进行变量的赋值、变量值和变量类型的查看。

（1）输入“num1=1.5*4”，按Enter运行，查看结果。

（2）输入“num1”，按Enter键运行，查看结果。

（3）输入“type(num1)”，按Enter键运行，查看结果。

参照前面的步骤，分别设置str1= "Python"[0:2]*4和boo1=False，查看变量的值和类型。

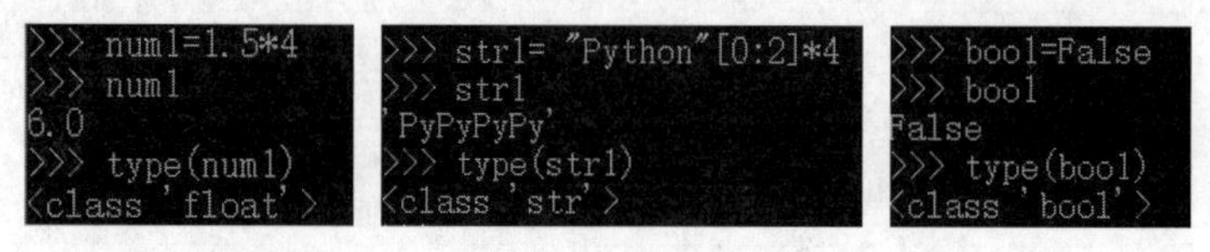

图 2-12　Python 交互命令窗口：基本数据类型

示例7

对于现成的一个Python程序，如图2-13所示，首先要做的是，结合预备知识中的相关内容，查看和运行代码；看到运行后的结果，可以直观地体验到Python的特点和作用，甚至还能加深对代码的理解。

```
1  # 有趣的图形
2  import turtle
3  import time
4
5  def drawSpiral():
6      turtle.pensize(3)
7      turtle.speed("fastest")
8      turtle.color("purple")
9      for x in range(100):
10         turtle.forward(2*x)
11         turtle.left(90)
12
13 def setWindow():
14     turtle.Screen().title("有趣的图形")
15     turtle.Screen().bgcolor("black")
16
17 setWindow()
18 time.sleep(1)
19 drawSpiral()
```

(a) 包含自定义函数

```
1  # 有趣的图形
2  import turtle
3  import time
4
5  turtle.Screen().title("有趣的图形")
6  turtle.Screen().bgcolor("black")
7
8  time.sleep(1)
9
10 turtle.pensize(3)
11 turtle.speed("fastest")
12 turtle.color("purple")
13 for x in range(100):
14     turtle.forward(2*x)
15     turtle.left(90)
```

(b) 不包含自定义函数

图 2-13　y0201_01.py 的两种写法

接着，通过简单的动手改变，真正地开始让计算机“懂”你，在反复运行观察结果和稍作深入思考中，希望对利用Python解决一个实际问题的基本框架有一定的了解。

最后，对一些貌似“复杂”或者看不“懂”的代码进行移动或复制，有可能会帮助用户进一步了解用计算机解决问题的方法。

注意： 代码编写方式。

以上两种代码的编写方式，在实现运行效果上是一样的。但是，在结构上是有本质区别的，包含自定义函数的 py 文件就是一个自己设计的模块，可以像 turtle、time 等 Python 库中的模块一样在其他程序中被导入，然后使用其函数。

思路

首先，浏览代码，关注在其中靠以往所学知识应该能明白的一些内容，如3、fastest、purple、100、90、有趣的图形、black等，然后运行并查看结果。

其次，观察运行结果中“有趣的图形”“black”等出现在哪里，进行简单的修改，改成“我的图形”“white”后运行，看能否有相应的变化。

接着，将以下几条代码进行修改，如图2-14所示，改变依次为1、yellow、200、99、3，这几条代码的功能并不清楚，但修改后会观察到有相应的变化。

最后，将time.sleep(3)复制到drawSpiral()的下面一行，如图2-14所示，观察相应的变化。

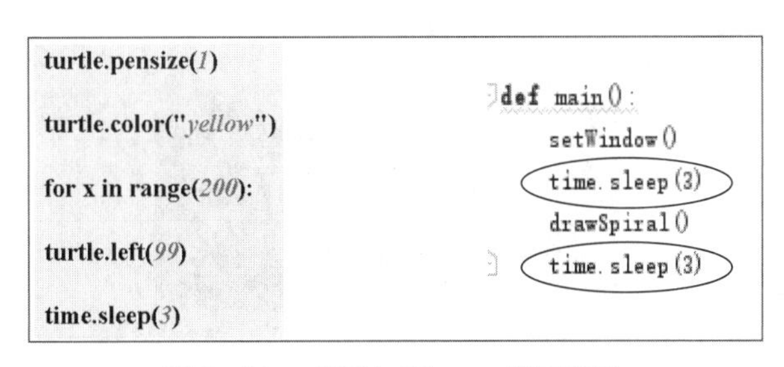

图 2-14　y0201_01.py：代码修改

实现

（1）双击y0201_01.py，在PyCharm中打开文件。也可以直接将该文件从Windows资源管理器拖动到打开的PyCharm中。

在这个py文件中，主要了解Python的基本语法规则，包括import、def、不同层次缩进、多个函数调用等，以及Python的数据基础知识，包括数字、字符串、标识符、运算符等。

对于这个模块来讲，了解其自定义函数有两个，功能分别是设置绘图窗口、绘制一个中规中矩的螺旋线；实现这两个功能需要导入两个模块——turtle和time。

（2）对代码进行简单的修改，就是通过数字的变化、一些典型的英文单词的改变，在很大程度上直观地产生效果。

可以根据前面的设计思路，逐个修改后运行，观察结果并思考，从而对turtle、time在程序中的使用有个基本的了解。

（3）在此基础上，可以自行设计方案进行改变，看能否画出更有趣的图形。

6. 内置函数：int和input

Python不但能非常灵活地定义函数，而且本身也内置了很多有用的函数，实现相应的功能，可以直接调用。下面介绍两个与数据的类型、输入等有关的内置函数。

1）int

int(x)：用来把x（其他类型的数据，如浮点数、字符串）转换为整数（整型）。

简单来说，对于x=3.5，int(x)的结果就是3；x='035'，int(x)的结果就是35；而如果x="hi";，int(x)运行后就会出错。

2）input

input(x)：接受一个标准输入数据，返回字符串类型的数据，x表示提示信息。

在获得用户输入之前，input函数可以包含一些提示性的文字，无论用户输入的是字符还是数字，函数统一按照字符串类型输出，比如，result=input（"请输入："），运行后，系统提示"请输入："，从键盘输入0123，result的值为'0123'。

示例8

如图2-15所示，在Python交互命令窗口使用input函数和int函数。

（1）输入“input（"请输入一个数字："）”，按Enter键运行，查看结果。

（2）输入“int(input（"请输入一个数字："）”，按Enter键运行，查看结果。

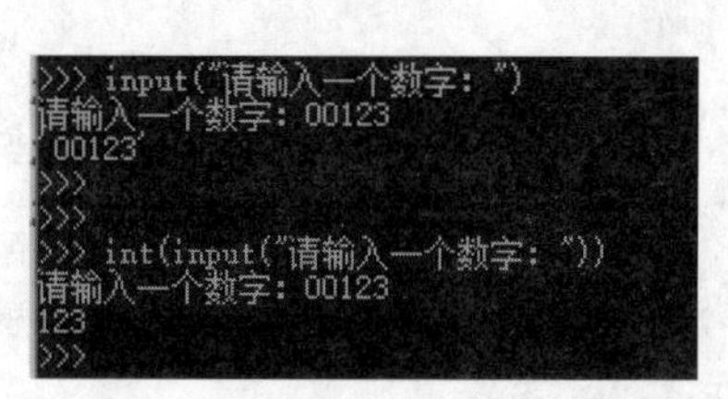

图 2-15　Python 交互命令窗口：input 函数和 int 函数

7. 库：turtle

turtle，Python标准库，是一个很流行的绘制图形的函数库：一只小乌龟，从坐标原点开始，面朝正方向，根据一组指令的控制，在平面直角坐标系中移动，从而在它爬行的路径上绘制图形。

小乌龟绘制图形时用了这样几个词语：坐标原点、正方向、平面直角坐标系，下面来具体介绍。

turtle用于绘图的窗口称为画布（canvas）。如图2-16所示，在画布上，默认有一个平面直角坐标系，默认情况下，其坐标原点为画布的中心，正方向分别是X轴和Y轴的向右和向上方向。小乌龟，也就是画笔，在坐标原点上向右趴着，等待编程者的指令。

1）画布指令

(1) 设置画布大小和颜色。

```
turtle.screensize(canvwidth=None,canvheight=None,bg=None)
```

参数：分别为画布的宽度、高度、背景颜色，其中，宽和高的单位为像素。

（2）设置画布大小和位置。

```
turtle.setup(width,height,startx=None,starty=None)
```

参数：分别为画布的宽度、高度、起始位置x坐标、起始位置y坐标。输入宽和高为整数时，表示像素；为小数时，表示占据计算机屏幕的比例；起始位置为空，则窗口位于屏幕中心。

比如，turtle.screensize（500,300, "blue"）表示一个宽500、高300的蓝色画布。

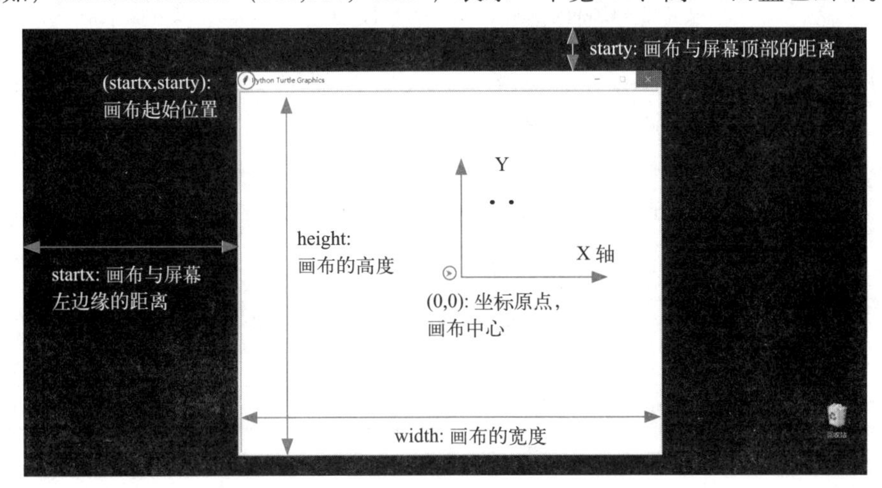

图 2–16　turtle：画布

2）画笔指令。可以对小乌龟画笔设置颜色、画线宽度和速度等属性。

（1）设置画笔的宽度。

```
turtle.pensize(size=None)
```

没有值，返回当前的画笔宽度（像素）；有值就设置为画笔宽度。

（2）设置画笔的颜色：

```
turtle.pencolor(color=None)
```

没有值，就返回当前画笔颜色；有值就设置为画笔颜色，可以是字符串如"red"、"green"、"blue"，也可以是RGB 三元组。

（3）设置画笔的移动速度。

```
turtle.speed(speed=None)
```

没有值，返回当前的画笔速度；有值就设置为画笔绘制的速度，在[0,10]中的整数，从1开始，数字越大越快，如果大于10或者小于0.5，则速度设置为0（最快）。turtle提供了字符串常量来表示特定的速度，“fastest”表示速度为0，“fast”表示速度为10，“normal”表示速度为6，“slow”表示速度为3，“slowest”表示速度为1。如turtle.speed(speed=6) 与turtle.speed(speed="normal")都是表示将画笔的移动速度设置为6。

3）绘图指令

操纵小乌龟绘图有许多的指令，它们分为三种类型：运动、画笔控制以及全局控制。主要的绘图指令如表2-3所示。

表2-3　绘图指令

命　令	说　明	指令类型
turtle.forward(dist)	也可写成turtle.fd(dist)，向当前画笔方向移动dist像素长度	运动
turtle.backward(dist)	也可写成turtle.back(dist)、turtle.bk(dist)，向当前画笔相反方向移动dist像素长度	运动
turtle.right(degree)	顺时针移动degree（单位：角度）	运动
turtle.left(degree)	逆时针移动degree（单位：角度）	运动
turtle.pendown()	也可写成turtle.down()，移动时绘制图形，默认时也为绘制	运动
turtle.penup()	也可写成turtle.up()，提起笔移动，不绘制图形，用于另起一个地方绘制	运动
turtle.goto(x, y)	将画笔移动到坐标为(x, y)的位置	运动
turtle.fillcolor(color=None)	绘制图形的填充颜色，color默认时返回当前的填充颜色	控制
turtle.begin_fill()	准备开始填充图形	控制
turtle.end_fill()	填充完成	控制

示例9

如图2-17所示，在Python交互命令窗口，导入turtle库。

（1）输入import turtle

（2）输入turtle.fd(50)和turtle.left(90)　　　　#注意：箭头的方向

（3）输入turtle.reset()和turtle.goto(90,90)　　#注意：箭头的方向

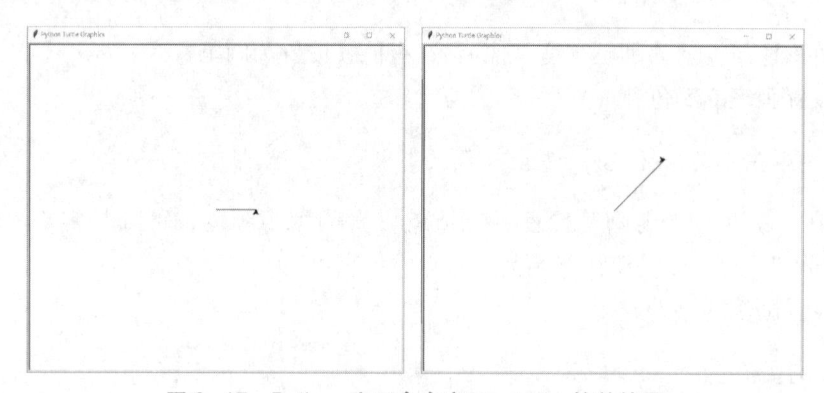

图2-17　Python 交互命令窗口：turtle 简单使用

2.1.3　分析问题

要让计算机能“懂”能“动”，一开始会感觉好像无从下手，这里提供一个用Python来解决问题时的分析三步曲，希望通过这样明确的几个步骤让用户能够逐步适应编程者的角色。

步骤1：明确问题的核心，也就是程序的主要功能。

步骤2：通过对主要功能的理解，利用各种途径（包括上网等），明确实现主要功能

所需要的Python标准库或第三方库。

步骤3：明确程序的IPO，即输入、处理、输出。

这是第一个Python程序，来尝试“跳”个三步：第一，主要功能是绘制由三条边线构成的三角形；第二，需要的库是turtle；第三，源数据包括三角形的大小（边线的长度）、位置、颜色，主要处理就是画边线，呈现方式是在画布上的指定位置出现一个符合长度和颜色要求的三角形。

思路

库：turtle，用于绘制图形。

函数：drawStar()，其功能是在指定的位置绘制出一个指定边长、指定颜色的三角形。

I：变量colorOfStar、lengthOfSide、startX、startY分别表示三角形的颜色、边长、起始位置X坐标、起始位置Y坐标，都由键盘输入。

O：绘制出一个符合要求的三角形，如图2–18所示。

P：如图2–18所示，小乌龟的起始位置是(startX,startY)，起始方向是向右，线条颜色为colorOfStar；在此方向上画第一条边线（距离为lengthOfSide），小乌龟顺时针转120°；在此方向上画第二条边线（距离为lengthOfSide），小乌龟顺时针再转120°；依此类推，总共画三条线。

120°是与几何知识相关的内容，即等边三角形的内角为60°，那么，其外角就是120°。为什么要外角？因为小乌龟的当前方向顺时针转动了外角的角度后，就是绘制下一条线的方向，可以自行在纸上尝试一下。

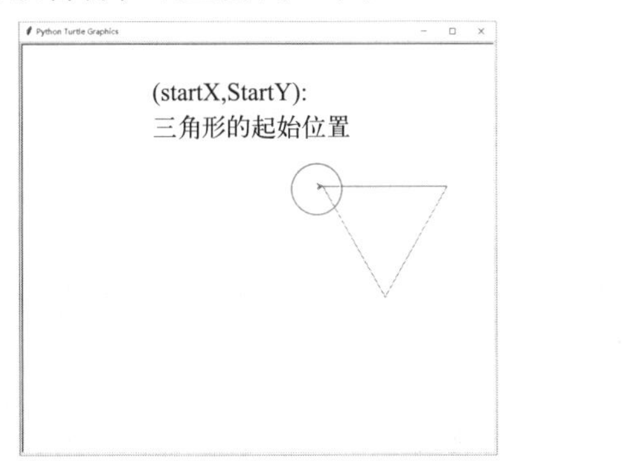

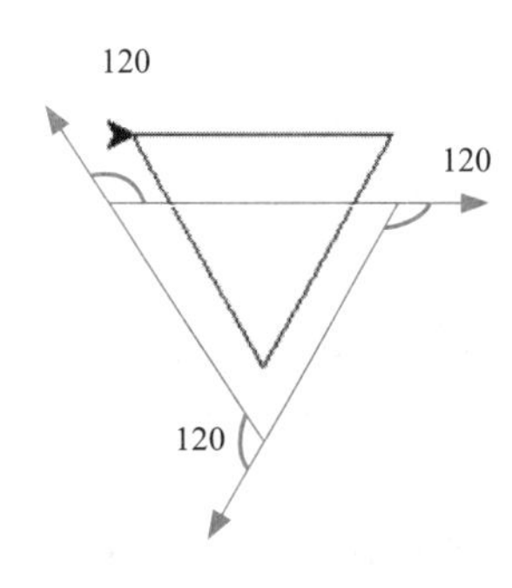

图 2–18　p0201_01.py：turtle 绘制三角形

框架

新建文件：p0201_01.py，如图2–19所示。

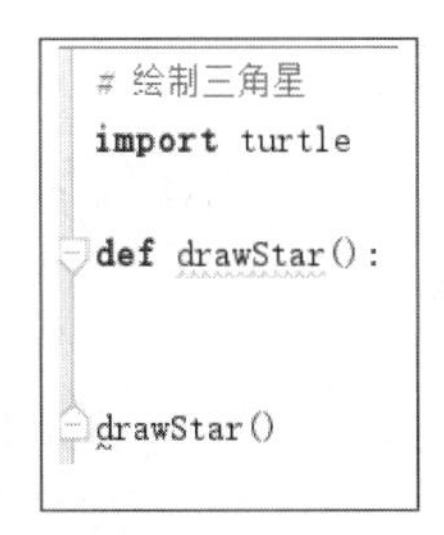

```
# 绘制三角星
import turtle

def drawStar():


drawStar()
```

图 2–19　p0201_01.py：框架

（1）导入turtle库。

（2）定义函数drawStar()，其功能是在指定的位置绘制出一个指定边长、指定颜色的三角形。

（3）调用drawStar()。

2.1.4 子任务1：绘制一条边线

如图2-20所示，为颜色、边长、转角赋值后，开始绘制一条方向向右、有颜色的直线，绘制完成后，画笔顺时针转向120°。

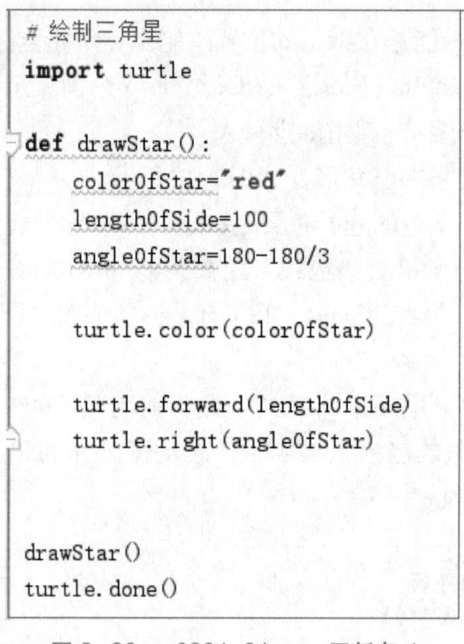

```
# 绘制三角星
import turtle

def drawStar():
    colorOfStar="red"
    lengthOfSide=100
    angleOfStar=180-180/3

    turtle.color(colorOfStar)

    turtle.forward(lengthOfSide)
    turtle.right(angleOfStar)


drawStar()
turtle.done()
```

图 2–20　p0201_01.py：子任务 1

1. 为颜色、边长和转角赋值

将画笔颜色（colorOfStar）赋值为红色（red），边长（lengthOfSide）赋值为100，转角（angleOfStar）为180-180/3（即120°）。

提示：之所以将120° 写成180-180/3，是因为公式中的“3”就是三角形中的“三”。

2. 设置画笔颜色

```
turtle.color(colorOfStar)
```

3. 绘制一条直线并将画笔顺时针转向

```
turtle.forward(lengthOfSide)、turtle.right(angleOfStar)
```

4. 结束图形绘制

```
turtle.done()
```

2.1.5　子任务2：绘制一个三角形

如图2-21所示，将之前绘制一条边线的代码复制2次，三条边线就组成了一个三角形。

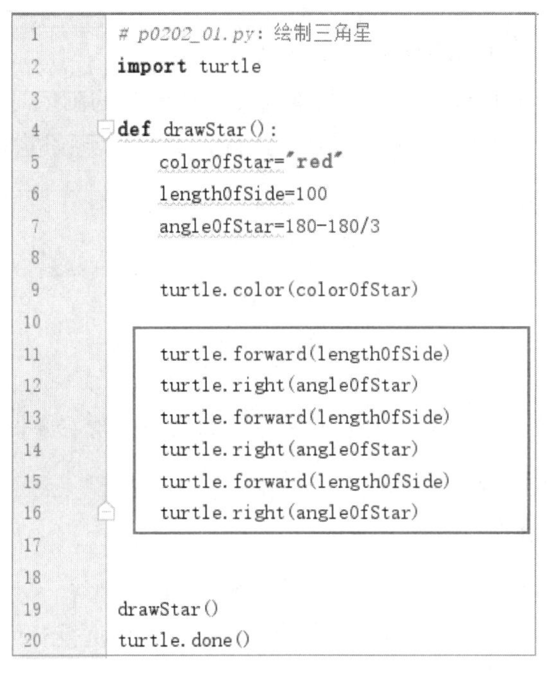

```
1  # p0202_01.py: 绘制三角星
2  import turtle
3
4  def drawStar():
5      colorOfStar="red"
6      lengthOfSide=100
7      angleOfStar=180-180/3
8
9      turtle.color(colorOfStar)
10
11     turtle.forward(lengthOfSide)
12     turtle.right(angleOfStar)
13     turtle.forward(lengthOfSide)
14     turtle.right(angleOfStar)
15     turtle.forward(lengthOfSide)
16     turtle.right(angleOfStar)
17
18
19 drawStar()
20 turtle.done()
```

图 2-21　p0201_01.py：子任务 2

2.1.6　子任务3：在指定位置处绘制一个三角形

如图2-22所示，为指定位置的X、Y坐标分别赋值后，抬起画笔，移动到指定位置后，落下画笔，开始绘制。

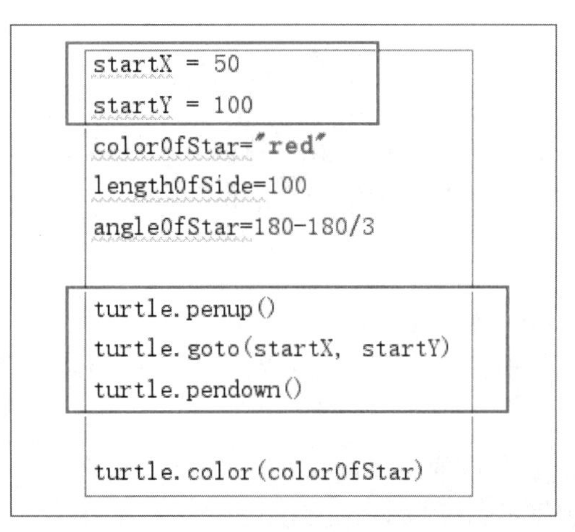

```
startX = 50
startY = 100
colorOfStar="red"
lengthOfSide=100
angleOfStar=180-180/3

turtle.penup()
turtle.goto(startX, startY)
turtle.pendown()

turtle.color(colorOfStar)
```

图 2-22　p0201_01.py：子任务 3

1. 为位置赋值

将指定位置的X坐标（startX）赋值为50，Y坐标（startY）赋值为100，表示绘制三角形的起始点是（50, 100）。

2. 无痕迹地移动画笔

turtle.penup()抬起画笔，turtle.goto(startX, startY)画笔移动到指定位置，turtle.pendown()落下画笔。

2.1.7 子任务4：自由绘制一个三角形

如图2-23所示，利用input函数，从键盘输入所希望的画笔颜色、边长以及位置的X和Y坐标，其中，边长、X和Y坐标是整数，因此，需要int函数进行转换。

```
startX= int(input("请输入开始绘制位置的x坐标："))
startY = int(input("请输入开始绘制位置的y坐标："))
colorOfStar = input("请输入颜色(red,blue,yellow,purple)：")
lengthOfSide=int(input("请输入边长："))
```

图2-23 p0201_01.py：子任务4

注意：对于意思不太清楚或者功能较为重要的代码，请有意识地增加注释。

第一个Python程序完成，请绘制一个能由自己确定位置、大小和颜色的等边三角形。

2.1.8 思考与练习

（1）能否修改本程序，让它绘制出有填充颜色的三角形？

（2）能否绘制出五角星、七角星？在绘制的过程中你觉得有什么共同点？

（3）能否绘制出六角星、八角星、……？

（4）turtle艺术：尝试使用turtle库绘出有趣的图形。

2.2 对照单利和复利——顺序控制结构

2.2.1 提出问题

这里用一个理财的小问题作为对理解单利和复利这两个理财基本概念的引入：把一部分闲钱存银行，1年定期，那存多少年能拿回预期目标？

2.2.2 预备知识

1. 基本概念：复利和单利

复利和单利都是计算利息的方法，是理财中的基础概念。在它们的计算中，经常使用以下符号：

P——本金，又称期初金额或现值。

i——利率，通常指每年利息与本金之比。

I——利息。

F——本金与利息之和，又称本利和或终值。

n——计息期数，通常以年为单位。

1）单利

单利是指一笔资金无论存期多长，只有本金计取利息，而以前各期利息在下一个利息周期内不计算利息的计息方法。单利终值就是指现在的一定资金在将来某一时点按照单利方式下计算的本利和。

单利终值的计算公式为：$F=P+P\times i\times n$。

比如，本金1 000元，年利率5%，那么，20年后单利终值为：

$$F=1\,000+1\,000\times5\%\times20=2\,000\text{（元）}$$

2）复利

复利是指一笔资金除本金产生利息外，在下一个计息周期内，以前各计息周期内产生的利息也计算利息的计息方法。

复利计算是对本金及其产生的利息一并计算，也就是“利上有利”。其特点是：把上期末的本利和作为下一期的本金，在计算时每一期本金的数额是不同的。

复利终值是指本金在约定的期限内获得利息后，将利息加入本金再计利息，逐期滚算到约定期末的本金之和。

复利终值的计算公式是：$F=P(1+i)^n$。

比如，本金1 000元，年利率5%，那么，20年后复利终值为：

$$F=1\,000\times(1+5\%)^{20}\approx2\,653\text{（元）}$$

从上面两个例子可以看出，复利相对于单利，其终值之间的差异$=F_{复利}-F_{单利}\approx$653（元），因此，复利终值比单利终值的百分比为$\frac{653}{2000}\times100=32.65\%$。

2. 结构化程序设计

结构化程序设计是由荷兰计算机科学家艾兹格·W.迪科斯彻（E. W. Dijkstra）提出的，1968年他给ACM通信写了一篇短文，该文后来改成信件形式刊登，这就是具有历史意义的、著名的“Go To Letter”。信中建议：“Go To语句太容易把程序弄乱，应从一切高级语言中去掉；只用三种基本控制结构就可以写各种程序，而这样的程序可以由上向下阅读而不会返回。”

这封信带来了一种新的程序设计观念、方法和风格，是以模块化设计为中心，将待开发的软件系统划分为若干个相互独立的模块，各个模块的组成包括运算和操作及控制结构。

这种设计理念使完成每一个模块的工作变得单纯而明确，同时增加了程序的可读性，使程序更易于维护，提高了编程的效率，同时降低了成本。

1）基本思想

结构化程序设计的基本思想是采用“自顶向下，逐步求精”的程序设计方法和“单入口单出口”的控制结构。自顶向下、逐步求精的程序设计方法从问题本身开始，经过逐步细化，将解决问题的步骤分解为由基本程序结构模块组成的结构化程序框图。

“单入口单出口”的思想认为，一个复杂的程序，如果它仅是由顺序、选择和循环三种基本程序结构通过组合、嵌套构成，那么这个新构造的程序一定是一个单入口单出口的程序。据此就很容易编写出结构良好、易于调试的程序。

2）三种基本结构

按照结构化程序设计的观点，任何算法功能都可以通过由程序模块组成的三种基本程序结构的组合来实现。其中，顺序结构是指用顺序方式对过程分解，确定各个部分的执行次序；选择结构是指用选择方式对过程分解，确定各个分支的执行条件；而循环结构是指用循环方式对过程分解，确定某个部分进行重复的开始和结束的条件。

3. 控制结构：顺序

顺序结构表示程序中的各个操作都是按照它们出现的先后次序执行的，每个步骤依次都必须完成，如图2-24所示。

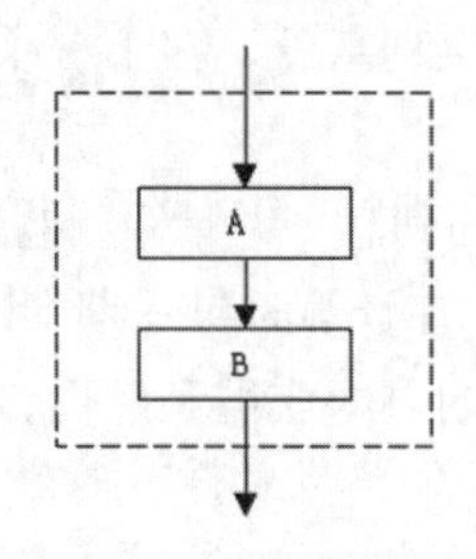

图 2–24　顺序结构流程图

注意：前后次序是顺序结构的关键点。

示例10

有时候，你会对某一张图像有这样的想法：能否快速进行颜色、亮度、对比度等不同效果的设置，从而能直观地找到自己想要的效果？能否在图上加点儿批注、简单写点儿感慨？Python提供的PIL库可以很方便地进行处理图像颜色增强以及图片上增加文字的功能，如图2-25所示。下面以“快速P图”为例介绍Python是如何实现的。

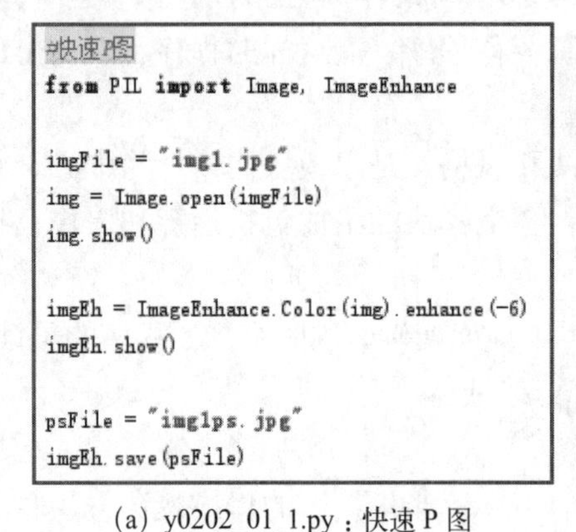

```
#快速P图
from PIL import Image, ImageEnhance

imgFile = "img1.jpg"
img = Image.open(imgFile)
img.show()

imgEh = ImageEnhance.Color(img).enhance(-6)
imgEh.show()

psFile = "img1ps.jpg"
imgEh.save(psFile)
```

(a) y0202_01_1.py：快速 P 图

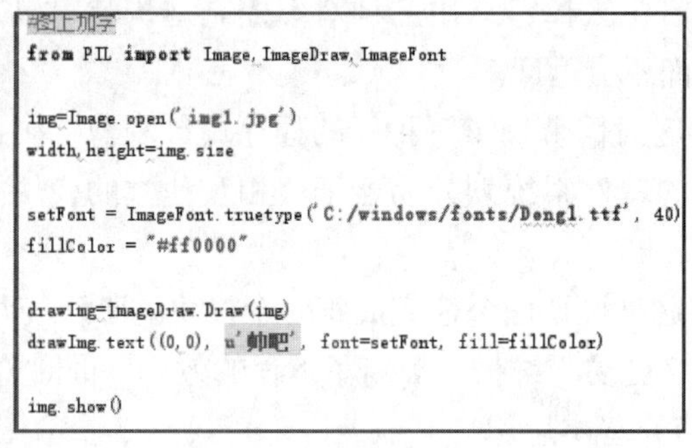

```
#图上加字
from PIL import Image,ImageDraw,ImageFont

img=Image.open('img1.jpg')
width,height=img.size

setFont = ImageFont.truetype('C:/windows/fonts/Dengl.ttf', 40)
fillColor = "#ff0000"

drawImg=ImageDraw.Draw(img)
drawImg.text((0,0), u'帅吧', font=setFont, fill=fillColor)

img.show()
```

(b) y0202_01_2.py：图上加字

图 2–25　图片简单处理

1）PIL

PIL（Python Imaging Library）是一个优秀的图像处理框架，其功能非常强大，如切片、旋转、滤镜、输出文字、调色板等一应俱全。由于PIL仅支持到Python 2.7，于是志愿者们在它的基础上创建了兼容版本——Pillow，它支持最新的Python 3.x，并加入了许多新特性。如果已安装Anaconda，Pillow即可直接使用（本书采用的环境是Anaconda + PyCharm）。

2）Image

Image是在PIL图像处理中常见的模块，在其中包含了对图像进行基础操作的功能，如open、save、convert、show等。

im = image.open (file)：返回从指定文件加载的图像。

im.show ()：在Windows环境下，通过Windows自带的应用显示图像。

im.save (outfile)：使用给定的文件名保存图像。

注意：文件名很重要，除非指定格式，否则将会以文件名的扩展名作为格式保存。

3）ImageEnhance

ImageEnhance提供了一些图像增强功能，预先定义了相应的增强器（Enhancer），包括颜色（Color）、亮度（Brightness）、对比度（Contrast）、锐度（Sharpness），可以通过enhance函数来实现相应的增强功能。

（1）imgNew = enhancer.enhance (factor)：返回一个增强过的图像。

enhancer是增强器；变量factor称为增强因子，是一个浮点数，控制图像的增强程度，factor为1时，将返回原始图像的拷贝，factor值越小，增强（颜色、亮度，对比度等）程度越少。

（2）ImageEnhance.Color (im)：颜色增强器。创建一个调整图像颜色的增强对象。

Color用于调整图像的颜色均衡，增强因子决定图像的颜色饱和度情况。从0.1到0.5、再到2.0，图像的颜色饱和度依次增大；增强因子为0.0时，将产生黑白图像；为1.0时，将给出原始图像。

（3）ImageEnhance.Brightness (im)：亮度增强器。创建一个调整图像亮度的增强对象。

Brightness用于调整图像的亮度。增强因子为0.0时，将产生黑色图像；为1.0时，将保持原始图像。

（4）ImageEnhance.Contrast (im)：对比度增强器。创建一个调整图像对比度的增强对象。

Contrast用于调整图像的对比度。增强因子为0.0时，将产生纯灰色图像；为1.0时，将保持原始图像。

（5）ImageEnhance.Sharpness (im)：锐度增强器。创建一个调整图像锐度的增强对象。

Sharpness锐度增强类用于调整图像的锐度。增强因子为0.0时，将产生模糊图像；为1.0时，将保持原始图像；为2.0时，将产生锐化过的图像。

思路

如何实现对图像进行颜色、亮度、对比度等不同效果的设置？在网上搜索“Python图像处理”，发现PIL库是目前很流行、功能很强的图像处理库，它的用法不难，但涉及的Python知识有很多是目前还没有讲到的。因此，将问题的核心定位在对图像进行基本的颜色增强处理，并将处理后的图像进行显示和保存。

其次，需要的库是PIL中的Image、ImageEnhance。

最后，源数据是一个图像文件名（imgFile），主要是打开原图像文件（img）；对其进行颜色增强，增强因子为-6（可以自行设定），生成颜色增强后的新图像（imEh）；呈现方式是在屏幕上显示原图和处理后的新图，并将处理后的图像保存到相应的文件（psFile）中。

尝试

（1）如图2-26所示，程序中主要包括四个代码段，改变这几个代码段的次序，运行代码，查看结果。

```
from PIL import Image, ImageEnhance
```

```
imgFile = "img1.jpg"
img = Image.open(imgFile)
img.show()
```

```
imgEh = ImageEnhance.Color(img).enhance(-6)
imgEh.show()
```

```
imgFile = "img1.jpg"
img = Image.open(imgFile)
```

```
NameError: name 'Image' is not defined
NameError: name 'imgEh' is not defined
UnboundLocalError: local variable 'img' referenced before assignment
```

图 2-26　y0202_01_1.py：代码的次序

改变次序后，程序就无法运行，会出现语法错误——“…is not defined”，一般是由两种情况导致的，一种是在使用之前没有进行库的导入或变量的赋值；另一种是书写错误。

对于第一种情况，一定要找到该错误中'×××'首次出现的位置，并在该位置之前进行相应的处理；对于第二种情况，PyCharm的代码提示功能在输入个别字符后会有提示、自动补全功能，一定要加以利用。

（2）尝试实现：在p图之后再添加文字。

这里涉及先后次序的问题。“快速P图”的功能是在y0202_01_1.py中实现，因此，在“图上加字”程序（y0202_01_2.py）的第1行，添加代码：

```
import y0202_01_1
```

import是Python中非常重要的关键字，作用是导入实现功能需要的模块。在这里指的是“快速P图”的程序，但是要注意，不要写扩展名。

程序运行后，若没有达到效果，想想为什么；是否还需要修改什么。若达到效果，还能修改颜色和文字吗？

4. 内置函数：float、abs、print和format

1）float函数

float(x)：用于将x（其他类型的数据，如整数、字符串）转换成浮点数。

2）abs函数

abs(x)：x是数值表达式，函数返回数字的绝对值。

3）print函数

print是输出函数，用print()（在括号中加上字符串、数值或变量）就可以向标准输出设备上（如屏幕）输出指定的内容。

注意：print函数基本用法。

该函数可以接受多个字符串、数值或变量，中间用半角英文的逗号“,”隔开即可连在一起输出。

比如，变量judge的值是“非常好”，那么，print('成绩', 95, judge)会依次打印每个数据，遇到逗号“,”就会输出一个空格，输出的结果是：成绩 95 非常好。

print也可以打印表达式的计算结果，比如,print('1 + 2 =', 3, '=' , 1 + 2)，输出的结果是：1 + 2 = 3 = 3。

在Python 3中，print在输出中自动包含换行（\n），如果希望不换行输出，应该写成：print(x , end = '')。

为end传递一个空字符串，这样就不会在字符串末尾添加一个换行符，而是添加一个空字符串。这个只有在Python 3中有用，Python 2不支持。

4）format函数

format是格式化字符串的函数，此函数可以快速处理各种字符串输出。其格式为：

```
需要格式化的字符串 .format ( 参数 1, 参数 2,…)
```

其中，“需要格式化的字符串”中可以包含可变部分（即参数）。参数个数不限，参数输出的格式用成对出现的花括号{}来表示。如果花括号{}中没有指明顺序，则在format函数中出现的参数顺序与与花括号{}顺序对应，即需要格式化的字符串中的第1个花括号{}指定“参数1”的输出格式，第2个花括号{}指定“参数2”的输出格式。如果花括号{}与参数不一一对应，则可以用{NUM}来表述对应关系，其中NUM为0对应“参数1”，NUM为1对应“参数2”。

“参数1”要用什么样的格式输出，由花括号{}中的格式设置来确定。其格式为：

```
{NUM: 格式控制标记 }
```

如果花括号与格式化参数一一对应，NUM可以省略。“格式控制标记”用来控制参数显示时的格式，格式控制标记包括填充字符、对齐方式、输出宽度、千分位分隔符、显示精度、数据类型六个字段，这些字段都是可选的，可以组合使用。

示例11

输入以下format函数，在Python交互命令窗口中运行，如图2-27所示。

（1）输入"{} {}".format("py","OK")。

（2）输入"{1} {0} {1} ".format("py","OK")。

（3）输入'{name},{age}岁了！ '.format(age=18,name='li')。

（4）输入"{:*<5} {:&>5}".format("py","OK")。

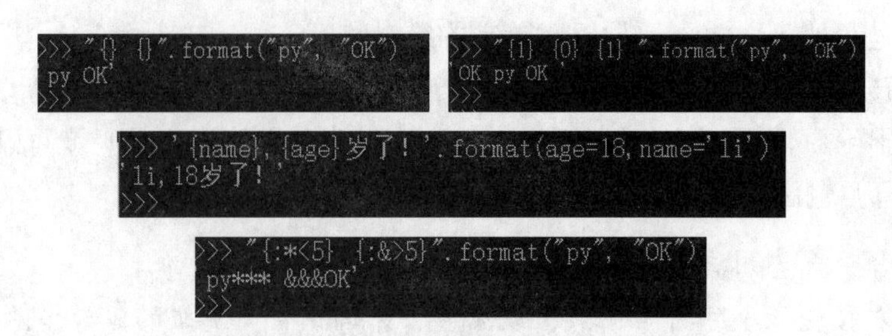

图 2-27　Python 交互命令窗口：format 函数

表2-4展示了format函数格式化数字的多种方法。

表2-4　format函数：格式化数字

数 字	格 式	输 出	描 述
3.1415926	{:.2f}	3.14	保留小数点后两位
3.1415926	{:+.2f}	+3.14	带符号保留小数点后两位
3.1415926	{:.0f}	3	不带小数，四舍五入
10	{:0>4d}	0010	数字补零（填充左边，宽度为4）
10	{:x<4d}	10xx	数字补x（填充右边，宽度为4）
1000	{:,}	1,000	以逗号分隔的数字格式
0.2	{:.2%}	10.00%	百分比格式

5. 库：math

在Python中，浮点数的表示存在一个小数点后若干位的精度尾数，当进行运算时，这个精度尾数可能会影响输出结果。因此，涉及浮点数运算及结果比较时，建议采用math库提供的函数，而不直接使用Python提供的运算符。

Python提供了最基本的数学运算功能，而math库补充了两个重要常数（自然常数e和圆周率pi）以及更多的函数，包括运算、三角、角度/弧度互换等。其中，与复利计算有关的函数是log和ceil。

```
math.log(x[,base])：返回x的以base为底的对数，base默认为e
math.ceil(x)：返回不小于x的整数
math.floor(x)：返回不大于x的整数
```

比如，math.log(math.e)，其结果是1.0；math.ceil(5.2)，其结果是6；math.floor(-5.2)，其结果是-6。

示例12

如图2-28所示，在Python交互命令窗口中使用format函数和math库中的常数pi。

输入以下语并按Enter键运行：

```
import math
'pi={}'.format(math.pi)
```

```
r=2
'半径={}，圆面积={:.4f}'.format(r,math.pi*r**2)
```

```
>>> 'pi={}'.format(math.pi)
'pi=3.141592653589793'
>>>
```

```
>>> r=2
>>> '半径={}，圆面积={:.4f}'.format(r,math.pi*r**2)
'半径=2，圆面积=12.5664'
>>>
```

图 2-28　Python 交互命令窗口：math.pi 常数与 format 函数

2.2.3　分析问题

首先，问题的核心是计息期数（通常以年为单位）n的计算；通过预备知识的介绍，了解了单利和复利终值的计算公式，根据基本的数值计算知识，可以得出对于不同的计息方式，n的计算公式如下：

单利：$n = (F - P) / (P \times i)$。

复利：$n = \log(1+i)(F / P)$，其中，n是以$(1+i)$为底F/P的对数。

F表示本金与利息之和（期望的本利目标）、P表示本金（手头上的本金），i表示利率。

其次，上面两个公式中，作为计息期数的n应该是整年数，而整年数和对数的计算需要math库才能完成。

最后，源数据包括手头上的闲钱、期望的本利目标、1年定期的利率；主要处理是根据上面两个年数的公式进行计算，以及计算出复利比单利在年数上要少的百分比；呈现方式是在屏幕上显示一段格式化后的字符串，将相关信息展示出来。

思路

库：math。

函数：calcInterest()，其功能是在手头上的闲钱、期望的本利目标、年利率确定的情况下，对于单利和复利的计息方式，计算所需要的年数并进行对比。

I：变量savings、target、rate分别表示手头上的闲钱、本利目标、年利率，都是由键盘输入，如图2-29所示。

O：显示相关信息，如图2-29所示。

P：根据问题分析中的公式，计算单利年数yearsSingle、复利年数yearsCompound、两者相差年数的百分比perDiff。

```
yearsSingle=math.ceil((target-savings)/(savings * rate))
yearsCompound=math.ceil(math.log(target/savings, 1+rate))
perDiff=(yearsCompound-yearsSingle)/yearsSingle
```

框架

新建文件：p0202_01.py，如图2-30所示。

#导入math库。

#定义函数calcInterest()，其功能是在手头上的闲钱、本利目标、年利率确定的情况下，对于单利和复利的计息方式，计算所需要的年数并进行对比。

#调用calcInterest ()。

```
请输入你手头的闲钱（元）：1.5
请输入你的目标（元）：5.1
请输入年利率(1年定期) %：3

年利率    ：          3.00%
手头有    ：          1.5元
单利需要：            80年
复利需要：            42年
能拿回    ：          5.1元
复利比单利在年数上要少：    47.50%
```

图 2–29　p0202_01.py：单利和复利相差年数的百分比

```
# 单利和复利
import math

def calcInterest():

calcInterest()
```

图 2–30　p0202_01.py：框架

2.2.4　子任务1：计算单复利对比数据

根据单利和复利的基本概念，得出在手头上的闲钱（savings）、期望的本利目标（target）、年利率（rate）确定的情况下，针对单利（Single）和复利（Compound）这两种不同的计息方式，达到期望目标各自所需要的年份数（yearSingle、yearCompound），在此基础上，计算复利比单利在年数上减少的百分比，如图2–31所示。

```
savings = 1.5 #你手头的闲钱
target = 5.1 #你的目标
rate = 0.03 #年利率(1年定期) 3%

yearsSingle = math.ceil((target-savings)/(savings * rate))
yearsCompound = math.ceil(math.log(target/savings, 1+rate))
perDiff = (yearsCompound-yearsSingle)/yearsSingle

print(yearsSingle, yearsCompound, perDiff)
```

图 2–31　p0202_01.py：子任务 1

2.2.5　子任务2：输出对比结果

前面的代码运行后看不到结果！这是因为，所有的数据都存在变量中——“看不见摸不着”，需要用print函数将它们“打印”到屏幕上，如图2–32所示，但这样的显示远没有一个友好的结果输出更能让人明白。

```
savings = 1.5 #你手头的闲钱
target = 5.1 #你的目标
rate = 0.03 #年利率(1年定期) 3%

yearsSingle = math.ceil((target-savings)/(savings * rate))            80 42 -0.475
yearsCompound = math.ceil(math.log(target/savings, 1+rate))
perDiff = (yearsCompound-yearsSingle)/yearsSingle

print(yearsSingle, yearsCompound, perDiff)
```

图 2–32　p0202_01.py：子任务 2：简单输出

在下面的代码中，将解决所涉及的数据都组合在一个字符串中的问题，利用format函数对这个字符串进行格式化处理，其中，\n表示换行。

```
    "\n年利率：{}\n手头有：{}元\n单利需要：{}年\n复利需要：{}年\n能拿回：{}元\n
复利比单利在年数上要少：{}".format(rate,savings,yearsSingle,yearsCompound,
```

```
target,perDiff) print(outStr)
```

代码运行后，其运行结果比之前要清晰得多，如图2-33所示。但是，还有一些细节问题，包括对比结果为负的含义（-0.475）以及百分比的显示（0.03、-0.475）等，在这里，就需要用abs函数取绝对值和{:%}以百分比显示。

```
outStr="\n年利率  : {} \n" \
       "手头有  : {}元\n" \
       "单利需要: {}年\n" \
       "复利需要: {}年\n" \
       "能拿回  : {}元\n" \
       "复利比单利在年数上要少: {}"\
    .format(rate, savings, yearsSingle, yearsCompound, target, perDiff)
print(outStr)
```

```
年利率  : 0.03
手头有  : 1.5元
单利需要: 80年
复利需要: 42年
能拿回  : 5.1元
复利比单利在年数上要少: -0.475
```

图2-33 p0202_01.py：子任务2：友好输出

在PyCharm中进行代码编写时，对于字符串操作需要注意的是：

（1）输入一个单引号或双引号后，系统会自动配对。

（2）对于字符串过长的情况，可以在一对引号（单、双）中的任意位置按Enter键，系统会自动续行。也就是说，自动在行尾添加一个引号和续行符（\），并在下一行的起始处添加一个引号。

（3）刚开始学习编程时，面对较为复杂的字符串输出，format函数的用法会让人有些烦恼，建议先在纸上设计好想要输出的内容和格式，然后编写代码进行逐个增加。

2.2.6 子任务3：灵活获取数据

在之前的代码中，手头的闲钱（savings）、期待的本利目标（target）、年利率（rate）都是直接赋值的，是固定值，这样很不灵活。下面利用input函数从键盘自行输入这些值。这三个值都可能会是小数，因此，需要用float函数进行转换，如图2-34所示。

```
savings = float(input("请输入你手头的闲钱（元）："))
target = float(input("请输入你的目标（元）："))
rate = float(input("请输入年利率(1年定期）%："))/100
```

图2-34 p0202_01.py：子任务3

其中，利率是按百分比的值输入的，因此，在处理时要除以100，比如，输入3，表示3%，实际利率就是0.03。

到这里，一个理财的小问题就解决了——复利比单利更划算！

2.2.7 思考与练习

（1）环保1小时：少开车1小时、少在空调屋子里呆1小时……这些减少到底对环保做了多少贡献？

（2）深圳职业技术学院有多少亩地？大暴雨会给学校带来多少厘米的降雨量？

（3）理财、环保等这些日常生活中的问题与我们每个人都有千丝万缕的联系，你最为烦恼的问题是什么？尝试进行解决。

（4）程序P图快速、直观，找一个实际问题，尝试进行解决。

2.3 BMI与健康——选择控制结构

2.3.1 提出问题

大家都说“健康是1，其余都是0”，那健康到底什么？全世界公认的关于健康的标志有13个，“正常身高与体重”是其中一个。那怎样的身高和体重算是“正常”的？

2.3.2 预备知识

1. 基本概念：BMI

BMI（Body Mass Index）即身体质量指数，是指用体重（公斤）除以身高（米）的平方得到的数字，是目前国际上常用的衡量人体胖瘦程度以及是否健康的一个标准。当需要比较及分析一个人的体重对于不同高度的人所带来的健康影响时，BMI值是一个中立而可靠的指标。

肥胖程度的判断不能采用体重的绝对值，它与身高有关。因此，BMI通过人体体重和身高两个数值获得相对客观的参数，并用这个参数所处范围衡量身体质量。世界卫生组织（WHO）制定了BMI的分级标准，而亚洲人和欧美人属于不同人种，WHO的标准并不是非常适合中国人的情况，因此，制定了中国参考标准，如图2-35所示。

根据世界卫生组织定下的标准，亚洲人的BMI（体重指标BodyMassIndex)若高于22.9便属于过重。亚洲人和欧美人属于不同人种，WHO的标准不是非常适合中国人的情况，为此制定了中国参考标准：

	WHO标准 [1]	亚洲标准	中国标准 [2]	相关疾病发病危险性
偏瘦	<18.5			低（但其它疾病危险性增加）
正常	18.5-24.9	18.5-22.9	18.5-23.9	平均水平
超重	≥25	≥23	≥24	
偏胖	25.0～29.9	23～24.9	24～27.9	增加
肥胖	30.0～34.9	25～29.9	≥28	中度增加
重度肥胖	35.0～39.9	≥30	——	严重增加
极重度肥胖	≥40.0			非常严重增加

图 2-35 BMI 分级标准

2. 控制结构：选择

选择结构是指用选择方式对过程分解，确定某个部分的执行条件。这种结构表示程序的处理步骤出现了分支，如图2-36所示，它需要根据某一特定的条件选择其中的一个分支执行。选择结构有单分支、双分支以及多分支三种形式，其中，多分支是单分支和双分支的组合及嵌套。

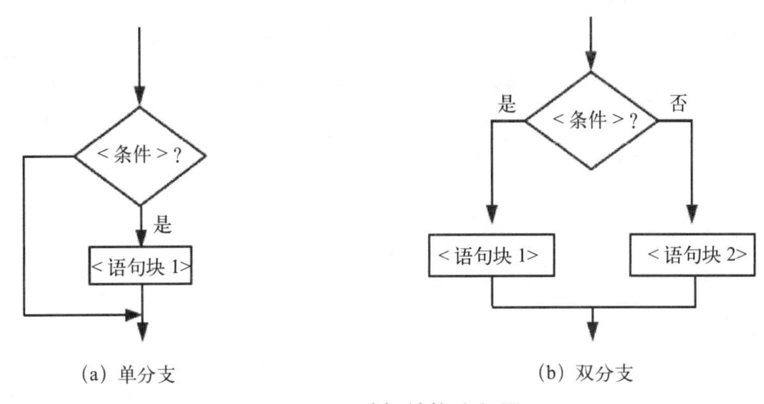

图 2–36 选择结构流程图

注意： 分支条件的确定是选择结构的关键点。

3. 运算符：比较和逻辑

选择结构中关键的是对特定条件的判断，这就需要比较运算符和逻辑运算符。在介绍它们之前，先回顾一下布尔数值类型，只有两个值：True和False，其数值为1和0。

提示： 所有非0都是True，所有空值都是False。

1）比较运算符

比较运算符，也称关系运算符，用于比较它左右两边的操作数，确定它们之间的关系，其返回值是bool数据（True或False）。

下面通过描述、实例和结果来说明运算符的用法，如表2–5所示。其中：num1=10，num2=2，这些变量分别表示操作数。

表2–5 比较运算符

运算符	描 述	实 例	结 果
==	如果两个操作数的值相等，则结果为True；反之为False	num1 == num2	False
!=	如果两个操作数的值不相等，则结果为True；反之为False	num1 != num2	True
>	如果左操作数的值大于右操作数的值，则结果为True；反之为False	num1 > num2	True
<	如果左操作数的值小于右操作数的值，则结果为True；反之，False	num1 < num2	False
>=	如果左操作数的值大于或等于右操作数的值，则结果为True；反之为False	num1 >= num2	True
<=	如果左操作数的值小于或等于右操作数的值，则结果为True；反之为False	num1 <= num2	False

2）逻辑运算符

下面通过描述、实例和结果来说明运算符的用法，如表2–6所示。其中：boo1=True，boo2=False，这些变量分别表示操作数。

表2-6 逻辑运算符

运算符	描 述	实 例	结 果
and	如果两个操作数都为True，则结果为True；反之为False	boo1 and boo2	False
or	如果两个操作数中的任何一个为True，则结果为True；反之为False	boo1 or boo2	True
not	用于反转操作数的逻辑状态	not boo1	False
优先级是not>and>or			

■ 注意：逻辑运算。

逻辑运算在操作数都不是布尔值时，其返回结果就不一定是布尔值；示例是仅针对操作数都是布尔值的情况。

示例13

在Python交互命令窗口运用比较运算符和逻辑运算符，并查看返回结果，图2-37仅供参考。

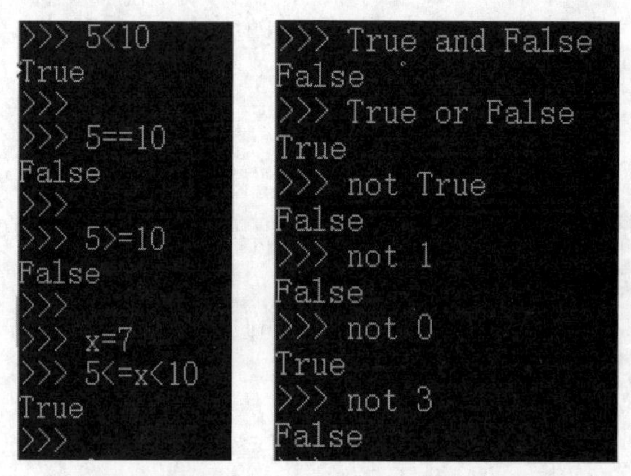

图2-37 比较运算符和逻辑运算符的运用

4. 选择结构：if语句

if语句是通过对一个或多个条件的判断结果（True或者False）来决定执行的代码块。其一般形式是if-elif-else语句，if、elif、else是关键字。

if-elif-else语句格式如下：

```
If <条件1>:
    <代码块1>
elif <条件2>:
    <代码块2>
…
else:
    <代码块n>
```

if语句的执行过程：首先，对“条件1”进行判断，如果结果为True，则执行“代码块1”中的代码序列；否则（即结果为False）对“条件2”进行判断，如果结果为True，则执行“代码块2”中的代码序列；依此类推；最后，是对所有条件的判断结果都为False，则执行“代码块*n*”中的代码序列。

条件判断从上向下匹配，当满足某个条件时，执行对应代码块内的代码，后续的elif和else都不再执行。也就是说，代码块1、代码块2、……、代码块*n*中有且只有一个代码块会被执行。

注意：if语句。

（1）每个条件的后面都必须使用冒号（:),表示接下来是满足条件后要执行的代码块。

（2）使用缩进来划分代码块，相同缩进的代码在一起组成一个代码块。

（3）除了 if 语句之外，其他的 elif、else 语句都是可选项。

示例14

完成判断一个数字的正负。其具体功能是，判断从键盘输入的一个数字是正、负，还是零。

再次强调，在实现过程中，要注意正确运用之前的知识，如缩进、冒号、注释、内置函数、if-elif-else语句等。而对于需要在PyCharm中编写代码的情况，一定要多留意PyCharm的即时反应。

如图2-38所示，在PyCharm中，新建、编辑和运行py文件（y0203_01.py）。

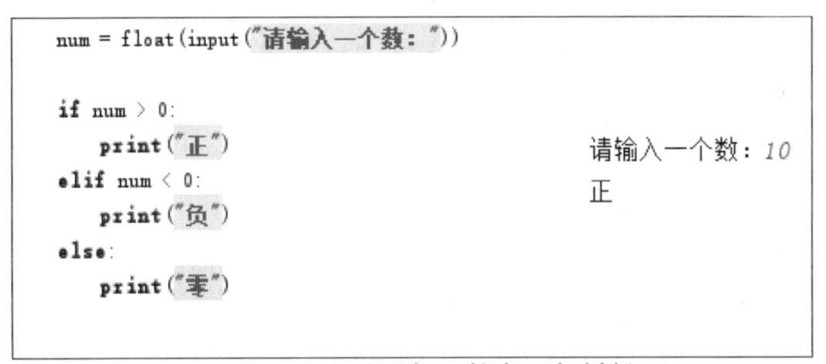

图 2-38　if 语句：数字正负判断

（1）新建py文件，命名为y0203_01.py。

（2）双击“project”中的“y0203_01.py”，进入该py文件的编辑窗口，输入相应的代码，按Ctrl+S组合键保存。

（3）右击编辑窗口的空白处，选择“Run y0203_01”，可在运行窗口看到结果。

if-elif-else语句中判断条件的顺序是不固定的，比如，在引例14中，可以先判断num==0，再判断num>0，但要注意的是逻辑的完整性。

1）单分支

if语句的一般形式适用于对多个条件的判断，单分支结构只是对一个条件进行判断，并且只对一个结果执行相应的操作。

单分支if语句的语法格式如下：

```
if <条件>:
    <代码块>
```

单分支if语句的执行过程：首先，对条件进行判断，如果结果为True，则执行代码块中的代码序列，然后继续执行下一条语句；如果结果为False，就会跳过代码块，直接执行下一条代码。

单分支if语句中的代码块是否执行取决于条件判断的结果，但无论什么情况，都会执行单分支if语句后与其同级别的下一条语句。

2）双分支

双分支结构也是对一个条件进行判断，但是对两个结果（True、False）分别执行相应的操作。

if-else语句的语法格式如下：

```
if <条件>:
    <代码块1>
else:
    <代码块2>
```

if-else语句的执行过程：首先对条件进行判断，如果结果为True，则执行“代码块1”中的代码序列；如果结果为False，则执行“代码块2”中的代码序列。

示例15

完成判断一个数字的奇偶。其具体功能是，判断从键盘输入的一个数字是奇数还是偶数。

如图2-39所示，在PyCharm中，新建、编辑和运行py文件（y0203_02.py）。

（1）新建py文件，命名为y0203_02.py。

（2）在该py文件的编辑窗口，输入相应的代码，按Ctrl+S组合键保存。

（3）右击编辑窗口的空白处，选择“Run y0203_02”命令，在运行窗口即能看到结果。

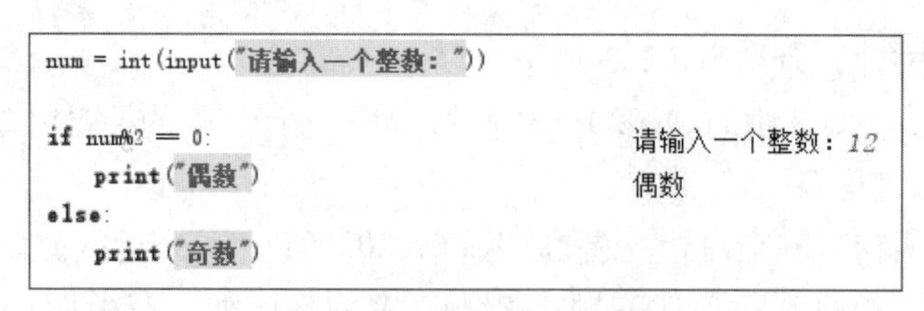

图 2-39　if 语句：整数奇偶判断

这里需要注意的是，num%2==0这个是偶数的一种判断方式，但并不是唯一的，想想是否还有别的方式？

3）嵌套

对于待解决的问题较为复杂的情况，有时需要把if-elif-else结构放在其他if-elif-else结构的某个执行代码块中，这称为嵌套。

if语句的难度和关键在于判断条件的逻辑合理性和完整性。

5. 内置函数：round

Round函数返回浮点数x的四舍五入值。语法格式如下：

```
round(x[,n])
```

x是数字表达式；n是小数点位数，默认值为0，比如，round(1.49)=1，而round(1.49,1)=1.5。

2.3.3 分析问题

首先，问题的核心是根据身高和体重判断对应的BMI分类以及相关疾病发病的危险性；通过预备知识的介绍了解了BMI的计算和标准，我们采用中国参考标准对分类和标准做了整理，如表2-7所示。

表2-7 BMI分类标准

BMI 分类	中国参考标准	相关疾病发病的危险性	说 明
偏瘦	BMI<18.5	低（其他疾病危险性增加）	
正常范围	18.5≤BMI<24	平均水平	是18.5～23.9，这里规范为<24
超重	BMI≥24	增加	笼统的分类，不做专门处理
偏胖	24≤BMI<28	增加	是24～27.9，这里规范为<28
肥胖	28≤BMI<30	中度增加	
重度肥胖	30≤BMI<40	严重增加	是35～39.9，这里规范为<40
极重度肥胖	BMI≥40.0	非常严重增加	

BMI的计算公式如下：

体重指数BMI=体重/身高的平方（国际单位kg/m^2）

其次，上面的公式计算和BMI的判断不需要其他库来完成。

最后，源数据包括以米为单位的身高和以公斤为单位的体重；主要处理是根据上面的公式进行计算BMI，并对其进行分类判断；呈现方式是在屏幕上显示一段格式化后的字符串，将相关信息展示出来。

思路

库：无须。

函数：bmiStandard()，其功能是在身高、体重确定的情况下，计算BMI值，并根据中国参考标准对其进行分类判断。

I：变量height、weight分别表示身高和体重，都是由键盘输入，如图2-40所示。

O：显示相关信息，如图2-40所示。

P：根据问题分析中的公式，计算BMI值，根据中国标准判断出相应的分类（危险性）chinaStand。

```
bmi=round(weight/(height**2),1)
```

```
请输入身高（米）：1.65
请体重（公斤）：60

身高    ：     1.65（米）  体重    ：     60.00（公斤）
BMI值：       22.0
按中国标准属于：正常范围，相关疾病发病的危险性：平均水平
```

图 2-40　p0203_01.py：BMI 与健康

框架

新建文件：p0203_01.py，如图2-41所示。

定义函数bmiStandard()：其功能是在身高、体重确定的情况下，计算BMI值，并根据中国参考标准对其进行分类判断。

调用bmiStandard()。

```
#BMI标准
def bmiStandard():


bmiStandard()
```

图 2-41　p0203_01.py：框架

2.3.4　子任务1：计算并输出BMI值

之前介绍了BMI的基本概念，根据一个人的身高（height）和体重（weight）即可以得出这个人的身体质量指数（BMI值），鉴于判断标准中BMI值的小数位数都不超过1位，所以，利用round函数进行保留1位小数的四舍五入计算，并进行简单输出，如图2-42所示。

```
height = 1.65 #身高（米）
weight = 65 #体重（公斤）
bmi = round(weight/(height**2),1)          23.9

print(bmi)
```

图 2-42　p0203_01.py：子任务 1

2.3.5　子任务2：实现健康分类判断

计算出BMI值，就是希望了解这样的BMI值对于身体健康来说会有怎样的危险性。从前面介绍的BMI分类标准来看，按照中国标准，BMI有这样几个分界点：18.5、24、28、30、40，这就是判断需要用到的分支条件，因而，代码实现就要用到多分支if语句，如图2-43所示。

提示： 编写多分支if语句时，不要一次全部写成。

先写第一个分支，然后运行（在此过程中，也许需要修改身高、体重的值以确保这个分支会被执行），在结果正确的情况下，可以利用复制粘贴完成其余分支的编写。

```
height = 1.65 #身高(米)
weight = 45 #体重(公斤)
bmi = round(weight/(height**2),1)
if bmi < 18.5:
chinaStand = “偏瘦，相关疾病发病的危险性:低(但其他疾病危险性增加)”
print(bmi,chinaStand)
```

```
height = 1.65 #身高(米)
weight = 65 #体重(公斤)
bmi = round(weight/(height**2),1)

if bmi < 18.5:
    chinaStand = "偏瘦，相关疾病发病的危险性:低(但其它疾病危险性增加)"
elif bmi < 24:
    chinaStand = "正常范围，相关疾病发病的危险性:平均水平"
elif bmi < 28:
    chinaStand = "偏胖，相关疾病发病的危险性:增加"
elif bmi < 30:
    chinaStand = "肥胖，相关疾病发病的危险性:中度增加"
elif bmi < 40:
    chinaStand = "重度肥胖，相关疾病发病的危险性:严重增加"
else:  # bmi>=40
    chinaStand = "极重度肥胖，相关疾病发病的危险性:非常严重增加"

print(bmi,chinaStand)
```

图2–43　p0203_01.py：子任务2

2.3.6 子任务3：完善输入和输出

前面的代码实现了基于身高和体重数据的BMI值计算以及参照中国标准所对应的危险性判断。但是，在获取数据和显示结果方面还可以完善，请自行完成，如图2-44所示。

```
height = float(input("请输入身高(米):"))
weight = float(input("请体重(公斤):"))
```

```
outStr="\n身高\t:{:10.2f}(米)\t体重\t:{:10.2f}(公斤)" \
        "\nBMI值:\t{:11.1f}\n按中国标准属于:{}"\
    .format(height, weight,bmi,chinaStand)
print(outStr)
```

图2–44　p0203_01.py：子任务3

通过几个简单的子任务，一个与健康有关的小问题就解决了——由身高和体重得到BMI，再通过多分支的判断得到健康分类。

2.3.7 思考与练习

(1) 能否实现对BMI值按WHO标准、亚洲标准进行判断？能否自行选择标准？

(2) “本月有多少天？”好像是个简单的问题，但有其灵活性，尝试解决。

(3) 知道学校的奖学金规则吗？尝试一下：写个奖学金判定程序。

(4) “个人所得税”是今后每个职场人都要面对的，尝试一下：编写个人所得税的计算程序。

2.4 智能小家教——循环控制结构

2.4.1 提出问题

能给二年级的小朋友出几道加法作为快速口算小测试吗？小测试的用时和正确率能统计出来吗？小测试只能运行一遍还是能一直运行下去？

2.4.2 预备知识

1. 基本概念：随机数

真正的随机数是使用物理现象产生的，如掷钱币、骰子、核裂变等，这样的随机数发生器称为物理性随机数发生器，它们的缺点是技术要求比较高。使用计算机产生真随机数的方法是获取CPU频率与温度的不确定性、系统时间的误差、声卡的底噪等。在真正关键性的应用中，如在密码学中，人们一般使用真正的随机数。

在实际应用中往往使用伪随机数就足够。这些数列是“似乎”随机的数，实际上它们是通过一个固定的、可以重复的计算方法产生的。计算机或计算器产生的随机数有很长的周期性。它们不真正地随机，因为它们实际上是可以计算出来的，但是，它们具有类似于随机数的统计特征。

产生随机数有多种不同的方法，称为随机数发生器。随机数最重要的特性是：它所产生的后面的那个数与前面的那个数毫无关系。

2. 控制结构：循环

用循环方式对过程分解，确定某个部分进行重复的开始和结束的条件。循环结构表示程序重复执行某些操作，直到满足某条件时才可终止循环，如图2-45所示。在循环结构中最主要的是：什么情况下执行循环？哪些操作需要循环执行？

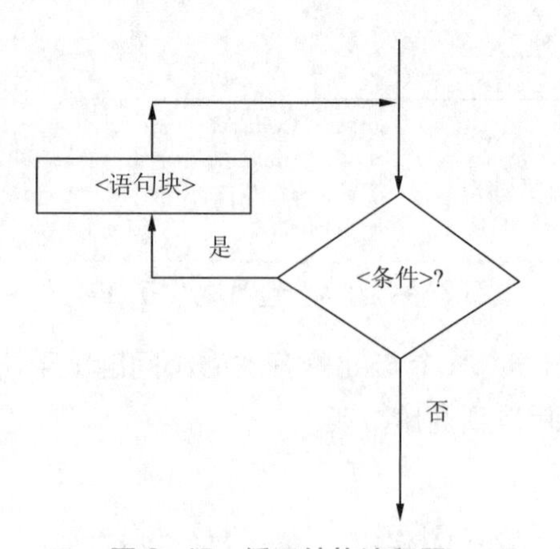

图 2-45 循环结构流程图

注意：重复的条件和动作是循环结构的关键点。

3. 循环结构：for语句

1）一般形式

for语句从遍历某个序列中逐一提取元素，对于所提取的每个元素执行一次循环体中的代码块。遍历就是把某个序列中的第一个元素到最后一个元素依次访问一次。其一般形式是for-in语句，for、in是关键字。

for也称“遍历循环”，这是因为循环执行的次数是根据遍历序列中元素的个数来确定的。语法格式如下：

```
for 元素 in 序列:
    代码块(循环体)
```

序列这种数据类型会在之后的章节有详细的介绍，这里先以range函数产生的整数序列为例说明for语句的基本用法。

2）内置函数：range

range函数可创建一个整数序列。语法格式如下：

```
range(start,stop[,step])
```

start表示起始计数值，默认是0；stop表示终止计数值，但不包括该数；step表示步长，默认为1。比如，range(6)等价于range(0,6,1)，是[0, 1, 2, 3, 4, 5]，共六个整数，但注意没有6；同样，range(3,9,2)表示[3, 5, 7]，共三个整数。

注意： for与range的配合使用，是循环结构的典型应用。

它可以实现遍历指定范围内的所有整数，比如：

```
for rp in range(10,20,2):
    print(rp)
```

就是打印出10 ~ 20之间（不包括20）的所有偶数（共5个），即10、12、14、16、18。Print函数会执行五次，每一次执行，元素rp就会从这五个偶数中依次获取一个数作为它的值。

示例16

如何绘制一个三十三角星？

2.1节绘制了一个三角形，方法是：先画一条边线（直线+转向），然后复制两次这样的操作，就构成了一个三角形。如果要画正五角星，那么，就再复制两次（转向的角度要变化）。对于三十三角星，也可以这样继续复制下去，如图2-46所示。

“复制30多遍代码”这绝对不是一个好方法！如何对它进行结构上的改造，使其能高效地实现“重复”？这就需要循环结构。其具体功能是，将顺序结构中重复执行的代码块用for语句来实现。

如图2-47所示，在PyCharm中，编辑和运行py文件（y0204_01.py）。

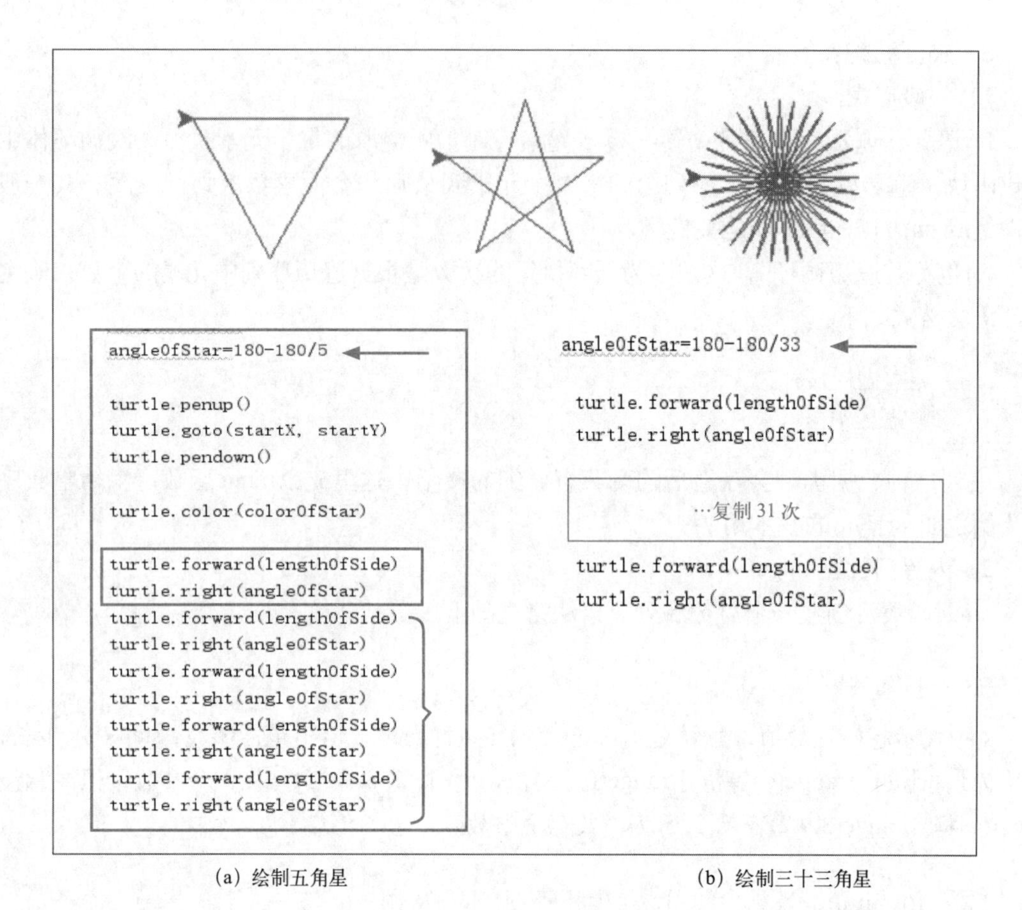

（a）绘制五角星　　（b）绘制三十三角星

图 2-46　绘制多角星

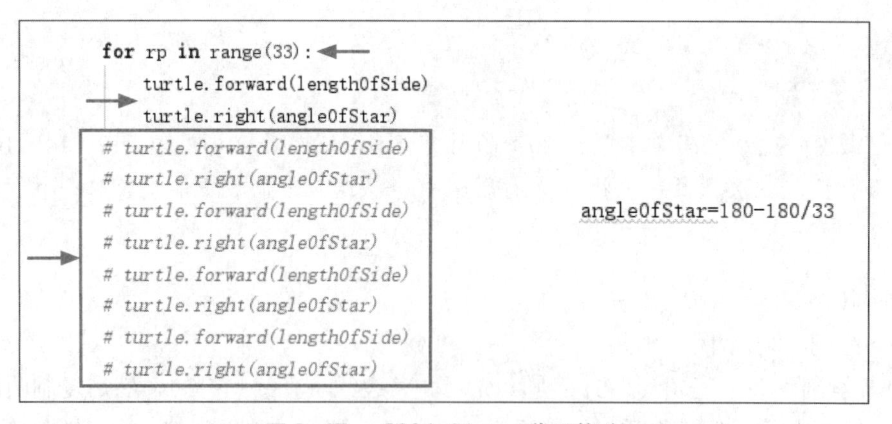

图 2-47　y0204_01.py：代码修改

（1）进入该py文件的编辑窗口，修改代码，按Ctrl+S组合键保存。

①利用Ctrl+/组合键将图2-47中画框线的代码变为注释，只留下画边线两行代码。

②在这两行代码的上方，输入for-in语句：for xh in range(33)。

③为画边线的两行代码增加缩进。

④把180-180/3中的3修改为33。

（2）右击编辑窗口的空白处，选择“Run y0204_01”命令，在运行窗口即能看到结果。

经过简单的改动，这样的三行代码就能完成任意次数的重复画边线功能，这就是循环结构的特色所在——灵活和高效。

3）嵌套循环

一个循环语句在另一个循环语句的内部出现，这被称为“嵌套循环”，它由内层循环、外层循环构成。

外层循环满足条件后，开始执行内层循环，直至等内层循环全部执行完毕，如果还满足外层循环条件，则外层循环会再次执行，依此类推，直到跳出外层循环。

示例17

打印出九九乘法表，如图2-48所示。具体来说：第1行，显示1*1 = 1（1个乘法公式）；第2行，1*2 = 2　2*2 = 4（两个乘法公式）……第9行，就要显示九个乘法公式。

```
1*1=1
1*2=2	2*2=4
1*3=3	2*3=6	3*3=9
1*4=4	2*4=8	3*4=12	4*4=16
1*5=5	2*5=10	3*5=15	4*5=20	5*5=25
1*6=6	2*6=12	3*6=18	4*6=24	5*6=30	6*6=36
1*7=7	2*7=14	3*7=21	4*7=28	5*7=35	6*7=42	7*7=49
1*8=8	2*8=16	3*8=24	4*8=32	5*8=40	6*8=48	7*8=56	8*8=64
1*9=9	2*9=18	3*9=27	4*9=36	5*9=45	6*9=54	7*9=63	8*9=72	9*9=81
```

图2-48　九九乘法表

这个显示乘法公式的过程就是典型的重复操作，而且重复次数确定。因此，可以用for-in语句来实现。

但是，只用一个for-in语句是无法完成显示九行且每一行的乘法公式个数并不相同的功能，这种情况下就需要用到嵌套的for-in语句。下面来介绍具体的实现。

（1）在PyCharm中，新建、编辑和运行py文件（y0204_02.py）。

（2）for-in语句实现：打印第3行的乘法公式。

如图2-49所示，从（a）变化到（b），就是结构上的变化，通过遍历range(1,3+1)中的每一个元素，shu会从[1,2,3]中依次取值。

需要说明的是，\t表示横向制表符，用于控制对齐，以使输出的结果更加整齐美观；end=" "表示后续的字符串输出不会换行，而是在同一行显示。

for-in语句的改写使得打印第九行（九个公式）变得很简单——line=9。

```
line=3
print("{}*{}={}\t".format(1,line,1*line),end="")
print("{}*{}={}\t".format(2,line,2*line),end="")
print("{}*{}={}\t".format(3,line,3*line),end="")
```

```
1*3=3    2*3=6    3*3=9
```

(a) 顺序结构

```
line=3
for shu in range(1,line+1):
    print("{}*{}={}\t".format(shu,line,shu*line),end="")
```

(b) 循环结构

图 2-49　y0204_02：打印第 3 行的乘法公式

（3）复制代码实现：打印前3行的乘法公式。

如图2-50所示，将打印第3行的代码复制两次，修改line的值，就可以基本实现打印前3行的功能；不过，打印的公式并不是三行，而是在同一行（end=" "的作用），就要增加三个不带参数的print函数，作用就是换行。

```
line=1
for shu in range(1,line+1):
    print("{}*{}={}\t".format(shu,line,shu*line),end="")

line=2
for shu in range(1,line+1):
    print("{}*{}={}\t".format(shu,line,shu*line),end="")

line=3
for shu in range(1,line+1):
    print("{}*{}={}\t".format(shu,line,shu*line),end="")
```

```
1*1=1  1*2=2  2*2=4  1*3=3  2*3=6  3*3=9
      ↑             ↑                    ↑
    print()       print()              print()

1*1=1
1*2=2    2*2=4
1*3=3    2*3=6    3*3=9
```

图 2-50　y0204_02：打印前 3 行的乘法公式

（4）for-in语句的嵌套实现：打印前3行的乘法公式。

如图2-51所示，采用之前的方法改写代码，可以看到，就出现了两个for-in语句，而它们之间的层次通过冒号和缩进来表示。内层for-in语句控制每一行的显示，外层for-in语句控制行数。

```
#九九乘法表
for line in range(1,3+1):  # line 从[1,2,3]中依次取值，分别为1、2、3
    for shu in range(1,line+1):
        print("{}*{}={}\t".format(shu,line,shu*line),end="")
    print()
# line=2
# for shu in range(1,line+1):
#     print("{}*{}={}\t".format(shu,line,shu*line),end="")
# print()
# line=3
# for shu in range(1,line+1):
#     print("{}*{}={}\t".format(shu,line,shu*line),end="")
# print()
```

图 2–51　y0204_02：for 循环嵌套

无论是单层还是嵌套的循环结构，对于初学者来说，不能一下子写出for-in语句是很正常的事情，可以逐步完成。先用顺序结构一行一行地写，但是，在这个过程中，一定要关注重复——完全一样的代码或者功能相同、只改了部分数据的代码，找到有规律的重复是循环结构实现的基础，然后，用循环语句进行改写就变得相对容易。

4）混合结构

一般来说，混合结构是指循环中包含选择或者选择中包含循环，实现在分支中重复一些动作或者在重复动作中进行某些判断。

示例18

淮安民间流传着一则故事——“韩信点兵”，讲的是：韩信带1 500名兵士去打仗，战死四五百人，列队点数，3人站一排，多出2人；5人站一排，多出4人；7人站一排，多出6人。请问：韩信手下还有多少兵士？

这则故事里，有两个说法需要思考：“战死四五百人”、“3人站一排多出2人、5人、7人……”。也就是说，有两个子问题需要解决。

问题1：活着的士兵（live）可能有多少？可能的情况是1 100人（即1500～400）、1 099人……1 001人（即1 500～499），共有100种可能性。

问题2：每N个人站一排多出M人如何表示？它的意思是，对于活着的士兵的人数，被N整除的余数是M，比如，1100被5整除后余数为0，而1 001被5整除后余数是1。

在以上的说明中，能理解到的是问题2的解决需要进行判断；而对问题1的解决需要逐步来实现。

（1）在PyCharm中，新建、编辑和运行py文件（y0204_03.py）。

（2）if语句实现：对于活着的士兵人数是1 100人的情况进行判断。

对于活着的士兵的人数（live），“站N排多出M人”用Python中的算术运算符和比较运算符来描述是这样的：live % N == M，其中，==表示是否相等；%是取模运算符，返回除法的余数。

如图2–52所示，对于活着的士兵人数是1 100人的情况，利用一个逻辑运算符and对同时满足3人一排、5人一排、7人一排的判断进行准确的描述。

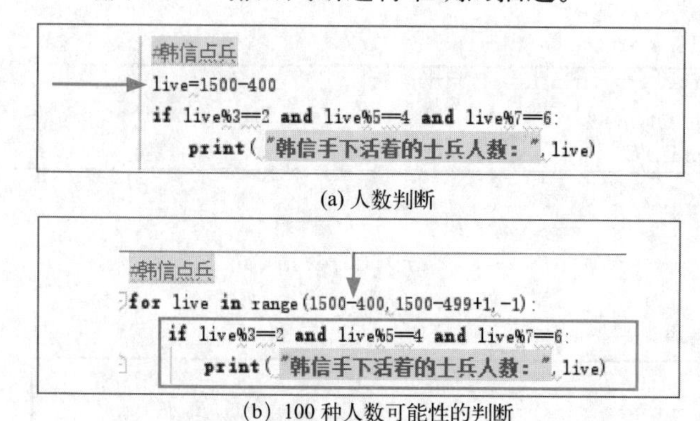

(a) 人数判断

(b) 100 种人数可能性的判断

图 2-52　y0204_03.py：混合结构

（3）for-in语句实现：活着的士兵人数从1 100到1 001（共100种情况）的判断。

上面的代码只是针对一种情况的判断，即活着的士兵人数是1 100人，还有99种可能性，可以将代码复制粘贴99次，只需改变live的值，就能完成共100种可能性的判断。那么，这样的99次复制粘贴可以用for-in语句写成：

```
for live in range(1500-400,1500-499+1, -1):
```

这里通过遍历range(1100,1001+1,-1)中的每一个元素，live会从[1100,...,1001]中依次取值。range函数中的-1，因为从大到小是递减，也可以写成range (1001,1100+1)。

提示：找到重复、发现规律是循环的重中之重。

4. 循环结构：while语句

1）一般形式

while语句通过对条件的判断结果（True或者False）来决定是否重复执行循环体中的代码块。当条件为True时，重复执行循环体；否则，为False时，循环终止，执行与while同级别缩进的后续语句。语法格式如下：

```
while 条件:
      循环体(代码块)
```

while是关键字，while循环的本质是让计算机在满足某一条件的前提下去重复做同一件事情。

注意：while循环为条件循环。

2）无限循环

while语句中如果条件永远为True，循环将会无限地执行下去，也称“死循环”。其语法格式如下：

```
while True:
      循环体(代码块)
```

5. 循环结构：循环控制语句

循环控制语句可以改变循环正常的执行顺序，包括break、continue、else，它们在for和while中用法一致。

注意：不要滥用break和continue语句。

break 和 continue 语句通常都必须配合 if 语句使用。

1）break

break语句用于终止循环，即循环条件没有为False或者序列还没有被完全遍历完，也会停止执行循环语句。对于单层循环，break语句能跳出整个循环；而对于嵌套循环，只能跳出一层循环。

```
break
```

2）continue

continue语句只能跳出当前一轮循环，即跳过当前一轮循环的剩余语句，然后继续进行下一轮循环。

```
continue
```

3）else

在循环结构中，当条件为False时，执行else代码块。也就是说，else中的语句会在循环正常执行完成的情况下执行，即不是通过break跳出而中断。

```
for/while  <条件>:
    <代码块1>
else:
    <代码块2>
```

示例19

输入学生计算机课程的成绩（范围是0～100）。其具体含义是指，反复从键盘输入成绩（合理范围0～100分之间），直到输入超出范围为止。

在有些情况下，会知道重复的动作，但不知道重复的次数，就像这个例子，“反复输入”并没有指出具体的反复次数，因此，用while语句可以写成：while True:，表示“无限循环”；而“超出范围”是一个判断，可以写成if score<0 or score>100:，这里的score是指输入的分数，条件是比较（<、>）和逻辑（or）运算符的组合。一旦确定超出范围，就要用break循环控制语句退出循环。

如图2-53所示，在Python交互命令窗口中输入代码，按Enter键运行，查看结果。

提示：Python交互命令窗口的使用小技巧。

>>> 是在 Python 交互命令窗口中作为输入的提示符；而在输入多行内容时，提示符会变为 ...，意思是可以接着上一行输入；... 也是提示符，但不是代码的一部分。

```
>>>
>>> while True:
...     score=int(input("请输入成绩(0~100): "))
...     if score<0 or score>100:
...         print("超出范围退出喽! ")
...         break
...
请输入成绩(0~100): 99
请输入成绩(0~100): 88
请输入成绩(0~100): 77
请输入成绩(0~100): 66
请输入成绩(0~100): 55
请输入成绩(0~100): 0
请输入成绩(0~100): -1
超出范围退出喽!
>>>
```

图 2-53 s0204_01.py：while 语句

6. 库：random

random是用于生成伪随机数的标准库。常用的函数包括：

random.random()：模块中最常用的函数；它生成一个0～1之间的随机浮点数，包括0但不包括1，也就是[0.0, 1.0)。

random.randint(a, b)：随机生成一个a~b之间的整数（包含a与b）。

random.uniform(a, b)：随机生成一个a~b之间的浮点数。

示例20

如图2-54所示，在Python交互命令窗口运行Python代码。

```
>>> import random
>>> random.random()
0.6683112113554931
>>> random.random()
0.7385157156858432
>>> random.random()
0.7494839577978699
>>> random.random()
0.790168089749036
>>> random.random()
0.7475119717829576
>>> random.random()
0.7552520750212798
>>> random.random()
0.31199308945603277
>>> random.random()
0.40775846736967103
>>>
```

```
>>>
>>> random.randint(1,3)
3
>>> random.randint(1,3)
2
>>> random.randint(1,3)
1
>>> random.randint(1,3)
2
>>> random.randint(1,3)
2
>>> random.randint(1,3)
3
>>>
```

图 2-54 Python 交互命令窗口：random 的用法

7. 库：time

time库提供与各种时间相关的功能。

```
time.sleep(secs)
```

sleep函数用于交出当前线程，要求它等待系统将其再次唤醒，如果写程序只有一个线程，这实际上就会阻塞进程。secs的单位是秒。比如，在Python交互命令窗口，执行time.sleep(5)，就会等待5 s之后再返回提示符。

```
time.time()
```

time函数返回当前时间的时间戳，即从1970年1月1日00:00:00开始按秒计算的偏移量(以秒为单位的浮点小数)。利用该函数，可以计算两个时间点之间的间隔。

示例21

如图2-55所示，在Python交互命令窗口运行Python代码。

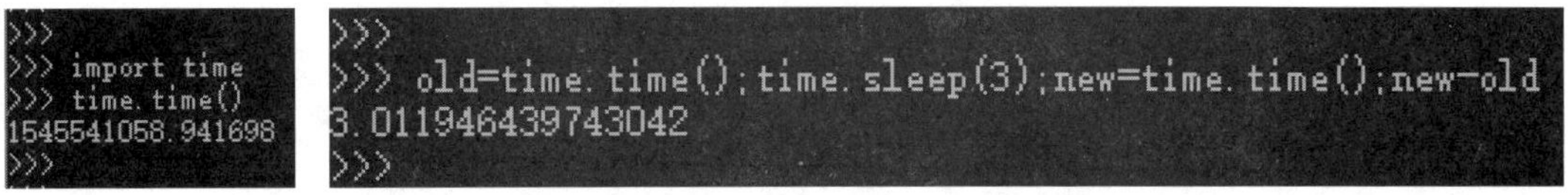

```
>>>
>>> import time
>>> time.time()
1545541058.941698
>>>
```

```
>>>
>>> old=time.time();time.sleep(3);new=time.time();new-old
3.011946439743042
>>>
```

图2-55　Python交互命令窗口：time用法

2.4.3　分析问题

首先，问题的核心在于明确以下几点：

（1）关于题目。小学二年级数学加法的难度指的是几位数的加法？经过了解，确定要出的是两位数相加的题目；每道题需要两个符合位数要求的随机整数。

（2）关于小测试。每次小测试的题目数可以自定，测完后显示本次答题用时和正确率统计。

（3）关于参与性。小测试可以一直做下去。

其次，需要的库是random和time，分别用于生成随机整数和计算每次测试的答题用时。

最后，源数据就是参与性、小测试题目数；主要处理就是按要求的题目数逐个出题、接收答题、统计正确答题数；呈现方式是在屏幕上显示一段格式化后的字符串，将相关信息展示出来。

思路

库：random和time。

函数：genQuiz()，其功能是可以反复进行小测试，在确认参与测试后，按照输入的题目数，逐个出题（两位随机整数的加法）、接受键盘输入的答题、统计正确答题数，在本次测试完成后，给出答题用时和正确率。

I：变量ans、numOfQues分别表示是否参与测试、本次测试的题目数，都由键盘输入。

O：显示相关信息，如图2-56所示。

P：输入ans确认参与测试，开始计时（startSec）后，按照题目数numOfQues逐个出加法题，每道题的两个操作数oper1和oper2是随机生成的两位整数，接收键盘输入的答题ansQues，经过判断统计正确答题数countRight，在本次测试完成后，结束计时（endSec），给出答题用时和正确率。

```
想要开始本次小测吗？（y表示想）y
请输入本次小测的题目数：4
开始计时......
82 + 75 = 157
88 + 90 = 178
50 + 85 = 135
86 + 57 = 0
结束计时......
本次小测共 4 题，用时 12.08 秒， 共答对 3 题， 正确率为 75.00 %



想要开始本次小测吗？（y表示想）n
不想测了...那就退出!
```

图 2–56　p0204_01.py：智能小家教

框架

新建文件：p0204_01.py，如图2–57所示。

定义函数genQuiz()：其功能是可以反复进行小测试，在确认参与测试后，按照输入的题目数，逐个出题（两位随机整数的加法）、接收键盘输入的答题、统计正确答题数，在本次测试完成后，给出答题用时和正确率。

调用genQuiz()。

```
#智能小家教
import ...

def genQuiz():


genQuiz()
```

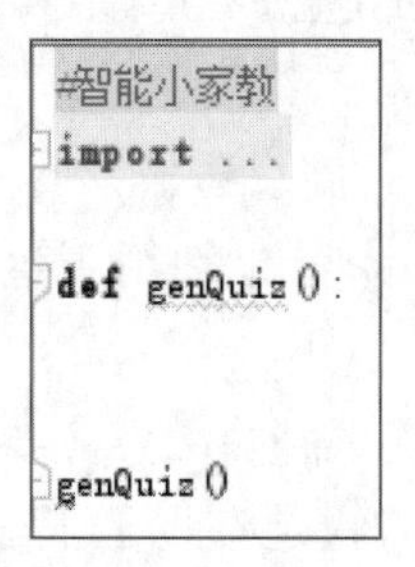

图 2–57　p0204_01.py：框架

2.4.4　子任务1——实现一道题目的小测试

1. 出一道题目

之前的问题分析中已将小学二年级数学加法题确定为：每道题是两个两位数（oper1、oper2）相加的题目。这里的两位数指的是两位随机整数，可以通过random库的randint函数得到：randint(10,99)，并进行简单输出，如图2–58所示。

```
oper1 = random.randint(10,99)
oper2 = random.randint(10,99)
question = "{} + {} = ".format(oper1,oper2)
print(question,end='')
```

```
44 + 59 =
```

图 2–58　p0204_01.py：子任务 1——实现一道题目的小测试

end=''表示不换行，之后对这道题的回答就可以直接显示在题目后面。

2. 统计正确答题数

如图2-59所示，出题之后就可以作答，具体是指从键盘输入答题（ansQues）。

```
ansQues=int(input(""))
```

input函数没有参数，这样就可以不给出提示，让答题直接跟在题目后面。

收到答题之后，就要将这个答题（ansQues）与正确答案（oper1+oper2）进行比较，答对了就将正确答题数（countRight）加一。这里的难点在于：为什么正确答题数不是等于1，而是要加1？

这是因为，题目不止一道题，之后还要继续出题，正确答题数还会继续增加，因此，就通过先给正确答题数赋初值（countRight=0），然后，在答题正确的情况下，进行“加一”操作，即countRight+=1。

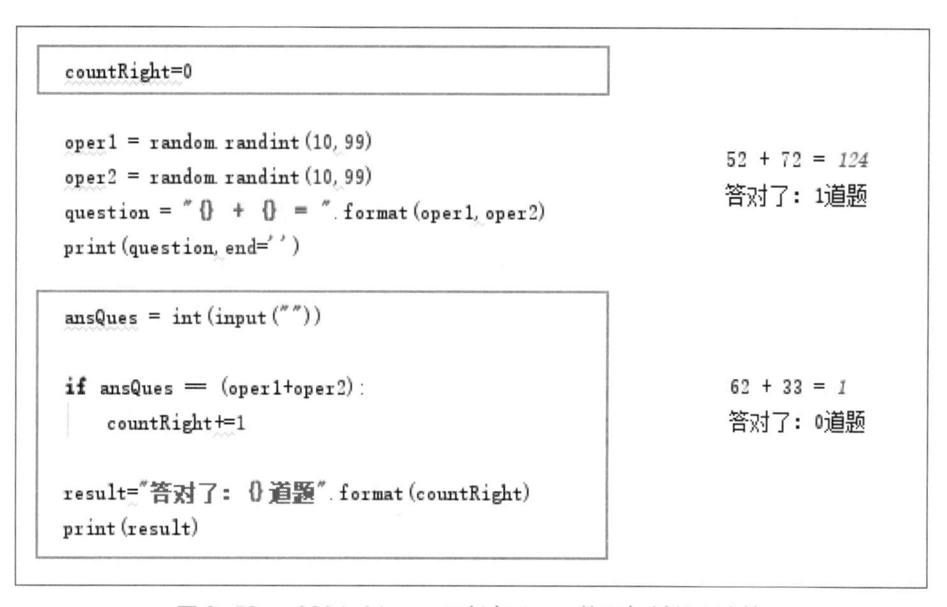

图 2-59　p0204_01.py：子任务 1——答题与判断正确性

提示： 将countRight=0放在代码的最上面。

给正确答题数（countRight）赋初值只会做一次，而出题、答题都可能要反复执行，因此，将该行代码放在出题之前，以便于之后的操作。

判断完毕之后，进行简单的输出。

2.4.5　子任务2——实现多道题目的小测试

在实现了一道题的测试功能（包括出题、答题、判断、统计及显示）之后，就可以实现一次小测试完成多道题目的功能，如图2-60所示。通过int函数与input函数的配合使用，从键盘输入题目数（numOfQues）；利用for-in语句，按照题目的数量（numOfQues），重复执行出题、答题和判断的操作。

这里需要注意的是："答对了：×道题"是统计结果的显示，只会出现一次，因此，不会在for-in语句的代码块中出现，也就是没有相应的缩进。

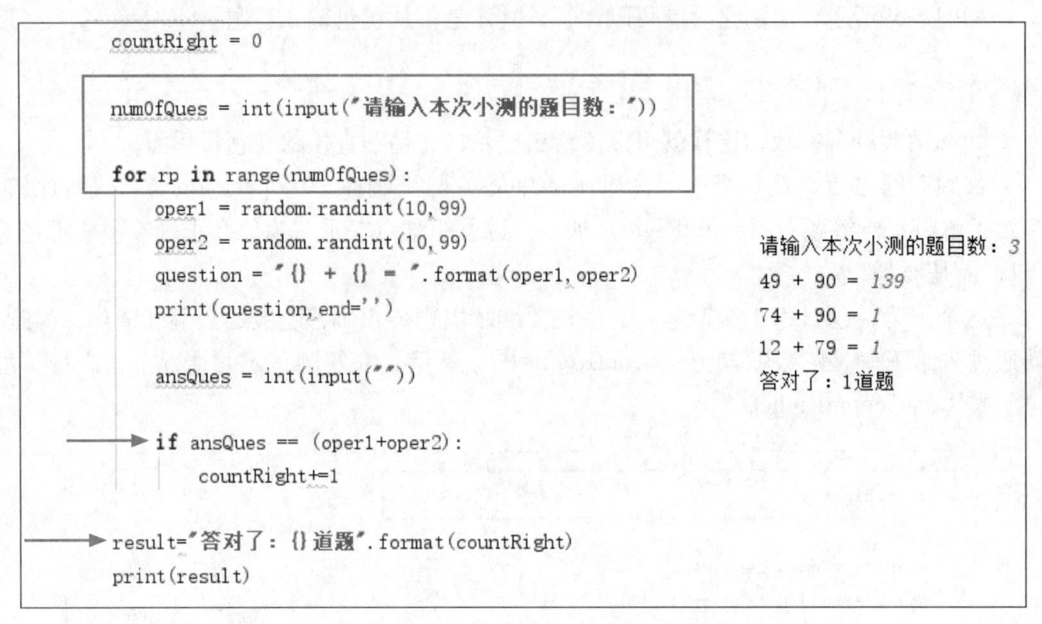

图 2-60　p0204_01.py：子任务 2——实现多道题目的小测试

2.4.6　子任务3——实现答题计时功能

如图2-61所示，在for-in语句（出题）之前提示"开始计时"，并获取当前时间(startSec)；在for-in语句之后提示"结束计时"，并获取当前时间(endSec)，这两个时间之差就是答题所用的时间（当然，计算机的出题和判断也会花费时间，但其值很小，可以忽略）。

在统计了答题所用时间和正确答题数的基础上，将之前较为简单的输出修改得更为全面。

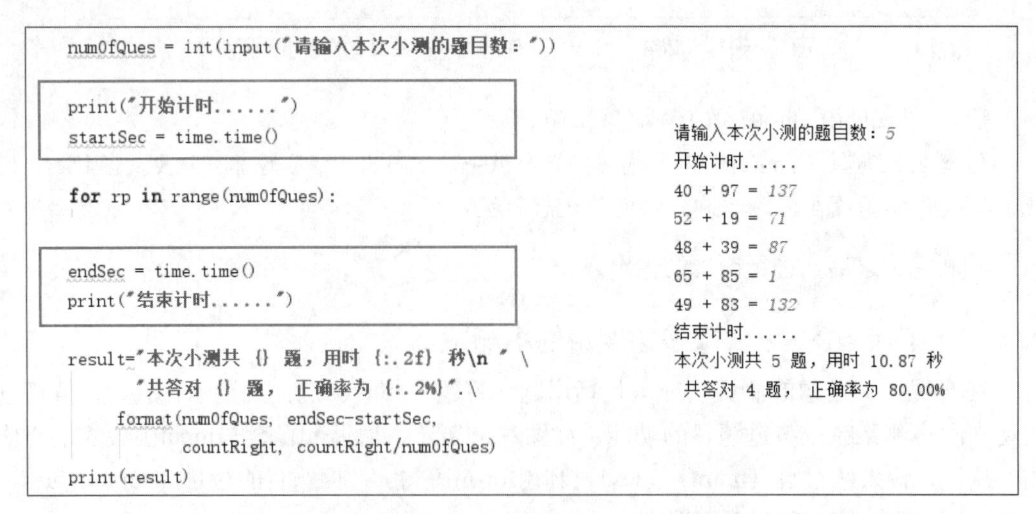

图 2-61　p0204_01.py：子任务 3——实现答题计时功能

2.4.7 子任务4——实现反复测试功能

前面的几个子任务实现了一个较为完整的加法小测试功能，包括自定题目数进行出题、接收答题、判断、统计正确答题数以及计时。很多情况下，只测试一次是不够的，需要反复测试，但反复的次数无法确定，因此，需要用到条件循环——while语句。

如图2-62所示，“反复测试”用无限循环（while True:）来实现，而“不再测试”是通过判断完成的，其中的break就是在回答（ans）不是y的情况下使用的，意思是结束循环。

while语句可以写在哪里？如何写更方便？请自行思考，这对理解Python的结构很有帮助。

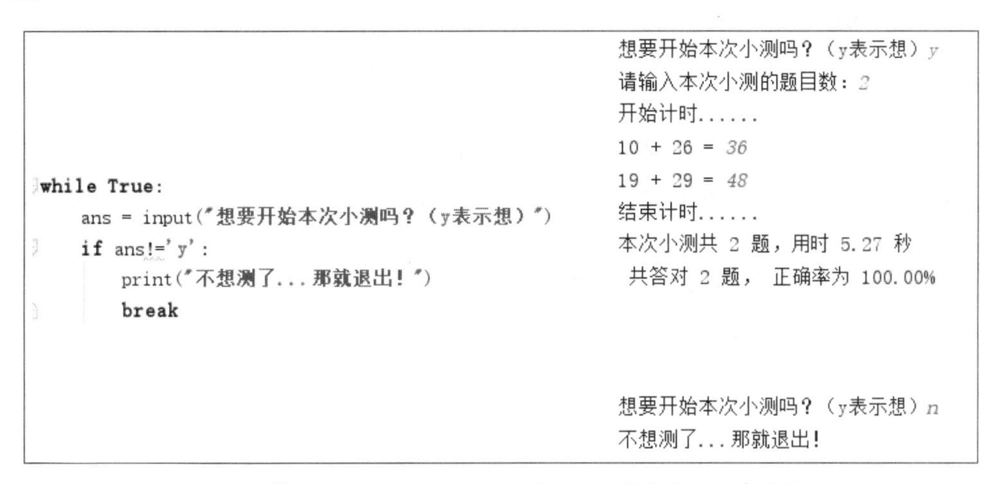
```
while True:
    ans = input("想要开始本次小测吗？（y表示想）")
    if ans!='y':
        print("不想测了...那就退出！")
        break
```


图 2–62　p0204_01.py：子任务 4——实现反复测试功能

一个实用的加法小测试程序就是这样实现的，在理解和分析的基础上，将问题进行合理的分解，由简单到复杂，逐步解决。

2.4.8 思考与练习

（1）能否修改“智能小家教”程序使它更为灵活？比如，可以做四则运算，或者针对不同的年级。

（2）随机生成一个1000以内的整数，用户从键盘输入一个数，比较这两个数的大小，根据结果显示“你猜的数大了”“你猜的数小了”或者“恭喜你猜对了”。用户一定能在10次以内猜对这个数。你信吗？

（3）会算阶乘吗？能找到相应的库吗？不用库能自己实现吗？

（4）0.1 mm的纸对折20次后到底有多厚？可以给出每一次对折后的厚度吗？

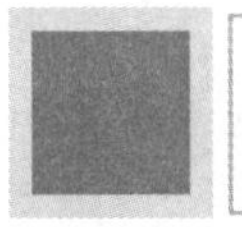

本章小结

1. 计算机进行问题求解的一般过程

理解问题→设计一个解决这个问题的方案→实现这个方案→评估，这也是本书的组织方式。

2. Python 3的基本语法规则

大小写敏感；缩进和冒号（:）；代码行和注释行；用于导入库的关键字import和from；用于定义函数的关键字def。

3. Python 3的数据基础知识

数字有四种类型，包括整数（int）、布尔（bool）、浮点数（float）和复数（complex），其中，布尔只有两个值True和False，对应着整数1和0，是选择和循环结构中条件判断的依据。所有非0都是True；所有空值都是False。

字符串是以一对引号（'或"）括起来的任意字符，使用一对三引号（3个单引号'''或3个双引号"""）可以指定一个多行字符串。单引号和双引号的使用完全相同。

变量是一种标识符，用于存储数据。变量是有类型的。

格式化字符串：%d、%f、%s、%%。

算术运算符中的//、%，分别表示取整除和取模。

赋值运算符中除了常用的=是简单赋值，还有与算术运算符配合使用的复合赋值，比如，+=是加法赋值。

比较运算符中==是很常用的，但也很常用错，需要注意。

逻辑运算符not、and、or的优先级很重要。

4. 基本结构

三种基本程序结构：顺序、选择、循环；相应的关键点是次序、分支、反复。要特别关注的是冒号和缩进在其中的作用。

选择结构就是通过对条件的判断执行不同的分支。关键字：if、elif、else。

循环结构就是根据情况反复执行，包括遍历循环和条件循环。关键字：for、while、else、break、continue。

1）区别

for和while：相同之处在于都能反复执行操作；不同之处在于，for是在序列穷尽时停止，而while是在条件不成立时停止。

if和while：if是条件为True时，只执行一次代码就结束；而while是条件为True时，反复执行代码，直到条件不再为真。

2）避免

陷入“死循环”，也就是永远循环下去。

不要滥用break和continue语句：造成代码执行逻辑分叉过多，容易出错。

5. 库和内置函数

库：turtle、time、math、PIL、os、random。

函数：int、float、input、abs、print、format、round、range。

课后习题

一、模仿题

请对照图 2-63 和图 2-64 的样例代码完成，并说明其功能。

```
from PIL import Image, ImageFilter

imgFile = "img1.jpg"

img = Image.open(imgFile)
imgFt = img.filter(ImageFilter.CONTOUR)

img.show()
imgFt.show()

ftFile = "img1ft.jpg"
imgFt.save(ftFile)
```

图 2-63　样例 1

```
total = 0
count = 0

while True:
    score = eval(input("请输入成绩（0~100，超出范围就退出）："))
    if score<0 or score>100:
        break
    total += score
    count +=1
```

图 2-64　样例 2

二、填空题

请填写下列程序的关键代码。

1. 实现功能：从键盘反复输入正数，最后显示已输入的正数数量，如图 2-65 所示。

```
count=0

while True:
    ________________________________
    if data1<=0:
    ____________
    ____________
    ____________

print("总共输入了{}个正数！".format(count))
```

```
请输入一个正数：1
请输入一个正数：1.5
请输入一个正数：111.9
请输入一个正数：0.5
请输入一个正数：-1
总共输入了4个正数!
```

图 2-65　填空题 1

2. 实现功能：随机生成 5 个一位整数，计算所有奇数的和，如图 2-66 所示。

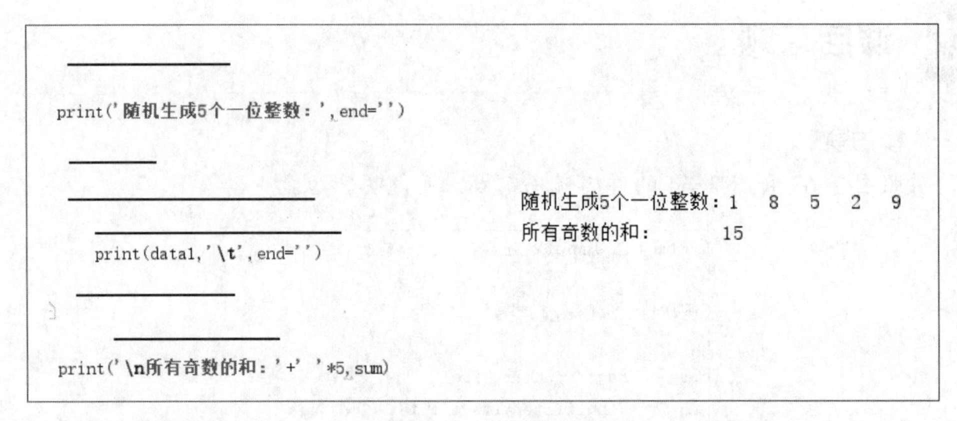

图 2–66 填空题 2

三、简答与编程题

1. 经典问题：百元买百鸡！某人有 100 元，要买 100 只鸡，其中，公鸡 5 元 1 只、母鸡 3 元 1 只、小鸡 1 元 3 只，到底各买了多少只？

2. “水仙花数”有几个？都是什么数？所谓的“水仙花数”，也称自幂数，是指一个 3 位数其各位数字立方和等于该数本身。

3. 一个数如果恰好等于它的因子之和，这个数就称为完数。比如，6 的因子分别为 1、2、3，而 6=1+2+3，因此，6 是完数。编程找出 1 000 之内的所有完数，并按下面的格式输出：6=1+2+3。

第3章 人工智能之Python进阶

在前一章中，介绍了程序的三种基本控制结构（顺序、选择、循环）和基本数据类型（数值型）。本章将深入学习某些组合数据类型（列表、字典）和数据文件的基本读写操作，以便能处理更复杂的数据。同时学习程序更强大的构造方式——函数，让程序更易于阅读、编写和维护。

3.1 我的购物车——List列表组合数据类型

3.1.1 提出问题

网上购物已经成为人们生活中不可缺少的一项活动，购物网站一般都会用到购物车。用户可以向购物车中添加所需要的商品，也可以删除不需要的商品，最后根据用户挑选的商品数量和单价，能够计算出总的订单金额。本案例就是模拟电商购物车，实现简单的购物车功能。

3.1.2 预备知识

1. 组合数据类型概述

计算机不仅对单个变量表示的单个数据进行处理，更多情况下，计算机需要对一组数据进行批量处理。例如，一批学生的成绩、多组实验数据、众多商品信息等，如何存储这些数据？

组合数据类型能够将多个同类型或不同类型的数据组织起来，通过单一的表示使数据操作更有序更容易。根据数据之间的关系，组合数据类型可以为三类：

序列类型：是一个元素向量，元素之间存在先后关系，通过序号访问，元素之间不排他（可以有重复值）。

集合类型：是一个元素集合，元素之间无序，相同元素在集合中唯一存在（无重复值）。

映射类型：是“键-值”数据项的组合，每个元素是一个键值对，表示为(key, value)。

Python中的数据结构是根据某种方式将数据元素组合起来形成的一个数据元素集合，其中主要包含序列（如列表和元组）、映射（如字典）以及集合（set）这三种基本的数据结构类型。

2. 列表基本操作

如上所述，组合数据类型中的序列类型是一维元素向量，元素之间存在先后关系，通过序号访问。字符串（string）可以看成是单一字符的有序组合，属于序列类型的一种。

和字符串一样，Python中列表类型（list）也是序列类型，和字符串有一些共同特点，不同之处是列表不仅包含字符，还可以包含任何类型的元素序列，甚至不同类型的元素可以混合在同一列表中。列表没有长度限制，元素类型可以不同，使用非常灵活。

由于列表属于序列类型，所以基本字符串操作符也适用于列表。例如，列表支持成员关系操作符（in）、长度计算函数（len()）、分片（[]）。列表可以同时使用正向递增序号和反向递减序号，可以采用标准的比较操作符（<、<=、==、!=、>=、>）进行比较，列表的比较实际上是单个数据项的逐个比较。

可以使用方括号[]创建列表，只要把所需的列表元素以逗号隔开，并用方括号[]将其括起来即可。当使用方括号[]而不输入任何元素时，就创建了一个空列表。Python的列表元素可以是任意类型，其中的元素还可以是列表类型，即可以创建嵌套列表。

序列类型都属于迭代类型，所以可以用for循环直接对列表元素进行批量操作。

示例1

列表的基本操作，阅读下列程序段，分析结果。

```
list1=['physics','chemistry',1997,2000]
#创建列表list1，有4个元素：2个字符串，2个数值型
list2=[1,2,3,4,5,6,7]                 #创建列表list2，有7个元素，均为整型
print("list1[0]: ",list1[0])          #输出list1列表中索引值为0的元素
print("list2[1:5]:",list2[1:5])       #输出list2列表中1≤索引值<5的元素
print(len(list1),len(list2))          #分别输出两个列表的长度，即元素个数
print(list1+list2)                    #将两个列表进行连接运算然后输出
print(list1*2)                        #将列表list1重复2次得到新的列表输出
print(6 in list2,8 in list2)          #分别判断6和8是否是list2的成员，并输出结果
for i in list1:                       #遍历list1中的元素，并输出
    print(i)
```

该段代码运行后的结果如下：

```
list1[0]:physics
list2[1:5]:[2,3,4,5]
```

```
4 7
['physics','chemistry',1997,2000,1,2,3,4,5,6,7]
['physics','chemistry',1997,2000,'physics','chemistry',1997,2000]
True False
physics
chemistry
1997
2000
```

3. 列表相关函数和方法

1）在列表末尾添加一个新的元素

```
列表名 .append( 新元素 )
```

2）列表排序

```
list.sort(cmp=None,key=None,reverse=False)
```

cmp：可选参数，如果指定了该参数，会使用该参数的方法进行排序。

key：指定可迭代对象中的一个元素进行排序。

reverse：排序规则，reverse = True降序，reverse = False升序（默认）。

3）删除指定序号的列表元素

```
del 列表名 [ 序号 ]
```

示例2

理解列表的相关函数和方法。阅读下列程序段，分析结果。

```
score=[75,58,96,85,68,79,90,82,43] #创建1个分数列表
score.append(66) #向列表尾部添加1个分数
print(score)
score.sort()       #列表升序排序
print(score)
del score[0]       #去掉最低分
del score[-1]      #去掉最高分
print(score)
```

该段代码运行后的结果如下：

```
[75,58,96,85,68,79,90,82,43,66]
[43,58,66,68,75,79,82,85,90,96]
[58,66,68,75,79,82,85,90]
```

3.1.3 分析问题

购物车中可以放很多商品，如何存储这些批量数据？可以用列表进行存储。每个商品至少有商品名称、单价和数量，所以要在列表中嵌套列表进行存储，即二维列表。

向购物车中添加商品和删除商品，可采用列表元素的添加和删除。

对购物车的多种商品批量操作，实际上是对列表元素的批量操作，可以用for循环迭代实现。

3.1.4 子任务1：顺序购买商品——一维列表

（1）首先假设购物车中已经有一些商品（只有商品名称），统计其中商品的件数，并查看购物车中的所有商品。

在程序中模拟购物车存放多个商品，可以采用简单的一维列表模拟购物车，对该列表用一些值进行初始化，相当于购物车中已经有一些商品，列表长度（len函数）即为商品的件数。可以直接输出整个列表来查看购物车中的所有商品，但其输出会带有列表本身的格式（中括号和逗号，一行连续）；也可以用for循环迭代列表中的所有元素，然后按自己设定的格式输出。

实现上述功能的代码段如下：

```
#子任务1:顺序购买商品——一维列表
shoplist=['联想电脑','小米手环','袜子','荒岛余生']
print('我要买',len(shoplist),'件商品.')
print('这些东西分别是：')
for item in shoplist:
    print(item)
```

运行结果如下：

```
我要买 4 件商品.
这些东西分别是：
联想电脑
小米手环
袜子
荒岛余生
```

（2）根据需求，向购物车中添加商品，并查看变化后的购物车。

可以用input输入还要购买的商品，然后用列表的append()方法添加到购物车中，再显示列表。

实现上述功能的代码段如下：

```
newitem=input('我还要购买的商品:')
shoplist.append(newitem)
print('我的购物清单分别是：',shoplist)
```

运行结果如下：

```
我还要购买的商品:酱油
我的购物清单是：['联想电脑', '小米手环', '袜子', '荒岛余生', '酱油']
```

（3）假设要删除购物车的第一件商品，删除后可以查看原来的购买记录和新的购物车。

列表中序号为0的元素即第一件商品，用del函数可以删除列表中的元素，但为了删除后还可以查看原来的元素，在删除前要将该元素另外保存在一个简单变量中。

实现上述功能的代码段如下：

```
print('我买的第一件商品是：', shoplist[0])
olditem=shoplist[0]
del shoplist[0]
print('我的购物清单现在是：', shoplist)
print( '我过去买过：', olditem)
```

运行结果如下：

```
我买的第一件商品是：联想电脑
我的购物清单现在是：['小米手环 ', '袜子', '荒岛余生 ', '酱油']
我过去买过：联想电脑
```

3.1.5　子任务2：顺序购买商品——二维列表

在子任务1中，购物车中只有商品名称，没有商品数量，本任务为购物车中的每件商品添加购买的数量。

这样，在子任务1的一维列表中的每个元素又有2个数据（商品名称和数量），则可在一维列表中再嵌套列表，构成二维列表，如表3-1所示。

表3-1　购物车中的商品名称和购买数量

商品名称	购买数量
联想电脑	2
小米手环	2
袜子	3
荒岛余生	4

对二维列表的操作类似一维列表，只是它的每个元素是以行为单位，每行又有多个数据（此例为2）。二维列表中len函数得到的是行数，即商品名称种类。利用for循环迭代二维列表，每次得到的是一行的数据。添加商品时要输入2个数据（名称和数量），添加时也要一次添加2个数据。对二维列表排序，默认是以第1列（商品名称）的值降序排列。对二维列表的删除也是删除整行。

实现子任务2的代码段如下：

```
#子任务2:顺序购买商品——二维列表
shoplist=[['联想电脑',2],['小米手环',2],['袜子',3],['荒岛余生',4]]
print('我要买',len(shoplist),'件商品.')
print('这些东西分别是：')
```

```
for item in shoplist:
    print(item)

newitem=input('我还要购买的商品名称：')
newnum=eval(input('数量：'))
shoplist.append([newitem,newnum])
print('我的购物清单是：',shoplist)

print('我买的第一件商品是：',shoplist[0])
olditem=shoplist[0]
del shoplist[0]
print('我的购物清单现在是：',shoplist)
print('我过去买过：',olditem)
```

运行结果如下：

```
我要买 4 件商品.
这些东西分别是：
['联想电脑', 2]
['小米手环', 2]
['袜子', 3]
['荒岛余生', 4]
我还要购买的商品名称：酱油
数量：5
我的购物清单是：[['联想电脑', 2], ['小米手环', 2], ['袜子', 3],
['荒岛余生', 4], ['酱油', 5]]
我买的第一件商品是：['联想电脑', 2]
我的购物清单现在是：[['小米手环', 2], ['袜子', 3], ['荒岛余生', 4],
['酱油', 5]]
我过去买过：['联想电脑', 2]
```

3.1.6 子任务3：商品库中选商品

在实际购物中，购物车一开始是空的，买家要从卖家提供的商品库中挑选好商品放到购物车中。结束挑选后，要显示购物清单和总的消费金额。

(1) 清空购物车，以便从卖家提供的商品库中挑选商品。

购物车仍然用一个二维列表存放，只是初始化为空列表，表示还未购物。商品库也用一个二维列表存放，但为了统计消费金额，要有单价，还要有库存数量，所以共三列，即商品名称、单价和数量。在程序中，把一些值初始化，表示已有商品库。

代码段如下：

```
#购物清单
car=[]
#库存清单
```

```
goods=[
    ['联想电脑',4500,100],
    ['小米手环',450,200],
    ['袜子',60,500],
    ['荒岛余生',55,300]
]
```

（2）显示商品列表，以便卖家挑选。

可以直接迭代商品库二维列表，显示所有商品，但为了后面方便卖家挑选商品，要为每个商品编个号，为了方便用序号循环迭代列表，序号范围从0到列表长度减1。

代码段如下：

```
print('商品列表：'.center(20,'-'))
total=len(goods)
for i in range(total):
    print('第【'+str(i)+'】号商品 ->'+str(goods[i]))
```

center() 方法返回一个指定的宽度 width 居中的字符串；fillchar 为填充的字符，默认为空格。

center()语法如下：

```
str.center(width[,fillchar])
```

width：字符串的总宽度。

fillchar：填充字符。

运行结果如下：

```
--------商品列表：--------
第【0】号商品 -> ['联想电脑', 4500, 100]
第【1】号商品 -> ['小米手环', 450, 200]
第【2】号商品 -> ['袜子', 60, 500]
第【3】号商品 -> ['荒岛余生', 55, 300]
```

（3）挑选商品到购物车。

买家挑选商品是不受时间限制的，所以用while True:无条件循环进入挑选。分别输入商品号码和数量，分别判断是否为字母“q”，若只要一项为“q”，则用break退出循环，表示退出购物车；只有两项都不为“q”，才将相应的商品名称、单价和购买数量添加到购物车二维列表中。要用到商品库中某行某列的单项数据时，就要用两对中括号将两个序号括起来，第1个序号表示行，第2个序号为列。为了统计消费金额，要设一个求和变量，在循环前初始化为0。当挑选商品成功放入购物车后，将该次消费金额累加到总和中，同时商品库库存数量相应减少。

代码段如下：

```
cost=0
while True:
    item=input('请选择商品号码或按【q】退出：')
    if item=='q':
        print('退出购物车')
        break
    num=input('请输入购买商品数量或按【q】退出：')
    if num=='q':
        print('退出购物车')
        break
    num=int(num)
    item=int(item)
    car.append([goods[item][0],goods[item][1],num])
    cost+=goods[item][1]*num
    goods[item][2]-=num
    print('你刚刚购买了商品：'+goods[item][0]+','+str(goods[item]
[1])+','+str(num)+'件，当前库存为：【'+str(goods[item][2])+'】')
```

运行结果如下：

```
请选择商品号码或按【q】退出：2
请输入购买商品数量或按【q】退出：10
你刚刚购买了商品：袜子，60,10件，当前库存为：【490】
请选择商品号码或按【q】退出：q
退出购物车
```

（4）退出购物车后，显示购物清单和总的消费金额。

代码段如下：

```
print('所购买的商品：'+str(car))
print('当前消费余额：'+str(cost))
```

运行结果如下：

```
所购买的商品：[['袜子', 60, 10]]
当前消费余额：600
```

3.1.7 思考与练习

在子任务3完成的购物车中，当用户输入的商品序号和数量不是数字时会出现什么结果？即使是数字，但超过商品库中的序号或库存数量时又会出现什么结果？请完善程序。

提示： 用 continue 结束本次循环，进入下轮循环。用 isdigit() 判断是否是数字。

3.2 个人通讯录——Dictionary 字典组合数据类型

3.2.1 提出问题

在手机中都有一个通讯录，保存了很多联系人的基本信息。作为使用者，经常会对通信录进行如下操作：

(1) 增加新的联系人。

(2) 修改联系人。

(3) 删除联系人。

(4) 按姓名查询联系人。

(5) 查看所有联系人。

本案例就是模拟一个通信录，实现联系人的一些操作。

3.2.2 预备知识

1. 字典类型的概念

对于字符串和列表这两种序列类型中的元素，可以通过元素在序列中的索引序号查找。但像查找手机中的电话号码，经常需要基于姓名进行查找，而不是信息存储的序号。根据一个信息查找另一个信息的方式构成了“键值对”，它表示索引用的键和对应的值构成的成对关系，即通过一个特定的键（姓名）来访问值（电话号码）。实际应用中还有很多“键值对”的例子，例如，用户名和密码、学号和学生信息、身份证号和驾驶证信息、化学元素和原子量等。由于键不是序号，无法使用序列类型进行有效存储和索引。

通过任意键信息（key）查找一组数据中值（value）信息的过程称为映射，Python语言中通过字典（dictionary）实现映射。把这种数据结构称为字典，是因为它和真正的字典（如韦氏词典）类似。键类似于韦氏词典中的单词。根据韦氏词典的组织方式（按字母顺序排列）要找到单词（键）非常容易。找到键就找到了相关的值（定义）。但是反向搜索，即搜索值（定义）却难以实现，唯一可行的方式是从头到尾检查整个词典中的每个定义，这种方式的效率当然不高。字典结构不同于韦氏词典的是，韦氏词典是按英文字母的顺序来组织键，而在Python字典中，为了实现快速搜索，键没有按顺序排列，其排列方式对用户是隐藏的。因此，用户不能按特定顺序显示字典集合和计数。当添加键值对时，Python会自动修改字典的排列顺序，提高搜索效率。

总的来说，字典是存储可变数量键值对的数据结构，键和值可以是任意数据类型，包括程序自定义的类型。字典中键值对之间没有顺序且不能重复。利用字典可实现高效的搜索。

2. 创建字典与常用操作

Python中可以使用大括号{ }创建字典，并指定初始值，其中，键和值通过冒号连接，不同键值对通过逗号隔开。若在大括号{ }中不输入任何键值对，则会创建一个空字典。格式如下：

```
{键1:值1, 键2:值2,…, 键n:值n}
```

字典最主要的用法是查找与特定键相对应的值，可以通过索引运算中的括号[]实现，只是中括号中不是索引序号，而是索引符号即键信息。格式如下：

```
值 = 字典变量[键]
```

也可以通过中括号的访问和赋值语句，实现对字典中某个键对应值的修改，或向字典中增加新的元素。格式如下：

```
字典变量[键]=值
```

删除字典元素，删除了键，其值也就不存在了。

```
字典变量.pop(键)
```

字典中也可以用in操作符判断一个键信息是否在字典中，如果在，则返回True，否则返回False。格式如下：

```
键 in 字典变量
```

示例3

理解字典的创建、访问和赋值。阅读下面的程序段，分析结果。

```
#创建一个联系人字典，含1个键值对（姓名:电话号码）
contacts={"李明":"135××××8902","王东风":"132××××4752","王琼":
"0755-26××××88"}
telephone=contacts["王东风"]
#取键为"王东风"的值给变量telephone，即取"王东风"的电话号码
print(telephone)                #输出telephone变量的值
contacts["王琼"]="130××××9631"
#将键为"王琼"的值进行修改，即修改"王琼"的电话号码
contacts["吴丽华"]="139××××2356"
#添加新的键值对到字典中，即增加一个联系人及电话号码
contacts.pop("李明")            #删除"李明"联系人
print(contacts)                 #输出新的联系人字典
print("崔俊" in  contacts)      #判断"崔俊"是否在联系人字典中
```

该段代码运行后的结果如下：

```
132××××4752
{'王东风':'132××××4752', '王琼': '130××××9631', '吴丽华': '139××××2356'}
False
```

3.2.3 分析问题

通信录也是一个二维表格，每人一行，每行有多列，本案例采用了常用的3个信息：

姓名、邮箱和电话号码，可以用二维列表存放。但对二维列表的查询、修改都必须按序号顺序查找，效率低，而且列的顺序也不能随意改变。

而采用字典可以快速查找，只要键不变，元素在字典中的顺序可以变化，所以本案例采用列表中嵌套字典的方式存储通信录。

对通信录的操作，就是对列表和字典的混合操作。

3.2.4 子任务1：个人通讯录V1.0

在互联网时代，电子邮箱成为工作生活不可或缺的联系工具，而电子邮箱中不可缺少的一项功能就是对联系人的管理。

每个联系人有用户名称和邮箱地址两项，为了能快速查找，将其存储为字典。对联系人的管理主要是增加、删除、修改和查询，即是对字典的相应操作。

```
1    mydic={"小月":"xiaoyue@sina.com.cn", "一航":"hanghang@sina.com.cn"}
2    print("*" * 7, "个人通讯录V1.0", "*" * 7)
3    print("【1】.增加联系人")
4    print("【2】.删除联系人")
5    print("【3】.修改联系人")
6    print("【4】.显示所有用户")
7    print("【5】.查看联系人")
```

代码行1：创建一个字典，保存2个联系人的信息，每个联系人采用“用户名：邮箱地址”的键值对的格式。

代码行2～7显示输出一个联系人管理菜单。

```
8    print("*" * 32)
9    a=input("请选择要执行的项目：")
10   if a=="1":
11       name=input("请输入联系人姓名：")
12       tel=input("请输入邮箱名称：")
13       mydic[name]=tel
14   elif a=="2":
15       name=input("请输入要删除的姓名：")
16       tel=mydic.pop(name)
17       print("已删除：" + name + tel)
18       print("当前手机联系人：", mydic)
19   elif a=="3":
20       name=input("请输入要修改的联系人姓名：")
21       tel=input("请输入邮箱名称：")
22       mydic[name]=tel
23       print("修改成功！")
24       print("当前手机内联系人：",mydic)
25   elif a=="4":
26       print("当前手机内联系人：",mydic)
```

```
27  elif a=="5":
28      name=input("请输入要查询的联系人姓名：")
29      print(name,mydic[name])
30      print("")
31  else:
32      print("当前选择有误")
33
34  print(mydic)
```

代码行9：输入选择要进行的操作。

代码行10~32：用if多分支判断用户的输入（字符型）来执行不同的操作。

代码行13和22：增加和修改联系人的代码是一样的，若联系人已经存在则为修改，否则为增加。

代码行16：删除联系人采用字典的pop()方法。

代码行29：实现查询，字典只要给出键，即可快速查询到其值。

部分运行结果如下：

```
******* 个人通讯录V1.0 *******
【1】.增加联系人
【2】.删除联系人
【3】.修改联系人
【4】.显示所有用户
【5】.查看联系人
******************************
请选择要执行的项目：1
请输入联系人姓名：李可
请输入邮箱名称：like@qq.com
{'小月': 'xiaoyue@sina.com.cn', '一航': 'hanghang@sina.com.cn', '李可': 'like@qq.com'}
```

3.2.5　子任务2：个人通讯录V2.0

在实际联系人管理中，用户可能要进行很多操作，如增加多个人，然后查看再删除等。在前个任务的基础上，操作菜单中增加退出项，然后通过无条件循环，实现多次操作，直到用户选择退出项。

代码如下：

```
1   mydic={"小月":"xiaoyue@sina.com.cn", "一航":"hanghang@sina.com.cn", "红红":"honghong@sina.com.cn"}
2   print("*" * 7, "个人通讯录V2.0", "*" * 7)
3   print("【1】.增加联系人")
4   print("【2】.删除联系人")
5   print("【3】.修改联系人")
```

```
6    print("【4】.显示所有用户")
7    print("【5】.查看联系人")
8    print("【6】.退出")
9    print("*" * 32)
10   while True:
11     a =input("请选择功能数字：")
12     if a=="1":
13       name=input("请输入联系人姓名：")
14       tel=input("请输入邮箱名称：")
15       mydic[name]=tel
16     elif a=="2":
17       name=input("请输入要删除的姓名：")
18       tel=mydic.pop(name)
19       print("已删除："+name+tel)
20       print("当前手机联系人：", mydic)
21     elif a=="3":
22       name=input("请输入要修改的联系人姓名：")
23       tel=input("请输入邮箱名称：")
24       mydic[name]=tel
25       print("修改成功！")
26       print("当前手机内联系人：", mydic)
27     elif a=="4":
28       print("当前手机内联系人：", mydic)
29     elif a=="5":
30       name=input("请输入要查询的联系人姓名：")
31       print(name,mydic[name])
32       print("")
33     elif a=="6":
34       print("感谢使用通讯录系统2.0")
35       break
36     else:
37       print("当前选择有误")
```

代码行8：增加的“退出”菜单项。

代码行10：增加的无条件循环while True:。

代码行33～35：增加的“退出”处理操作，用break跳出while循环。

部分运行结果如下：

```
****** 个人通讯录V2.0 *******
【1】.增加联系人
【2】.删除联系人
【3】.修改联系人
【4】.显示所有用户
```

```
【5】.查看联系人
【6】.退出
********************************
请选择功能数字：3
请输入要修改的联系人姓名：小月
请输入邮箱名称：sssss@www.sd
修改成功!
当前手机内联系人：{'小月': 'sssss@www.sd', '一航': 'hanghang@sina.com.
cn', '红红': 'honghong@sina.com.cn'}
请选择功能数字：q
当前选择有误
请选择功能数字：6
感谢使用通讯录系统2.0
```

3.2.6 子任务3：个人通讯录V3.0

在实际个人通信录中，每个人除了有姓名、邮箱外，还有其他很多信息，如电话号码、家庭住址等，若采用简单的用户名：邮箱地址的键值对就不能表达所有信息。

此时可先采用列表存储通信录，列表中的每一个元素就是每一个人的信息，而每个人的信息又有很多，再采用字典存储，这里选用三个键："name"、"email"、"tel"分别存储姓名、邮箱和联系电话，所以整个通信录是列表中再嵌套字典。

代码如下：

```
1   contacts=[{"name":"小月","email":"xiaoyue@sina.com.cn","tel":"
133××××9271"},
2     {"name":"一航","email":"hanghang@sina.com.cn","tel":"
15817779475"},
3     {"name":"红红","email":"honghong@sina.com.cn","tel":"
13823768741"}]
4   print("*" * 7, "个人通讯录v3.0", "*" * 7)
5   print("【1】.增加联系人")
6   print("【2】.删除联系人")
7   print("【3】.修改联系人")
8   print("【4】.显示所有用户")
9   print("【5】.查看联系人")
10  print("【6】.退出")
11  print("*" * 32)
```

代码行1：联系人列表，里面每个联系人又是一个字典，包含姓名、邮箱和电话。

```
12  while True:
13    a=input("请选择功能数字：")
14    if a=="1":
15      mydic={}
```

```
16         name=input("请输入联系人姓名：")
17         email=input("请输入邮箱名称：")
18         tel=input("请输入联系电话：")
19         mydic["name"]=name
20         mydic["email"]=email
21         mydic["tel"]=tel
22         contacts.append(mydic)
23         print("添加的联系人为:",mydic)
```

代码行14～23：添加联系人，输入后先添加到一个空字典中，再将字典添加到列表中。

```
24       elif a=="2":
25         name=input("请输入要删除的姓名：")
26         for contact in contacts:
27           if(contact["name"]==name):
28              contacts.remove(contact)
29              break
30         print("已删除：" + name)
31         print("当前手机联系人：", mydic)
```

代码行24～31：按姓名删除联系人，循环迭代列表，每次迭代是一个人的信息即一个字典，判断该字典的name键值是否是要删除的姓名，若是就按值删除列表中该人的信息，然后退出循环，否则继续迭代。

注意：del是按序号删除列表元素，remove是按值删除列表元素。

```
32       elif a=="3":
33         name=input("请输入待修改联系人姓名：")
34         for i in range(len(contacts)):
35             if(contacts[i]["name"]==name):
36                name=input("请输入联系人新姓名：")
37                email=input("请输入新邮箱名称：")
38                tel=input("请输入新联系电话：")
39                contacts[i]["name"]=name
40                contacts[i]["email"]=email
41                contacts[i]["tel"]=tel
42                break
43         print("修改成功！")
44         print("当前联系人信息：",contacts[i])
```

代码行31～43：修改联系人，先输入待修改联系人的姓名，然后按序号循环迭代联系人列表，每次迭代判断其姓名是否为待修改人姓名，如果是则输入新的姓名、新邮箱和新电话，然后修改列表中的相应值，退出循环；否则继续迭代判断。

```
45    elif a=="4":
46      print("手机所有联系人：")
47      print(contacts)
48    elif a=="5":
49      name=input("请输入要查询的联系人姓名：")
50      for contact in contacts:
51          if (contact["name"]==name):
52          print(contact)
53          break
54      print("")
55    elif a=="6":
56      print("感谢使用通讯录系统2.0")
57      break
58    else:
59      print("当前选择有误")
```

代码行45 ~ 47：显示所有联系人。

代码行48 ~ 54：按姓名查询，采用for迭代列表然后判断，找到后显示，并退出迭代。

部分运行结果如下：

```
******* 个人通讯录v3.0 *******
【1】.增加联系人
【2】.删除联系人
【3】.修改联系人
【4】.显示所有用户
【5】.查看联系人
【6】.退出
********************************
请选择功能数字：3
请输入待修改联系人姓名：一航
请输入联系人新姓名：一航
请输入新邮箱名称：www@weeee
请输入新联系电话：138××××7272
修改成功!
当前联系人信息：{'name': '一航', 'email': 'www@weeee', 'tel':
'138××××7272'}
请选择功能数字：6
感谢使用通讯录系统2.0
```

3.2.7 思考与练习

在删除、修改和查看联系人中，若输入的姓名不存在时，会出现什么问题？请完善程序，给出相应的提示信息。

可以用字典嵌套字典来存储通讯录吗？试一试，如何修改程序？

3.3 “海王”影评分析——文件读写、函数和词云图

3.3.1 提出问题

“海王”是一部电影，如何知道用户对海王电影的真实反馈，如何知道用户对这部电影的关注点是什么？

3.3.2 预备知识

1. Excel文件读写

openpyxl模块是一个读写Excel 2010文档的Python库，如果处理更早格式的Excel文档，需要用到额外的库，openpyxl是一个比较综合的工具，能够同时读取和修改Excel文档。其他与Excel相关的项目基本只支持读或写Excel。

1）读取Excel文件

```
#需要导入相关模块
from openpyxl import load_workbook
#默认可读写，若有需要可以指定write_only和read_only为True
wb=load_workbook('mainbuilding33.xlsx')
```

2）获取工作表——Sheet

```
#获得所有sheet的名称
print(wb.get_sheet_names())
#根据sheet名字获得sheet
a_sheet=wb.get_sheet_by_name('Sheet1')
#获得sheet名
print(a_sheet.title)
#获得当前正在显示的sheet,也可以用wb.get_active_sheet()
sheet=wb.active
```

3）获取单元格

```
#获取某个单元格的值
b4=sheet['B4']
#除了用下标的方式获得，还可以用cell函数
b4_too=sheet.cell(row=4,column=2)
print(b4_too.value)
```

4）获得最大行和最大列

```
#获得最大行和最大列
print(sheet.max_row)
print(sheet.max_column)
```

5）获取行和列

（1）sheet.rows为生成器，里面是每一行的数据。

（2）sheet.columns与sheet.rows类似，是每一列的数据。

```
#因为按行，所以返回A1，B1，C1这样的顺序
for row in sheet.rows:
    for cell in row:
        print(cell.value)
因为按列，返回A1，A2，A3这样的顺序
for column in sheet.columns:
    for cell in column:
        print(cell.value)
```

上面的代码就可以获得所有单元格的数据。如何获得某行的数据？给其一个索引即可，因为sheet.rows是生成器类型，不能使用索引，转换成list之后再使用索引，list(sheet.rows)[2]。

```
for cell in list(sheet.rows)[2]:
    print(cell.value)
```

6）如何获得任意区间的单元格

可以使用range函数，下面的写法获得了以A1为左上角，B3为右下角矩形区域的所有单元格。注意range从1开始的，因为在openpyxl中为了和Excel中的表达方式一致，并不以0表示第一个值。

```
for i in range(1,4):
    for j in range(1,3):
        print(sheet.cell(row=i,column=j))
```

还可以像使用切片那样使用。

```
for row_cell in sheet['A1':'B3']:
    for cell in row_cell:
        print(cell)
```

7）根据字母获得列号，根据列号返回字母

```
#需要导入存在于openpyxl.utils中的两个模块
from openpyxl.utils import get_column_letter,column_index_from_string
#根据列的数字返回字母
print(get_column_letter(2))   #B
#根据字母返回列的数字
print(column_index_from_string('D'))   #4
```

8）写Excel文件

```
#需要导入Workbook模块
from openpyxl import Workbook
wb=Workbook()
```

这样就新建了一个新的工作簿（只是还没被保存）。

若要指定只写模式，可以指定参数write_only=True。一般默认可写可读模式即可。

```
print(wb.get_sheet_names())  #提供一个默认名叫Sheet的表
#直接赋值即可改变工作表的名称
sheet.title='Sheet1'
#新建一个工作表，可以指定索引，适当安排其在工作簿中的位置
wb.create_sheet('Data',index=1)  #被安排到第二个工作表，index=0就是第一
个位置
#删除某个工作表
wb.remove(sheet)
del wb[sheet]
```

9）写入单元格

```
#直接给单元格赋值即可
sheet['A1']='good'
#B9处写入平均值
sheet['B9']='=AVERAGE(B2:B8)'
```

但是如果读取时加上data_only=True，这样读到B9时返回的就是数字，如果不加这个参数，返回的将是公式本身'=AVERAGE(B2:B8)'。

10）append函数

可以一次添加多行数据，从第一行空白行开始（下面都是空白行）写入。

```
#添加一行
row=[1,2,3,4,5]
sheet.append(row)

#添加多行
rows=[
    ['Number','data1','data2'],
    [2,40,30],
    [3,40,25],
    [4,50,30],
    [5,30,10],
    [6,25,5],
    [7,50,10],
]
sheet.append(rows)
```

11）保存文件

所有的操作结束后，一定记得保存文件。指定路径和文件名，后缀名为.xlsx。

```
wb.save('D:\example.xlsx')
```

2. 函数概念

函数是组织好的，可重复使用的，用来实现单一或相关联功能的代码段。

函数能提高应用的模块性和代码的重复利用率。Python提供了许多内置函数，如print()。也可以创建函数，这被称为用户自定义函数。

1）定义一个函数

可以定义一个想要实现某种功能的函数，以下是简单的规则：

（1）函数代码块以 def 关键词开头，后接函数标识符名称和圆括号 ()。

（2）任何输入参数和自变量必须放在圆括号中间，圆括号之间可以用于定义参数。

（3）函数的第一行语句可以选择性地使用文档字符串——用于存放函数说明。

（4）函数内容以冒号起始，并且缩进。

（5）return [表达式] 结束函数，选择性地返回一个值给调用方。不带表达式的return相当于返回 None。

2）语法

Python 定义函数使用 def 关键字，一般格式如下：

```
def 函数名(参数列表):
    函数体
```

默认情况下，参数值和参数名称是按函数声明中定义的顺序匹配起来的。请看以下代码，让我们使用函数来输出"Hello World！"：

```
>>>def hello(): print("Hello World!")
 >>> hello()
Hello World!
```

更复杂点的应用是函数中带上参数变量，如下代码：

```
#计算面积函数
def area(width,height):
    return width * height
def print_welcome(name):
    print("Welcome",name)
print_welcome("Runoob")
w=4
h=5
print("width=",w," height=",h,"area =",area(w,h))
```

输出结果如下：

```
Welcome Runoob
width=4  height=5  area=20
```

3）函数调用

这个函数的基本结构完成以后，可以通过另一个函数调用执行，也可以直接从Python命令提示符执行。

例如，调用printme()函数：

```
定义函数
def printme(str):
#打印任何传入的字符串
  print(str)
  return
#调用函数
  printme("我要调用用户自定义函数!")
  printme("再次调用同一函数")
```

输出结果如下：

```
我要调用用户自定义函数!
再次调用同一函数
```

3. 词云图

词云图是数据分析中比较常见的一种可视化手段。Python下也有一款词云生成库wordcloud，其中，WordCloud模块的使用方法如下：

```
cloud=WordCloud(各个参数…)
```

1）各个参数的含义如下：

font_path : string #字体路径，需要展现什么字体就把该字体路径+后缀名写上，如font_path='黑体.ttf'。

width：int (default=400) #输出的画布宽度，默认为400像素。

height：int (default=200) #输出的画布高度，默认为200像素。

prefer_horizontal：float (default=0.90) #词语水平方向排版出现的频率，默认0.9（所以词语垂直方向排版出现频率为 0.1 ）。

mask：nd-array or None (default=None) #如果参数为空，则使用二维遮罩绘制词云。如果 mask 非空，设置的宽高值将被忽略，遮罩形状被 mask 取代。除全白（#FFFFFF）的部分将不会绘制，其余部分会用于绘制词云。如bg_pic=imread('读取一张图片.png')，背景图片的画布一定要设置为白色（#FFFFFF），然后显示的形状为不是白色的其他颜色。

scale：float (default=1) #按照比例进行放大画布，如设置为1.5，则长和宽都是原来画布的1.5倍。

min_font_size：int (default=4) #显示的最小的字体大小。

font_step：int (default=1) #字体步长，如果步长大于1，会加快运算但可能导致结果出现较大的误差。

max_words：number (default=200) #要显示的词的最大个数。

stopwords：set of strings or None #设置需要屏蔽的词，如果为空，则使用内置的。STOPWORDS background_color : color value (default="black") #背景颜色，如background_color='white',背景颜色为白色。

max_font_size：int or None (default=None) #显示的最大的字体大小。

mode：string (default="RGB") #当参数为"RGBA"并且background_color不为空时，背景为透明。

relative_scaling : float (default=.5) #词频和字体大小的关联性。

color_func：callable,default=None #生成新颜色的函数，如果为空，则使用self.color_func。

regexp：string or None (optional) #使用正则表达式分隔输入的文本。

collocations：bool,default=True #是否包括两个词的搭配。

colormap：string or matplotlib colormap, default="viridis" #给每个单词随机分配颜色，若指定color_func，则忽略该方法。

random_state：int or None #为每个单词返回一个PIL颜色。

2）词云图对象的方法作用

fit_words(frequencies) #根据词频生成词云。

generate(text) #根据文本生成词云。

generate_from_frequencies(frequencies[, ...]) #根据词频生成词云。

generate_from_text(text) #根据文本生成词云。

process_text(text) #将长文本分词并去除屏蔽词（此处指英语，中文分词使用 fit_words(frequencies)实现）。

recolor([random_state,color_func,colormap]) #对现有输出重新着色。重新上色会比重新生成整个词云快很多。

to_array() #转化为 numpy array。

to_file(filename) #输出到文件。

3.3.3 分析问题

用户通过豆瓣网对看过的电影会发表各种各样的评论，这些评论都是以文本的形式展现在网页上，通过爬虫程序或者工具获取评论信息，存储到Excel文件中，通过jieba库对用户的评论信息进行分词，同时通过词云图展现用户评论中的高频词，从而体现出用户对该部电影的关注点是什么。

3.3.4 子任务1：实现影评词云图

通过openpyxl读取Excel表格中的评论内容，使用WordCloud生成词云图，最后使用pyplot显示生成的词云图。

```
1   #一、导入所需要的包
2   import matplotlib.pyplot as plt
3   from wordcloud import WordCloud
4   from openpyxl import load_workbook
5   import jieba
6   #二、读取Excel文件，把评论信息读取出来
7   wb=load_workbook("海王短评.xlsx")
8   ws=wb.worksheets[0]
9   comment=''
10  for row in range(2,ws.max_row+1):
11      comment=comment+(ws['C' + str(row)].value)
12  print(comment)
13  #三、词云图切分
14  wordlist=jieba.lcut(comment)
15  wl_split="/".join(wordlist)
16  wc1=WordCloud(background_color="white", width=1000,height=860,
17      font_path="C:\\Windows\\Fonts\\STKAITI.TTF",margin=2)
18  my_wordcloud=wc1.generate(wl_split)
19  #四、显示词云图
20  plt.imshow(my_wordcloud)
21  plt.axis("off")
22  plt.show()
```

代码行2~5：导入程序所需要的包，如果导入包出错，需要使用pip install安装相应的包。

代码行7~12：读Excel文件中的指定工作表，并且读取工作表第C列中的所有数据，连接成字符串。

代码行14~18：jieba进行中文分词，然后构建相应的字符串的词云图。

代码行20~12：使用plt工具显示相应的词云图。

运行结果如图3-1所示。

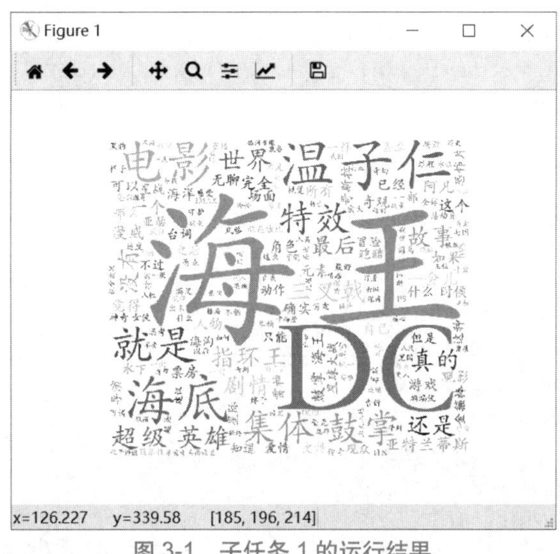

图3-1 子任务1的运行结果

3.3.5　子任务2：模块化影评词云图

使用函数把子任务1的代码进行重构，以便使代码更清晰，可读性强，同时增加代码的可重用性。定义以下函数备用：

1）def readComment(commentFile):

功能：读取指定Excel文件第C列的所有字符串。

入口参数：commentFile，指定Excel文件。

返回数据：制定的Excel文件的第C列的所有字符串。

2）def generateWordCloud(comment):

功能：返回指定字符串的词云图。

入口参数：comment，需要分析的字符串。

返回数据：对应的字符串的词云图。

3）def showWordCloud(myWordCloud)：

功能：显示对应的词云图。

入口参数：myWordCloud，词云图对象。

返回数据：无。

代码如下：

```
1   #一、所需要的包有
2   import matplotlib.pyplot as plt
3   from wordcloud import WordCloud
4   from openpyxl import load_workbook
5   import jieba
6   #二、读取Excel文件，把评论信息读取出来
7   def readComment(commentFile):
8     wb=load_workbook(commentFile)
9     ws=wb.worksheets[0]
10    comment=''
11    for row in range(2,ws.max_row+1):
12      comment=comment+(ws['C' + str(row)].value)
13    return comment
14  #三、生成词云图
15  def generateWordCloud(comment):
16    wordlist=jieba.lcut(comment)
17    wl_split="/".join(wordlist)
18    wc1=WordCloud(background_color="white",width=1000,height=860,
19      font_path="C:\\Windows\\Fonts\\STKAITI.TTF", margin=2)
20    my_wordcloud=wc1.generate(wl_split)
21    return my_wordcloud
22  #四、显示词云图
23  def showWordCloud(myWordCloud):
24    plt.imshow(myWordCloud)
25    plt.axis("off")
```

```
26    plt.show()
27
28  comment=readComment("海王短评.xlsx")
29  myWordCloud=generateWordCloud(comment)
30  showWordCloud(myWordCloud)
```

3.3.6 子任务3：加入阻断词

用户对电影的评论的词云图是根据字词出现的频度生成的，在评论的字符串中会有很多不需要的虚词或者不希望出现在词云图中的词，需要在生成词云图之前将其去除。

代码如下：

```
1   def stop_words(texts):
2     cleaned_comments=texts
3     f=open("stopwords.txt",'r', encoding='UTF-8')
4     stopwords_list=[]
5     for i in f.readlines():
6       stopwords_list.append(i.strip())
7       f.close()
8     for line in stopwords_list:
9       cleaned_comments=cleaned_comments.replace(line, '')
10      return cleaned_comments   #注意是空格
11  comment=readComment("海王短评-第一页.xlsx")
12  myWordCloud=generateWordCloud(comment)
13  myWordCloud=stop_words(myWordCloud)
14  showWordCloud(myWordCloud)
```

在子任务2的基础上，增加一个函数stop_words(texts)，该函数的作用是根据文本文件中的阻断词，将原有字符串中相应的阻断词去掉。

代码行3～7：按照行，一次读取文本文件中的阻断词，放到一个列表中。

代码行8～10：依次根据阻断词中的每个词，从需要的字符串中去除，去除的方法是把相应的阻断词替换成空串。

3.3.7 子任务4：定制词云遮罩图

现有的词云图都是正方形，希望词云图显示在一个特定的图形中，代码如下：

```
1   def showWordCloud(myWordCloud):
2     #读取词云遮罩图
3     img_array=Image.open("alice.jpg")
4     alice_coloring=numpy.array(img_array)
5     #获取遮罩图的大小用于词云显示
6     image_colors=ImageColorGenerator(alice_coloring)
7     plt.imshow(myWordCloud.recolor(color_func=image_colors))
8     plt.imshow(myWordCloud)
9     plt.axis("off")
10    plt.show()
```

代码3～7行：导入相应的图片，生成图片的颜色数组，使用颜色数组重构词云图。

3.3.8 思考与练习

通过网络查询更多WordCloud资料，定制出更多词云效果图。

3.4 综合案例：猫眼电影数据简单分析

3.4.1 提出问题

猫眼电影是美团旗下的一家集媒体内容、在线购票、用户互动社交、电影衍生品销售等服务的一站式电影互联网平台。目前，猫眼占网络购票70%的市场份额，每三张电影票就有一张出自猫眼电影，是影迷下载量较多、使用率较高的电影应用软件。

现抓取到该平台榜单TOP100中的数据存入文件“猫眼电影TOP100.csv”中，基于该数据进行如下分析：

（1）找出评分较高的前10名电影信息。

（2）找出主演数量较多的前5名演员及其影片信息。

3.4.2 预备知识

1. 一维和二维数据

数据是信息处理的对象，除了单一数据类型（数值型），更多的数据需要根据数据间关系的不同，以各种方式组织起来，数据的组织形式可划分为一维数据、二维数据和高维数据。

一维数据由对等关系的有序或者无序数据构成，采用线性方式组织，对应于数学中的数组和集合等概念。在外部数据文件中，无论采用任何方式分割和表示，一维数据都具有线性特点。而在程序内部，对于有序的一维数据，则可使用列表类型存储表示。前面已经介绍了各种方法，可将外部数据读入到列表中，无论其原来采用任何方式分割和表示。

二维数据采用表格方式组织，有行和列两个维度，所以又称表格数据，如表3-2所示，对应于数学中的矩阵。二维数据如何在程序中存储和处理呢？

表3–2 成绩表

编号	班级	语文	数学	英语
0158	3	99	120	114
0442	7	107	120	118.5
0249	4	98	120	116
0573	3	102	113	111.5
0310	5	103	120	106

二维数据的每一行可以看作一维数据，所以二维数据由多条一维数据构成，可以看

成是一维数据的组合。一维有序数据用列表表示，而列表中的元素可以是任何类型，也可以是列表，所以可以用列表中的嵌套列表来存储二维数据，即二维列表。

一维列表可以用中括号[]带索引序号访问其元素，二维列表也可以。但二维列表可以有两个序号，放在两个中括号中，第1个序号代表第几行（从0开始），第2个序号代表第几列（也从0开始），仍然可以用单层或双层for循环遍历二维列表。

示例4

阅读下列程序代码，分析结果，理解二维数据和二维列表。

```
#理解二维数据和二维列表
scores=[["0158",3,99,120,114],                #定义二维列表scores存储二维成绩表
        ["0442",7,107,120,118.5],
        ["0249",4,98,120,116],
        ["0573",3,102,113,111.5],
        ["0310",5,103,120,106],]
print(scores[3])                              #输出第4个人的所有信息
print(scores[1][4])                           #输出第2个人的第5列数据
for row in scores:                            #遍历输出列表中的每一行
    print(row)
for i in range(len(scores)-1):                #遍历输出单个数据
    for j in range(4):                        #i是行索引，j是列索引
        print(scores[i][j])
```

该段代码运行后的结果如下：

```
['0573',3,102,113,111.5]
118.5
['0158',3,99,120,114]
['0442',7,107,120,118.5]
['0249',4,98,120,116]
['0573',3,102,113,111.5]
['0310',5,103,120,106]
0158
3
99
120
0442
7
107
120
0249
4
98
120
```

```
0573
3
102
113
```

2. CSV文件

实际应用中，通常可以用电子表格软件如Microsoft Excel来处理二维数据。还有一种国际通用的二维数据存储格式：csv格式（Comma-Separated Values），这种格式非常简单，它使用逗号分隔数据，是一种通用的、相对简单的文件格式，在商业和科学上广泛使用，尤其应用在程序之间转换表格数据。csv格式有如下一些基本规则：

（1）纯文本格式，通过单一编码表示字符。

（2）以行为单位，开头不留空行，一行数据不跨行，无空行。

（3）以英文半角逗号分隔每列数据，列数据为空也要保留逗号，表示其存在。

（4）可包含或不包含列名，若包含列名则放置在文件第一行。

csv格式存储的文件一般采用.csv为扩展名，可以用记事本或Excel等工具打开。也可将Excel文件另存为或导出为csv格式，用于不同工具之间进行数据交换。

3. Python的csv标准库

如何读写csv格式文件？采用前述读取文件的方法，再用split函数以逗号分词就可将数据项分解存储到二维列表中进行处理。

为了用户方便，Python提供了一个专门读写csv的标准库，用户不必进行分词等操作。可通过import csv使用csv库，包含操作csv格式最基本的功能：csv.read()和csv.writer()。

示例5

现有一个csv格式文件（成绩表.csv），利用csv的标准库读取其内容，代码段如下：

```
#csv文件读取
import csv
fo=open("成绩表.csv","r")
scores1=fo.read()
print(scores1)
fo.seek(0)
scores2=csv.reader(fo)
for row in scores2:
    print(row)
```

该段代码运行后的结果如下：

```
编号,班级,语文,数学,英语
0158,3,99,120,114
0442,7,107,120,118.5
0249,4,98,120,116
0573,3,102,113,111.5
0310,5,103,120,106
```

```
['编号','班级','语文','数学','英语']
['0158','3','99','120','114']
['0442','7','107','120','118.5']
['0249','4','98','120','116']
['0573','3','102','113','111.5']
['0310','5','103','120','106']
```

从上述结果可以看出，程序第4行采用的是普通的一次性读文件，则得到的scores1是一个长字符串，如果再进行数据的分析和处理是很困难的。而第7行直接采用csv格式的读取函数reader，得到的scores2直接就是一个二维表格，这样就可方便用for遍历其中的每个数据项，方便其后的数据分析和处理，注意每个数据项都是字符串类型。

3.4.3 分析问题

对于猫眼数据分析问题，首先要了解数据。抓取到的数据文件格式是.csv，用记事本打开后，其部分内容如图3-2所示。其中第1行是列名，共有4列，分别是电影名称、评分、主演、上映时间，“评分”数据列（10分满分）并未按顺序排列，“主演”数据列以“主演：”开头，后面各演员以逗号隔开。

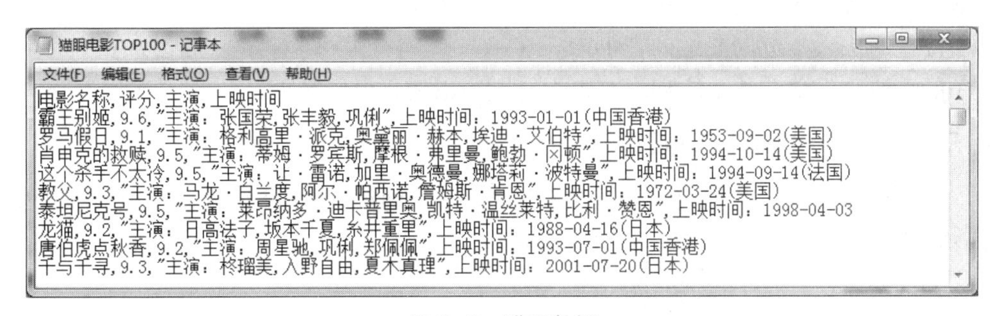

图 3-2　猫眼数据

程序以只读模式打开文件后，可以用csv.reader函数读出所有数据，但该类型不支持排序sort方法，所以另外设一个二维列表，把数据按行添加到该二维列表，然后对该二维列表按第2列（评分）降序排序，然后遍历输出前10行，即得到评分排行前10的电影。

要找出主演数量较多的前5名演员，就要从数据中找出所有的演员，再统计个数。设一个一维列表来存储所有影片的演员列表，初始化为空列表。然后按行遍历上述原始数据二维列表，对于每行的第3列字符串数据，先用replace方法将开头“主演：”删除，再用split方法将逗号分隔的演员列表分词，然后逐个将演员添加到演员列表中，注意不要整行添加，因为演员列表为一维列表，方便后面的统计。

演员列表数据得到后，要统计各演员主演的影片数，可归结为“词频统计”问题。创建一个空字典保存“演员：数量”的键值对。遍历演员列表，如果演员（键）不在字典中，则添加到字典中，对应的value为1；否则，其value加1。字典数据得到后，转换成列表，再对列表按第2列（数量）降序排序。

遍历排好序的上述“演员数量”列表，输出前5行，即可得到主演较多的演员和其数量，但如何得到其影片信息？对每个演员，还要去遍历原始数据二维表，然后用in运算判断是否在第3列的演员数据中，如果在，则输出该行影片信息，否则移到下一行，这里就要用到双层for循环嵌套。

3.4.4 设计方案

（1）初始化演员列表，按行遍历原始数据二维表sheet。

①取第2列数据。

②删除“主演：”。

③以逗号分词得到列表。

④遍历列表，取出每个字符串添加到演员列表中。

（2）初始化字典count。

（3）遍历演员列表，如果演员（键）不在字典中，则添加到字典中，对应的value为1；否则，其value加1。

（4）将字典转换成列表。

（5）按第2列（数量）降序排序。

（6）遍历前5行。

①取出列表中的演员名字和主演数量，并输出。

②按行遍历原始数据二维列表sheet。

③如果演员名字在其主演列字符串中，则输出该行电影数据。

3.4.5 子任务1：读取猫眼数据

读取猫眼数据（csv格式），存储到二维列表，然后按评分降序排序，最后输出前10名电影信息。

代码段如下：

```
1    import csv
2    def takeSecond(elem):
3      return elem[1]
4    fo=open("猫眼电影TOP100.csv", "r")
5    csvRead=csv.reader(fo)
6    sheet=[]
7    for row in csvRead:
8      sheet.append(row)
9    fo.close()
10   sheet.sort(key=takeSecond,reverse=True)
11   print("---------------Top 10------------")
12   for i in range(11):
13     print(sheet[i])
```

代码行2～3：定义函数，返回列表第2列，以便列表排序调用参数使用。

代码行4～5：利用csv模块读取猫眼数据，要先导入模块，然后以只读方式打开数据文件，用csv.reader函数读出数据。

代码行6～9：循环迭代取出csv数据每一行，添加到一新列表中。

代码行10：对列表按第2列（评分）降序排序，sort()方法的参数key=takeSecond指定按第几列排序，参数reverse=True为降序排序。

代码11～13：输出列表中的前11行，注意第一行为列标题。

3.4.6 子任务2：生成演员列表

要找出主演数量较多的前5名演员，就要从数据中找出所有电影的主演演员，生成演员列表，列表中演员名字可以有重复，重复的次数即是主演的片数。

```
14  actor=[]
15  for film in  sheet:
16    act1=film[2]
17    act1=act1.replace("主演：","")
18    act1=act1.split(",")
19    actor=actor+act1
```

代码行14：设一空列表actor存放演员名字。

代码行15：用直接迭代的for循环从电影列表sheet中取出每部电影。

代码行16：取出每部电影的主演，第3列（序号为2）。

代码行17：每部电影的主演都以汉字“主演”开头，将其用逗号替换掉。

代码行18：每部电影的主演有多名演员，由逗号分隔，所以要用split把每个演员分开，得到每部电影的演员列表act1。

代码行19：将每部电影演员列表放入总的电影演员列表中。

3.4.7 子任务3：统计演员主演片数

统计演员列表中演员名字的重复的次数，即是主演的片数。为此要创建一个字典，保存“演员：数量”的键值对，即为结果。

```
20  count={}
21  for strName in actor:
22    if strName in count
23      count[strName]=count[strName]+1
24    else
25      count[strName]=1
26  listactor=list(count.items())
27  listactor.sort(key=takeSecond,reverse=True)
```

代码行20：创建空字典count用来存放结果。

代码行21～25：for循环迭代演员列表，对每个演员名字，判断其是否在字典中，如果不在则添加到字典中，其值初始化为1，如果在则将其原值+1。

代码行26：字典不能排序，所以将演员片数字典用list函数转换成演员片数列表。

代码行27：对演员片数列表按第2列（片数）降序排列。

3.4.8 子任务4：输出主演最多的前5名演员及其电影

对排好序的演员片数列表输出前5项，即可得到主演最多的前5名演员及片数。但要输出其主演的电影，又要到电影列表中顺序查询主演中包括该演员的电影，所以用for双循环。

```
28  print("-------------参演最多的演员及其电影-------------")
29  for i in range(5):
30    actorName,num=listactor[i]
31    print(actorName,num)
32    for film in sheet:
33      if((actorName in film[2]):
34        print(film)
```

代码行29～31：利用for循环，输出演员片数列表前5项。

代码行32～34：利用for循环迭代电影列表，如果电影第3列包含演员名字，则输出该电影。

该程序运行后的结果如图3-3所示。

```
---------------Top 10------------
['电影名称', '评分', '主演', '上映时间']
['霸王别姬', '9.6', '主演：张国荣,张丰毅,巩俐', '上映时间：1993-01-01(中国香港)']
['大话西游之月光宝盒', '9.6', '主演：周星驰,莫文蔚,吴孟达', '上映时间：2014-10-24']
['肖申克的救赎', '9.5', '主演：蒂姆·罗宾斯,摩根·弗里曼,鲍勃·冈顿', '上映时间：1994-10-14(美国)']
['这个杀手不太冷', '9.5', '主演：让·雷诺,加里·奥德曼,娜塔莉·波特曼', '上映时间：1994-09-14(法国)']
['泰坦尼克号', '9.5', '主演：莱昂纳多·迪卡普里奥,凯特·温丝莱特,比利·赞恩', '上映时间：1998-04-03']
['疯狂原始人', '9.5', '主演：尼古拉斯·凯奇,艾玛·斯通,瑞安·雷诺兹', '上映时间：2013-04-20']
['教父', '9.3', '主演：马龙·白兰度,阿尔·帕西诺,詹姆斯·肯恩', '上映时间：1972-03-24(美国)']
['千与千寻', '9.3', '主演：柊瑠美,入野自由,夏木真理', '上映时间：2001-07-20(日本)']
['美丽人生', '9.3', '主演：罗伯托·贝尼尼,尼可莱塔·布拉斯基,乔治·坎塔里尼', '上映时间：1997-12-20(意大利)']
-------------参演最多的演员及其电影-------------
张国荣 6
['霸王别姬', '9.6', '主演：张国荣,张丰毅,巩俐', '上映时间：1993-01-01(中国香港)']
['春光乍泄', '9.2', '主演：张国荣,梁朝伟,张震', '上映时间：1997-05-30(中国香港)']
['英雄本色', '9.2', '主演：狄龙,张国荣,周润发', '上映时间：2017-11-17']
['倩女幽魂', '9.1', '主演：张国荣,王祖贤,午马', '上映时间：2011-04-30']
['射雕英雄传之东成西就', '8.9', '主演：张国荣,梁朝伟,张学友', '上映时间：1993-02-05(中国香港)']
['东邪西毒', '8.9', '主演：张国荣,梁朝伟,刘嘉玲', '上映时间：1994-09-17']
周星驰 4
['大话西游之月光宝盒', '9.6', '主演：周星驰,莫文蔚,吴孟达', '上映时间：2014-10-24']
['唐伯虎点秋香', '9.2', '主演：周星驰,巩俐,郑佩佩', '上映时间：1993-07-01(中国香港)']
['喜剧之王', '9.2', '主演：周星驰,莫文蔚,张柏芝', '上映时间：1999-02-13(中国香港)']
['大话西游之大圣娶亲', '8.8', '主演：周星驰,朱茵,莫文蔚', '上映时间：2014-10-24']
梁朝伟 4
['春光乍泄', '9.2', '主演：张国荣,梁朝伟,张震', '上映时间：1997-05-30(中国香港)']
['无间道', '9.1', '主演：刘德华,梁朝伟,黄秋生', '上映时间：2003-09-05']
['射雕英雄传之东成西就', '8.9', '主演：张国荣,梁朝伟,张学友', '上映时间：1993-02-05(中国香港)']
['东邪西毒', '8.9', '主演：张国荣,梁朝伟,刘嘉玲', '上映时间：1994-09-17']
巩俐 3
['霸王别姬', '9.6', '主演：张国荣,张丰毅,巩俐', '上映时间：1993-01-01(中国香港)']
['唐伯虎点秋香', '9.2', '主演：周星驰,巩俐,郑佩佩', '上映时间：1993-07-01(中国香港)']
['活着', '9.0', '主演：葛优,巩俐,牛犇', '上映时间：1994-05-18(法国)']
莫文蔚 3
['大话西游之月光宝盒', '9.6', '主演：周星驰,莫文蔚,吴孟达', '上映时间：2014-10-24']
['喜剧之王', '9.2', '主演：周星驰,莫文蔚,张柏芝', '上映时间：1999-02-13(中国香港)']
['大话西游之大圣娶亲', '8.8', '主演：周星驰,朱茵,莫文蔚', '上映时间：2014-10-24']
```

图 3-3 猫眼数据分析结果

3.4.9 思考与练习

（1）为什么要去掉字符“主演：”？

（2）对于上述猫眼数据尝试按年统计影片数量，输出出品数量排行前5的年份。

本章小结

本章首先分别介绍了组合数据类型中的列表list类型和字典dictionary类型，每种数据类型介绍了其如何创建和访问，以及较常用的函数和方法。掌握这些基本数据结构，是处理复杂数据的基础。

然后介绍了函数和代码复用问题，包括函数的作用、如何自定义函数、函数的调用和执行过程以及函数参数的两种传递方式，从而让程序更易于阅读、编写和维护。

用文件形式组织和表达数据可以更有效也更为灵活，本章还介绍了文件的基本操作：打开、关闭和读写。针对csv文件格式，引入了标准库csv，方便对csv文件的读写。

课后习题

1. 统计《葛底斯堡演说》单词出现的频率，输出其中最常出现的10个单词及出现的次数，填写关键代码。

```
#英文词频分析
#获取文件中的文本，将其中所有大写转换成小写，特殊字符替换成空格
def getText(file):
    fo=open(file,"r")
    txt=fo.read()
    fo.close()
    txt=txt.lower()
    for ch in '~!@#$%^&*()_+[]{}\|:;",./<>?-':
        txt=txt.replace(ch," ")
    return txt
#获取列表的第二个元素
def takeSecond(elem):
    return elem[1]

filename=input("请输入待分析的文件全名：")
txt=______________________
words=____________________          #将文本进行分词得到单词列表
counts={}                 #初始化字典
for word in ______:          #遍历单词列表
    if word in counts:   #如果单词在字典中
```

```
            ____________________  #将其键对应的值+1
    else:
            ____________________  #否则，加入字典，其键值为1
items=list(counts.items())  #字典转换成列表
items.sort(key=takeSecond,reverse=True) #列表按第2列值降序排序
for i in range(10): #取出前10个元素，按格式化输出
    word,count=items[i]
    print(word,count)
```

上述程序运行后的结果如下：

```
请输入待分析的文件全名：gettysburg.txt
that 12
the 11
we 10
to 8
here 8
a 7
and 6
nation 5
can 5
of 5
```

2. 下面这个函数实现什么功能？对于num=5，该函数返回什么？

```
def func(num):
    total=0
    while num>=0
        total=total+num*(num-1)
        num=num-1
    return total
```

3. 居民生活用水实行三级阶梯水价，按照表3-3所示的深圳地区的标准，根据类别和用水量编程计算应缴的水费，要求自定义函数。

表3-3 居民生活用水三级阶梯水价

类　别	水价（元）
家庭户（立方米/户·月）	
22 m^3以下（含，下同）	2.12
23 ~ 30 m^3	3.27
31 m^3以上	4.42
集体户居民用水量（立方米/人·月）	
5 m^3以下（含，下同）	2.12
6 ~ 7 m^3	3.27
8 m^3以上	4.42

4. 斐波那契数列是：1, 1, 2, 3, 5, 8, 13…，其中第一个和第二个数均为1，此后，每个数字都是前两个数字的总和。编写函数来输出该数列的前n个数字。

5. 文本文件中有一个股票的一段时间内的价格数据，分别编写函数计算其平均价格、最高价格和最低价格。

6. 编写程序制作英文学习词典，词典文件dictionary.txt存储方式为“英文单词 中文翻译”，每行仅有一对英中释义。词典有3个基本功能：添加、查询和退出。程序会根据用户的选择进入相应的功能模块，并显示相应的操作提示。当添加的单词已存在时，显示“该单词已添加到字典库”；当查询的单词不存在时，显示“字典库中未找到这个单词”。用户输入其他选项时，提示“输入有误”。

第4章 人工智能之商业智能

4.1 商品销售分析

4.1.1 提出问题

随着互联网、人工智能技术的不断发展，人们的生活方式、工作方式和思维方式也不断地发生着变化，也越来越关注健康问题。为此有些人想在网上购买一款智能手环以便在运动时可以实时看到自己的运动量和具体的各项数据，得到正向的反馈，从而激励自己通过坚持运动来改变这种亚健康的生活方式。

网上售卖的智能手环品牌、种类繁多，如何选取一款适合自己的手环？本部分内容介绍基于人工智能之数据挖掘的方法对所要购买商品的相关信息进行抓取、分析及展示。

4.1.2 预备知识

1. 八爪鱼采集器

八爪鱼采集器是一款网页数据采集软件，具有使用简单、功能强大等诸多优点。八爪鱼可简单快速地将网页数据转化为结构化数据，可存储为Excel或数据库等多种形式，并且提供基于云计算的大数据云采集解决方案，实现精准、高效、大规模的数据采集。其智能模式可实现输入网址全自动化导出数据，是国内首个大数据一键采集平台。

在使用八爪鱼软件之前，需要先到其网站上进行下载、安装并注册。

（1）下载及安装：登录其官方网站http://www.bazhuayu.com，如图4-1所示。

图 4-1　软件下载界面

进入网站后单击“免费下载”按钮，下载完成后即可安装。

（2）注册。同样登录其官方网站http://www.bazhuayu.com，单击右上角的“注册”按钮，如图4-2所示。

图 4-2　软件注册界面

单击“注册”按钮进入注册界面，输入“手机号”进行注册，然后设置登录密码，输入验证码及手机短信验证码完成注册。

注册完成后，可以打开软件，输入手机号和密码即可登录八爪鱼采集器进行网页数据抓取。

2. 功能简介

八爪鱼的数据采集规则配置流程是模拟人的思维模式，贴合用户的操作习惯，其官方网站提供了丰富详细的软件使用教程，初次使用该软件的人可通过官网提供的教程自我学习。八爪鱼主要提供了四种操作模式：简易采集、智能采集、向导采集、自定义采集，这四种模式可以满足不同用户的个性化应用需求，其界面简洁清晰，如图4-3所示。

从界面中可清晰地看到“简易采集”和“自定义采集”两种操作模式，而智能采集和向导采集模式位于“自定义采集”下拉列表中。

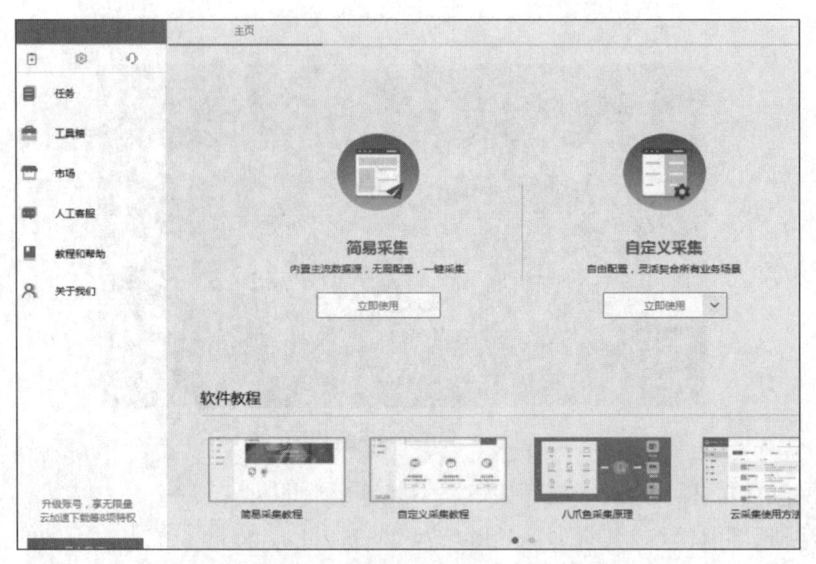

图 4–3　八爪鱼采集器主界面

简易采集应用较为简单，软件本身提供了部分模板可供用户直接使用，在使用过程中只需要对采集参数进行简单设置即可应用。简易采集模板中，每一模板所采集的字段个数、字段类型是确定的，所需要设置的参数个数及类型也是确定的，因此应用起来简洁方便。

由于简易采集模板中所采集数据的字段及类型是确定的，所采集数据内容不够灵活，有些字段可能不是我们所需要的，而所需要的字段却未设置在模板字段中，因此简易采集将不能满足数据采集的需求，此时可通过自定义采集来获取网页数据。自定义采集主要是模拟人的思维去浏览网页，通过设计工作流程，可以实现采集的程序自动化，以达到快速地对网页数据进行收集整合，完成用户数据采集的目的。

4.1.3　分析问题

为了能在网上选取一款适合自己的商品，首先需要在网页上查看手环的商品介绍、规格与包装、售后保障及商品评价等信息，其中商品评价具体反映了用户的使用体验，更具有参考价值。但一些热销商品的用户评价信息量往往过大，有的商品评论数量达到几百页，如何从这么多的评论中提取出有价值的信息？首先需要在网页上获取商品的评价信息，其次对所获取信息进行分析处理，并对结果进行展示。

4.1.4　设计方案

为了从大量评论信息中提取出最具有价值的信息，为消费者提供一份可靠的采购建议，现以智能手环为例，选取京东商城上目前销量最好的三个品牌：A、B和C，在每一品牌中选取一款销量较好且价格接近的一款手环，如表4–1所示。

表4–1　智能手环选取情况

商品名称	华为荣耀手环4 标准版 AMOLED彩屏触控	小米手环3代NFC版（黑色）	乐心手环MAMBO5 智能手环
商品价格	¥199	¥199	¥149

数据分析整体过程如下：

（1）利用八爪鱼采集器从京东商城上抓取所选三款商品评论信息，并将所抓取信息保存至Excel表格中。

（2）利用“词云图”部分对所采集的数据进行用户情感分析。

（3）利用Excel 对不同品牌智能手环的用户评价进行对比分析。

4.1.5　子任务1：数据抓取

简易采集是八爪鱼采集器软件提供的一种最为简单易用的网页数据采集模式，软件本身提供了一些模板可供用户直接使用，其中包括京东商城的数据采集模板，在使用时根据需求选取相应模板后进行简单的设置即可进行数据采集。下面以智能手环为例，简单介绍简易采集模式的应用方法。

（1）打开并登录已安装好的八爪鱼采集器，在进入主界面后单击“简易采集”按钮下方的“立即使用”按钮，进入图4–4所示的界面。

图 4–4　简易采集界面

（2）选择采集模板“京东”，进入图4–5所示的界面。

图 4–5　采集模板 / 京东界面

（3）单击“京东商品评论”按钮，进入“京东商品评论”数据采集模板，如图4–6所示，图中上部区域为模板介绍，下部区域由三个模块组成：采集字段预览、采集参数预览和示例数据。采集字段预览是从商品评论数据中所选取的10个字段组成，采集参数预览是需要用户进行设置的参数，该模板需要设置的参数有两个：网址和翻页次数，示例数据是采集完成后的数据呈现形式。

图 4-6　京东商品评论数据采集模板

（4）单击右下角的“立即使用”按钮，输入商品评论网址和翻页次数，如图4-7所示。

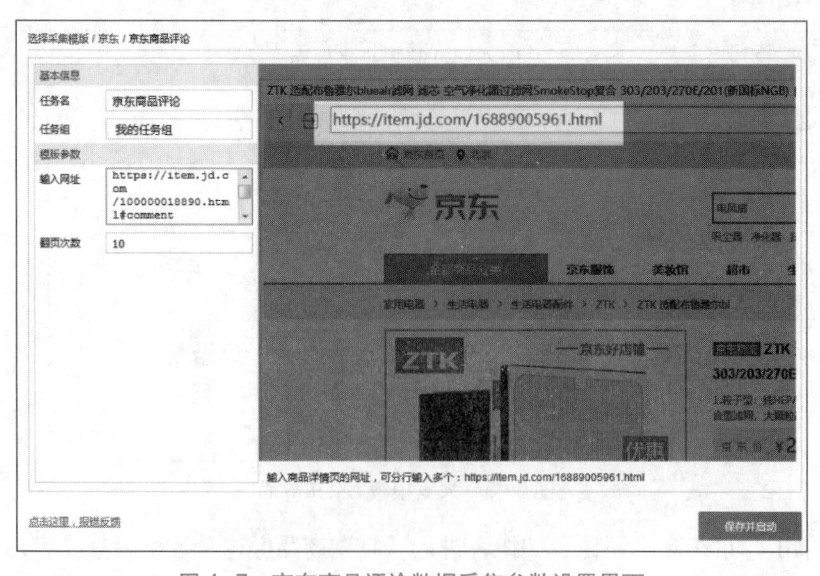

图 4-7　京东商品评论数据采集参数设置界面

此处需要通过分行输入表4-1中所列三个智能手环的商品评论网址，并在每一网址后面加上#comment，翻页次数设置为10，即每个商品所抓取的用户评论数为100条，如果需要采集更多的数据，将翻页次数设置为更大数值即可。

（5）单击“保存并启动”按钮，开始对商品评论数据进行采集。采集完成后单击“导出数据”按钮，将所采集的数据导出到Excel表格并保存至本地即可。

4.1.6 子任务2：用户情感分析

本节内容主要基于第3章所介绍的词云图代码对任务1所采集的数据进行用户情感分析，对典型意见进行提取并以词云图的形式予以展示。

1. 词云图代码分析

1）所需要的包

```
import matplotlib.pyplot as plt
from wordcloud import WordCloud
from openpyxl import load_workbook
import jieba
```

需要使用pip install 命令，安装所有的包，分别为wordcloud、openpyxl、matplotlib。

```
1.进入cmd
2.pip install wordcloud
3.pip install openpyxl
4.pip install matplotlib
```

2）读取Excel文件

```
#读取Excel文件,把评论信息读取出来
wb=load_workbook("京东智能手环品牌评论.xlsx")
ws=wb.worksheets[0]
comment=''
for row in range(2,ws.max_row+1):
    comment=comment+(ws['D'+str(row)].value)
print(comment)
```

3）词云图切分

```
wordlist=jieba.lcut(comment)
wl_split="/".join(wordlist)
wc1=WordCloud(background_color="white",width=1000,height=860,
font_path="C:\\Windows\\Fonts\\STKAITI.TTF",margin=2)
my_wordcloud=wc1.generate(wl_split)
```

4）显示词云图

```
plt.imshow(my_wordcloud)
```

```
plt.axis("off")
plt.show()
```

2. 情感分析展示

基于简易采集模式所采集的数据，对三个品牌的智能手环进行用户情感分析。

(1) 华为荣耀手环4标准版 AMOLED彩屏触控用户情感分析如表4-2所示。

表4-2 华为荣耀手环4标准版AMOLED彩屏触控用户情感分析

评论总数	5星评价	好评率	点赞数	评论数
100	99	99%	370	173

通过运行Python词云图代码对用户评价进行分析提取典型意见，生成词云图如图4-8所示。

图4-8 华为荣耀手环4标准版AMOLED彩屏触控典型意见提取

华为荣耀手环4的整体好评率达99%，用户点赞数较多，在三个品牌中好评率最高。从典型意见提取的观点来看，用户的评论主要集中在“手环”、“不错”、“功能”、“可以”和“心率”等词汇，几乎看不到负面的评论。

(2) 小米手环3代NFC版（黑色）用户情感分析如表4-3所示。

表4-3 小米手环3代NFC版用户情感分析

评论总数	5星评价	好评率	点赞数	评论数
100	94	94%	2757	698

通过运行Python词云图代码对用户评价进行分析提取典型意见，生成词云图如图4-9所示。

小米手环3代NFC版的整体好评率为94%，用户点赞数最多，有2 757次，评论数也有698次。虽然好评率在三个品牌中最低，但该款智能手环的销量和受关注度却最高。从典型意见提取的观点来看，用户的评论主要集中在“手环”、“功能”、“可以”、“非常”、“不错”和“喜欢”等词汇，较负面的评论几乎看不到。

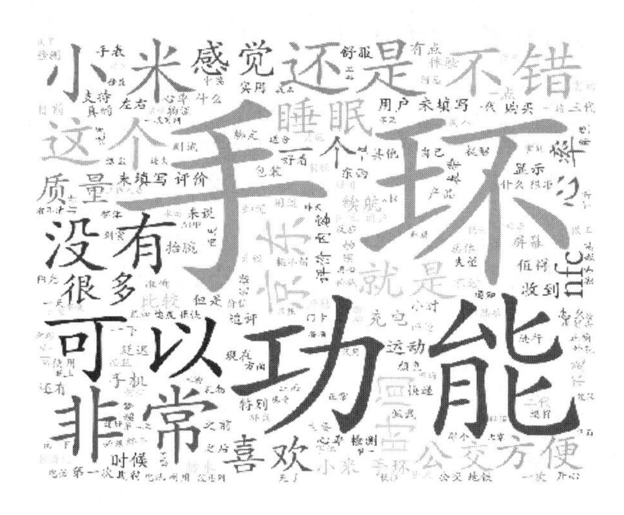

图 4–9　小米手环 3 代 NFC 版典型意见提取

（3）乐心手环MAMBO5用户情感分析如表4–4所示。

表4–4　乐心手环MAMBO5用户情感分析

评论总数	5星评价	好评率	点赞数	评论数
100	98	98%	120	54

通过运行Python词云图代码对用户评价进行分析提取典型意见，生成词云图如图4–10所示。

图 4–10　乐心手环 MAMBO5 典型意见提取

乐心手环MAMBO5的整体好评率为98%，好评率在三个品牌中居中，用户点赞数和评论数在三个品牌中最低，存在感相对不如另外两个品牌。从典型意见提取的观点来看，用户的评论主要集中在“手环”、“功能”、“可以”、“非常”、“不错”和“喜欢”等词汇，典型意见与小米品牌非常相似，负面的评论也几乎看不到。

4.1.7 子任务3：用户评价对比分析

1. 用户情感对比分析

对价格较接近的三种手环分别在5星好评、点赞数、评论数及高频率评价词汇方面的对比分析情况如表4-5所示。

表4-5 不同品牌手环用户情感对比分析

品牌	价格	5 星好评率	点赞数	评论数	高频率词汇
华为荣耀4	¥199	99%	370	173	不错、功能、可以、心率
小米3代NFC	¥199	94%	2757	698	功能、可以、非常、不错
乐心MAMBO5	¥149	98%	120	54	功能、可以、喜欢、不错

从表4-5不难看出，用户对于华为荣耀4手环的好评率最高，出现最高的评论词为“不错”，这说明用户对华为手环的好感度最高。而小米3代NFC手环的点赞数和评论数最多，这说明小米手环的品牌关注度最高。

2. 品牌关注度&价格对比

下面利用Excel 2013 中的柱状图对三种手环的价格及品牌关注度进行对比分析：

（1）新建一空白的Excel 2013表格，将表4-5复制到新建的Excel表格中，并删除表的第3、6两列。

（2）选中表的第1、2两列，单击“插入”选项卡“图表”组中的“柱形图”下拉按钮，选择“簇状柱形图”，生成三种手环的价格对比柱形图；接着复制点赞数和评论数对应的两列数据并粘贴到刚生成的柱形图中，生成手环的点赞及评论数的柱形对比图。

（3）单击柱形图右上角的“图表元素”，勾选“图表标题”复选框（设置为图表上方），并将标题命名为“品牌关注度&价格对比”，同时勾选“图例”复选框（设置为右侧，可通过拖动来移动位置），最终生成的柱形图如图4-11所示。

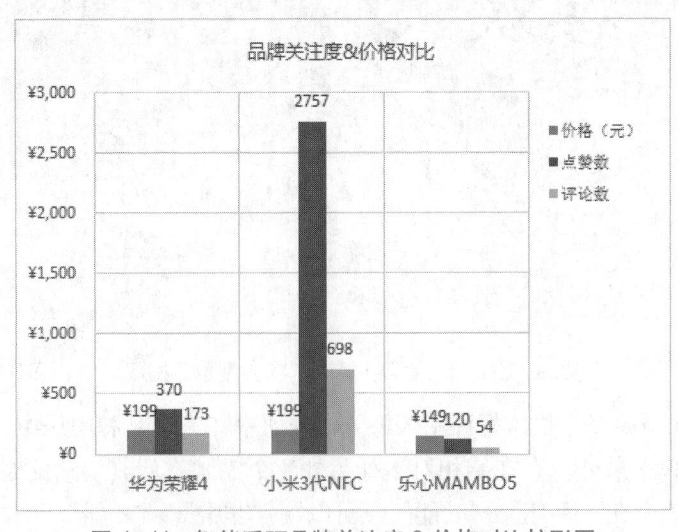

图4-11 智能手环品牌关注度 & 价格对比柱形图

4.1.8　子任务4：自定义采集数据

八爪鱼采集器所提供的简易采集模式虽然简单易用，但每一个模板的设置都是固定的，在抓取网页数据时只能按照模板设置的字段进行，不够灵活，有时很难获取想要的数据。而自定义采集模式可在网页上自行选取感兴趣的内容，模拟人工操作流程来配置规则，规则配置好之后，八爪鱼即可按照所配置的规则自动地进行数据采集，代替人工采集。

下面以猫眼电影为例，介绍如何通过自定义采集模式来抓取正在热映的电影信息。

（1）打开并登录已安装好的八爪鱼采集器，在进入主界面后单击“自定义采集”按钮下方的“立即使用”按钮，也可以通过单击界面左上角的符号“⊞”，选择“自定义采集”，进入自定义采集界面，如图4-12所示。

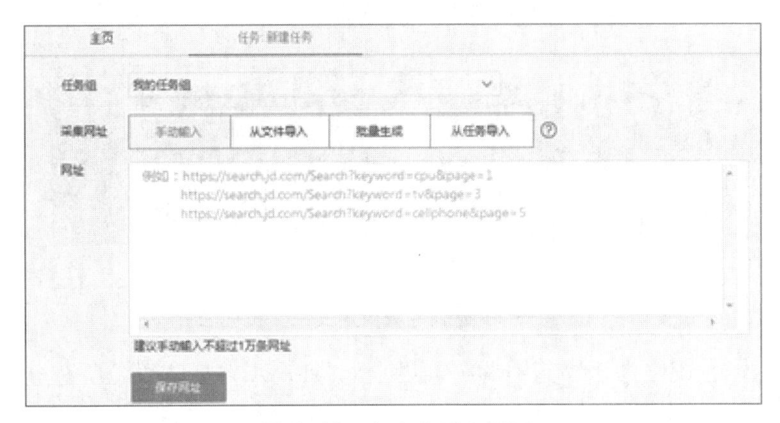

图 4-12　自定义采集界面

（2）输入或粘贴正在热映的电影信息网址：https://maoyan.com/films，单击下方的“保存网址”按钮（即利用八爪鱼打开网页，这是自定义采集模式抓取网页信息的第1步），进入图4-13所示的界面。

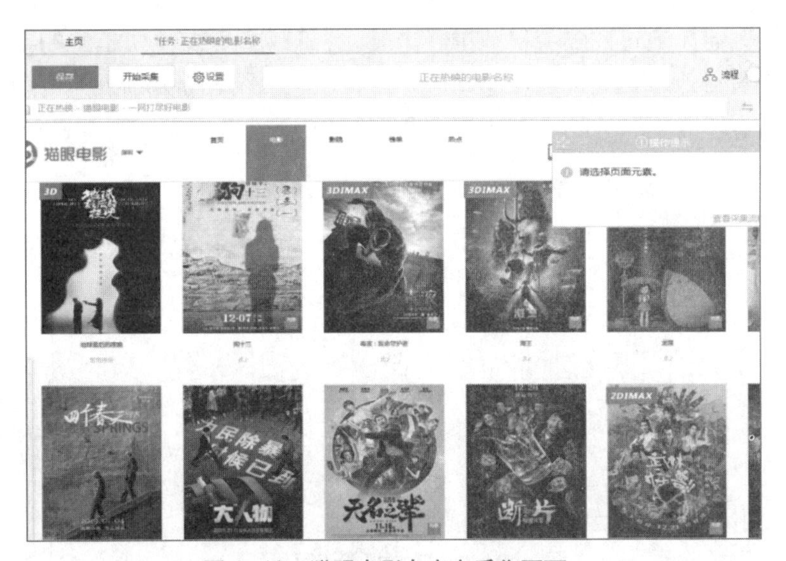

图 4-13　猫眼电影自定义采集页面一

（3）进入电影信息采集界面后，右上方操作会提示“请选择页面元素”，此时只需要选择感兴趣的内容即可，比如我们要抓取目前所有热映的电影名称及评价分数：

①单击第一部电影的名称及评价得分“地球最后的夜晚”“暂无评分”（选中的元素会被绿色线框住，同时该页面其他的电影名称及评价会被红色虚线关联，如图4-14所示）。

图 4-14　猫眼电影自定义采集页面二

②单击右上角操作提示界面中的“选中全部”（表示采集该页面所有电影名称及对应的评价分数），此时该页面所有电影名称及评价分数均被绿色线框住，表示已全被选中。

③单击操作提示界面的“采集数据”（因为该页面的所有电影名称及评价分数已被全部选中，单击此按钮即为设置循环抓取该页面的被选信息）按钮。

打开数据抓取界面右上角的“流程”，可看到图4-15所示的界面，该界面由左右两部分组成，左侧为规则配置区域，可根据操作流程配置、调整数据抓取规则，当抓取数据出现错误时，也可通过左侧流程图排查错误。右侧为所采集网页信息的字段设置界面，可在该区域进行修改字段名称等操作，例如，将三个字段名称分别改为电影名称、网址、用户评分，若有不需要的字段可通过“流程”旁边的“数据预览”对其进行删除。

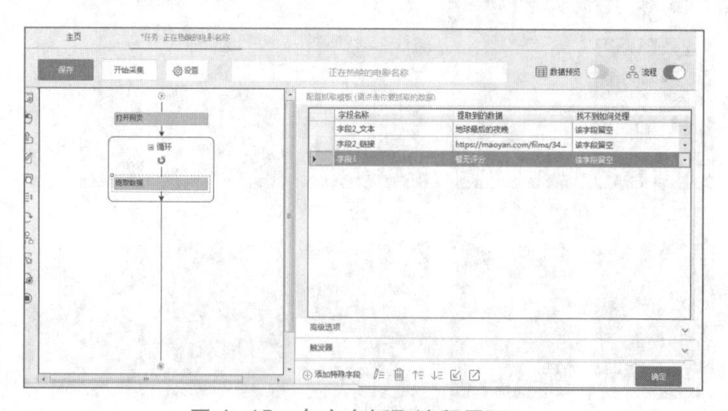

图 4-15　自定义抓取流程界面一

（4）将电影信息页面右侧的滚动条拖到下面，单击“下一页”按钮，并单击操作提示界面中的“循环点击下一页”按钮进行翻页操作，如图4-16所示。

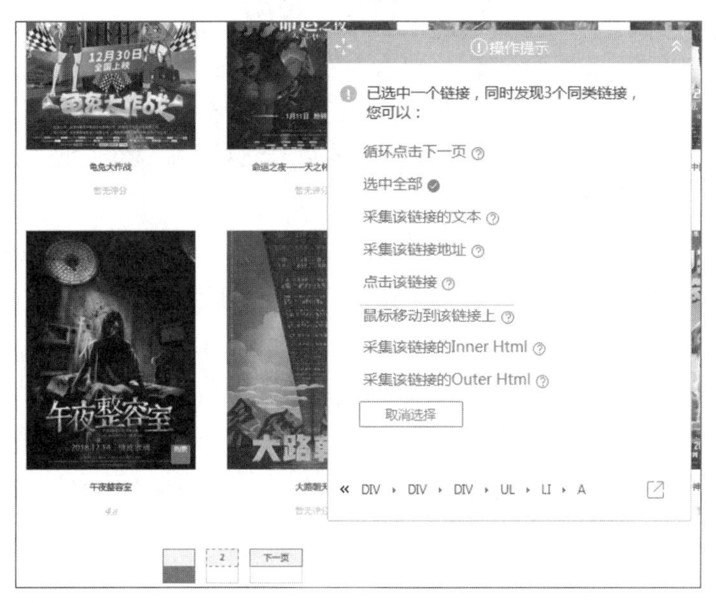

图 4-16　翻页设置界面

此时，再打开界面右上角的“流程”，发现左边的流程图在循环图上增加了一层循环翻页，如图4-17所示，通常左侧流程图（即规则）的执行原则是：从上到下，从内到外（当有多层循环时）。

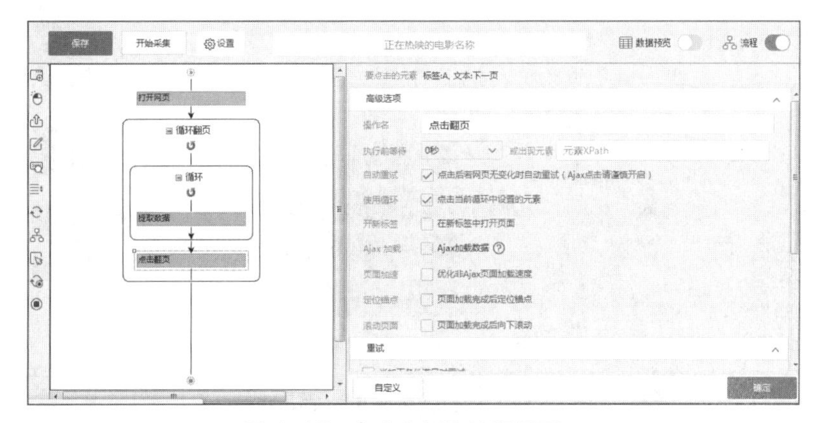

图 4-17　自定义抓取流程界面二

（5）保存后单击“开始采集”按钮，在运行任务界面中选择“启动本地采集”（即利用本地计算机进行数据采集），在采集完成界面选择“导出数据”，并保存为Excel格式。

4.1.9　思考与练习

利用自定义采集方法获取猫眼电影网站上当前正在热映的电影信息，采集内容为电影名称、电影类型、剧情简介和演职人员。

4.2 商业智能分析

上一节我们用词云图展示了商品信息，并用Excel图表展示了销售情况。当数据表的结构简单并且数据量不大时，可以用Excel的数据透视表对数据进行分析。但对于比较复杂的商业数据，用Excel分析是比较困难的。本节通过对企业销售数据的分析，介绍商业智能分析工具Power BI的应用。

Power BI是基于云的商业数据分析和共享工具，可以快速创建交互式、可视化报告，也能用手机端APP随时查看。本节将利用Power BI的Windows 桌面应用程序（称为Power BI Desktop）进行商业智能分析。

4.2.1 提出问题

××商贸公司销售经理李小文希望根据销售数据，制作出公司销售情况的交互式、可视化报告，并通过分析销售数据找出存在的问题，如图4–18所示。

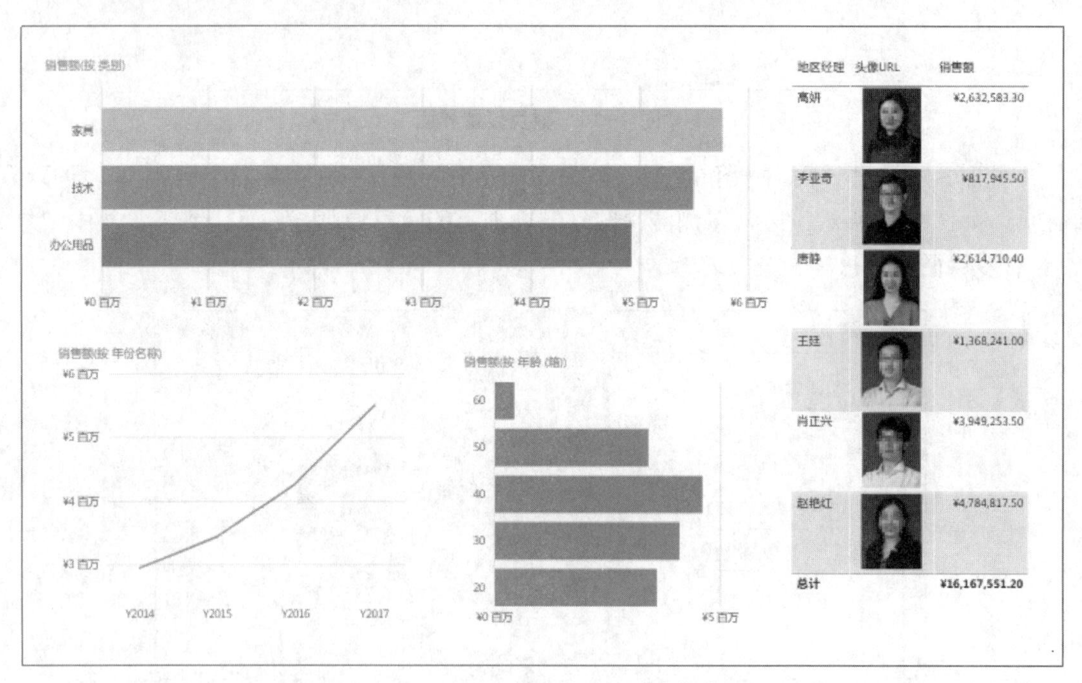

图 4–18　公司销售情况交互式报告

具体需求如下：

（1）统计商品各类别的销售额。

（2）统计销售额年度增长。

（3）统计各年龄段客户的销售额分布。

（4）制作带有地区销售经理照片的报表。

（5）通过对公司销售数据的分析，找出销售中存在的问题，并把存在问题的销售数据导出到文件中。

4.2.2 预备知识

1. 商业智能

所谓商业智能是指商业数据的分析和呈现。具体可分为三个步骤，即获取数据、分析数据和呈现数据。

2. Power BI简介

Power BI是微软开发的一款（BI）商业智能软件，主要有三个版本，即Power BI Desktop（桌面版）、Power BI Online Service（在线版）和Power BI Mobile（移动版）。

Power BI的核心理念，是让每个用户通过简单的操作，就可以实现商业智能和商业数据可视化的工作，不再需要很复杂的技术背景，从而节省成本、提高效率。

Power BI Desktop的工作环境如图4-19所示，其中有三种视图，即报表视图、数据视图和关系视图。

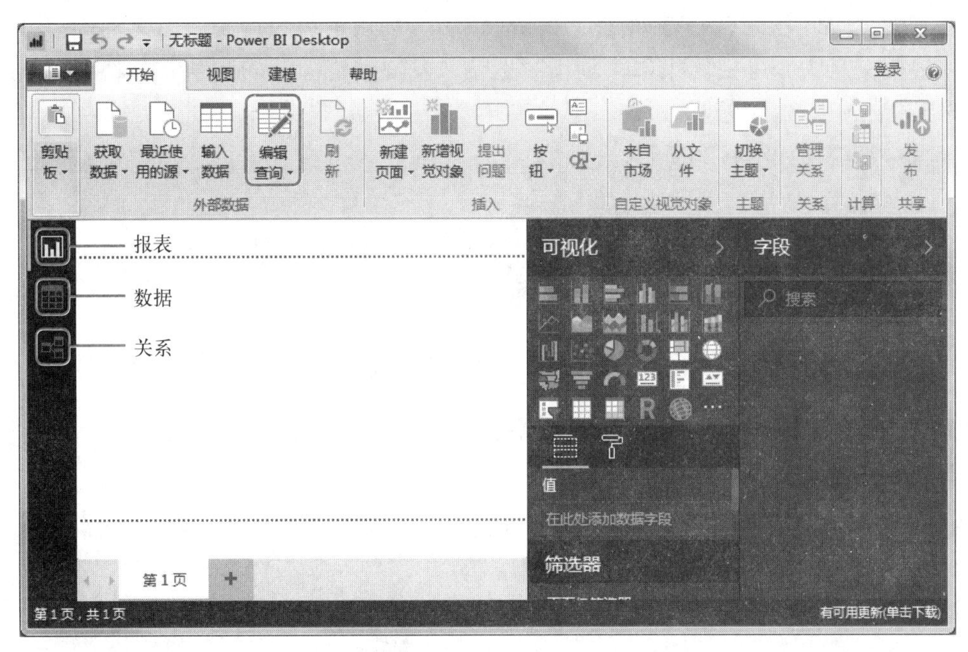

图 4-19　Power BI Desktop 的工作环境

Power BI Desktop还包含查询编辑器，会在单独的窗口打开。在查询编辑器中，可以生成查询和转换数据，然后将经过优化的数据模型加载到Power BI Desktop，并创建报表。

左侧列出了三个视图图标：报表、数据和关系。通过单击图标可以进行视图切换。

3. Power BI处理数据的基本流程

1）获取数据（Power Query）

获取数据是数据处理的关键，在实际工作中很多数据可能是不规范的，需要整理和清洗才能使用。数据可能是存储在多个Excel中，或者其他数据库中，或者系统中。Power BI支持多种数据源的导入。建模完成后，如果发现数据源更改，只需一键刷新即可实现对数据的更新。

Power BI中的Power Query负责数据获取和整理。

2）分析数据（Power Pivot）

在Power BI中负责进行分析数据的组件是Power Pivot，它是Power BI系列工具的核心组件。利用Power Pivot可以让没有技术背景的企业业务人员方便地进行数据建模，执行复杂的数据分析，制作可自动更新的企业级数据报告。

3）呈现数据（Power View）

在Power BI中负责进行数据呈现的组件是Power View，利用Power View可以制作交互式报表，进行可视化展示。此外，还可以利用Power Map进行地图可视化。

4）发布和分享

利用Power BI在线版，可以实现可视化仪表板的发布和分享。

4.2.3 分析问题

本节要处理问题的核心是如何应用Power BI，利用销售数据制作出交互式、可视化报告；根据交互式、可视化报告，利用数据钻取发现销售环节的问题，并将存在问题的数据导出交给有关部门处理。

数据分析流程如图4-20所示。

图 4-20 数据分析流程

4.2.4 子任务1：导入数据、设置格式

1. 导入数据

将文件“销售数据(素材).xlsx”中的6个工作表：“产品数据”、“地区数据”、“订单数据”、“客户数据”、“日期数据”和“销售人员数据”，导入Power BI Desktop中。

操作步骤：

（1）在“开始”选项卡的“外部数据”组中，单击“获取数据”按钮，在下拉列表中选择“Excel”，如图4-21所示。

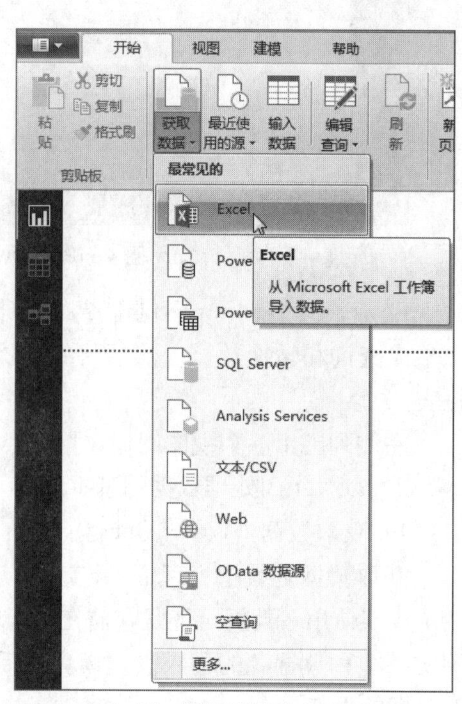

图 4-21 “获取数据”下拉列表

（2）在“打开文件”对话框中，选择文件“销售数据(素材).xlsx”，打开“导航器”对话框，选中其中的六个工作表，即“产品数据”、“地区数据”、“订单数据”、“客户数据”、“日期数据”和“销售人员数据”，单击“加载”按钮，如图4-22所示。

图 4-22　选择工作表

(3) 保存文件，并将文件命名为“销售数据分析.pbix”。

2. 将表的第1行设置为标题

切换到“数据”面板，单击“字段”任务窗格中的表名称，可以浏览每张表中的数据是否正常，如图4-23所示。

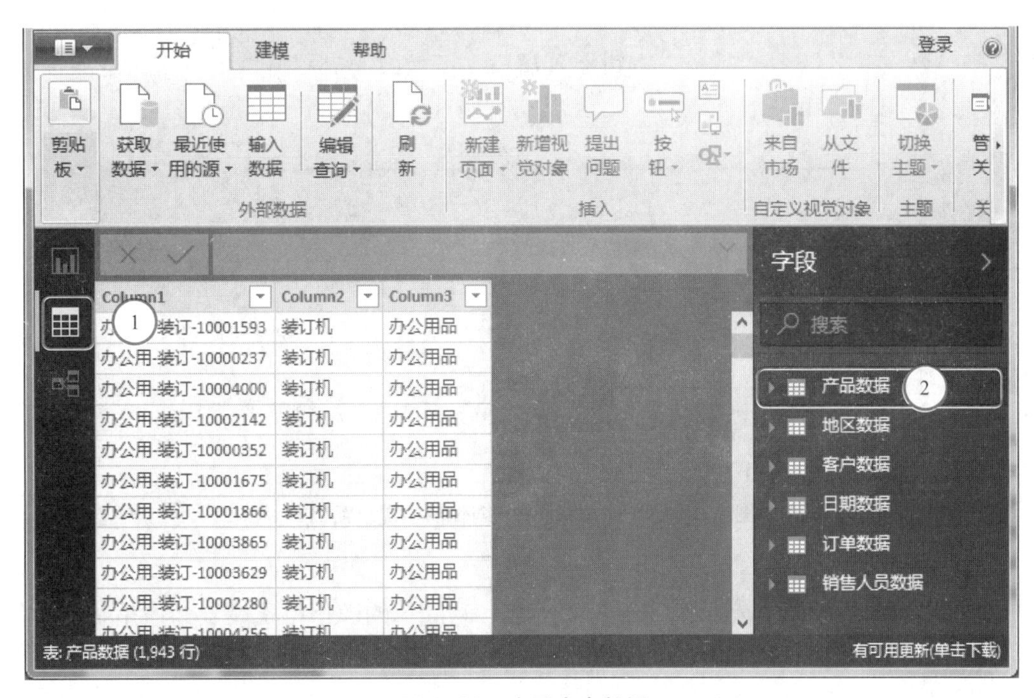

图 4-23　查看表中数据

通过浏览可发现，“产品数据”、“地区数据”和“销售人员数据”三张表没有标题行，下面将上述三张表的第1行设置为标题。

操作步骤：

(1) 在“开始”选项卡的“外部数据”组中，单击“编辑查询”按钮，打开“Power Query编辑器”窗口，在窗口左侧的“查询”窗格中选中“产品数据”表，再单击编辑区

左上角的编辑 按钮，选择“将第一行用作标题”选项，如图4-24所示。

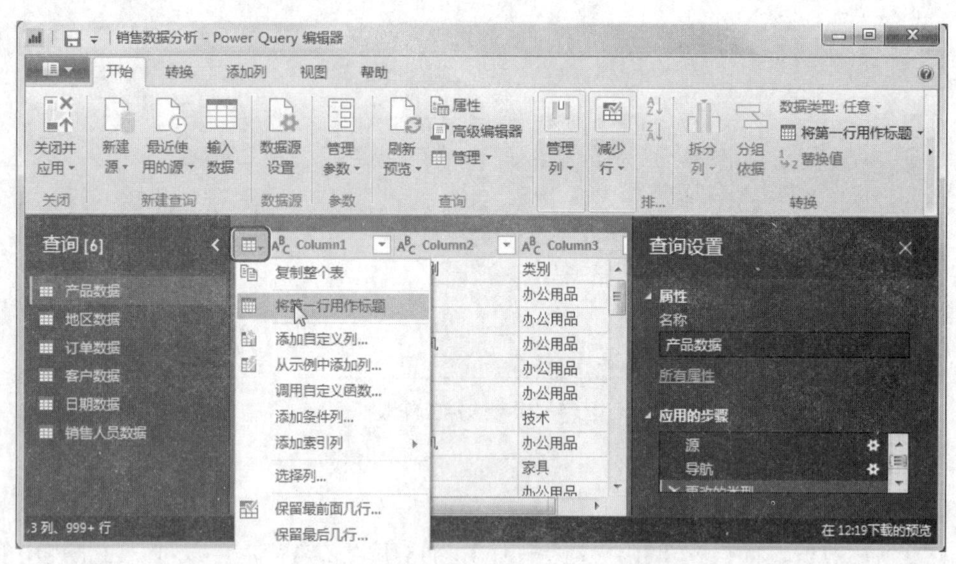

图 4-24　将表的第一行设置为标题

（2）用同样的操作将“地区数据”和“销售人员数据”两张表的第一行设置为标题。设置完成后，关闭“Power Query编辑器”窗口，在弹出的提示窗口中单击“是”按钮，保存更改，如图4-25所示。

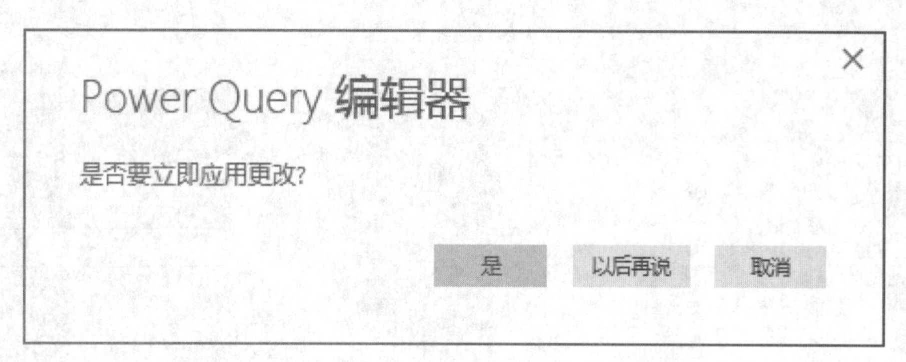

图 4-25　“Power Query 编辑器”提示窗口

3. 设置数据格式

下面将“订单数据”表中的“销售额”和“利润”的数据格式设置为通用货币中的人民币，将“折扣”格式设置为百分比。

操作步骤：

（1）在右侧的“字段”任务窗格中，单击“订单数据”表的“利润”字段，在“建模”选项卡的“格式设置”组中，单击“格式：常规”下拉按钮，在下拉列表中选择“货币”中的“Chinese(PRC)”选项，如图4-26所示。

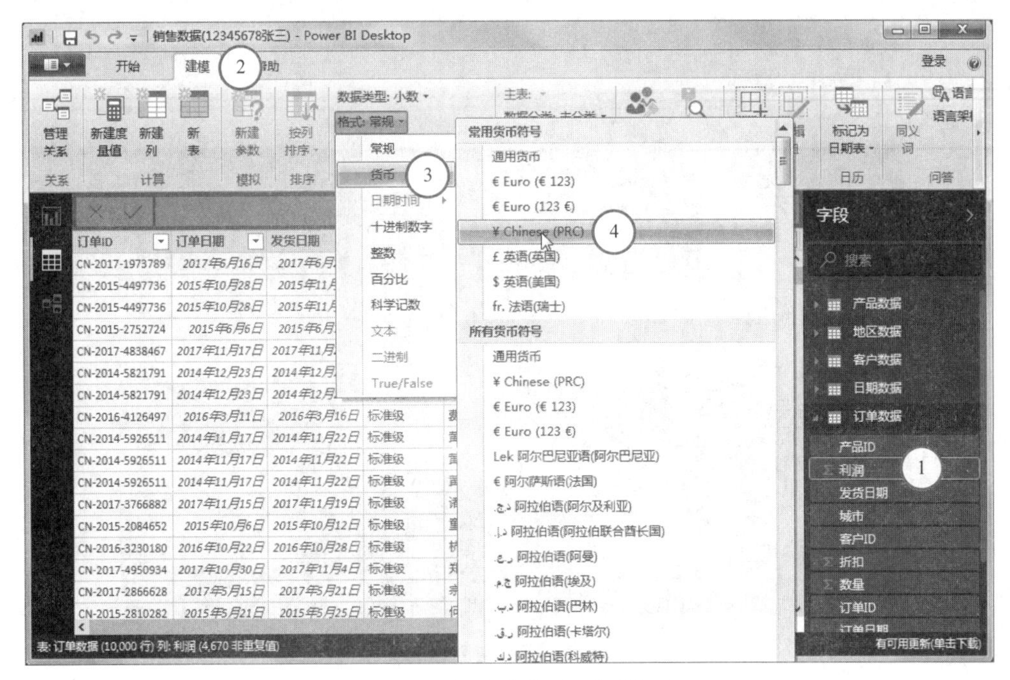

图 4-26　设置“利润”字段格式

(2) 将“订单数据”表中的“销售额”字段的数据格式设置为通用货币中的人民币。

(3) 将“订单数据”表中的“折扣”字段的数据格式设置为百分比。

4.2.5　子任务2：建立数据模型

在数据加载完成后，Power BI会自动创建各个数据表之间的关系。也有些关系系统不能识别，这时需要手工建立关系。

1. 浏览各数据表之间的关系

切换到关系视图，可以看到系统已经自动找到了一些关系。“订单数据”已经与“地区数据”建立了多对一的关系，其中“*”代表多，“1”代表1。

“地区数据”、“客户数据”、“产品数据”与“订单数据”之间都是一对多的关系。“销售人员数据”与“订单数据”是通过“地区数据”相关联的。因此把订单数据摆放到中间，这样更容易看清它们之间的关系，如图4-27所示。

2. 为日期数据表创建关系

系统没有为“日期数据”创建关系，是因为在“订单数据”中有“订单日期”和“发货日期”两个日期型字段，系统无法判断究竟应该用哪个日期建立关系。这时需要手工建立关系。

这里用“订单日期”来创建关系，操作方法如下：

单击“订单数据”表中的“订单日期”字段，并将其拖动到“日期数据”表的“日期”字段上，建立“订单日期”与“日期”的多对一关系，如图4-28所示。

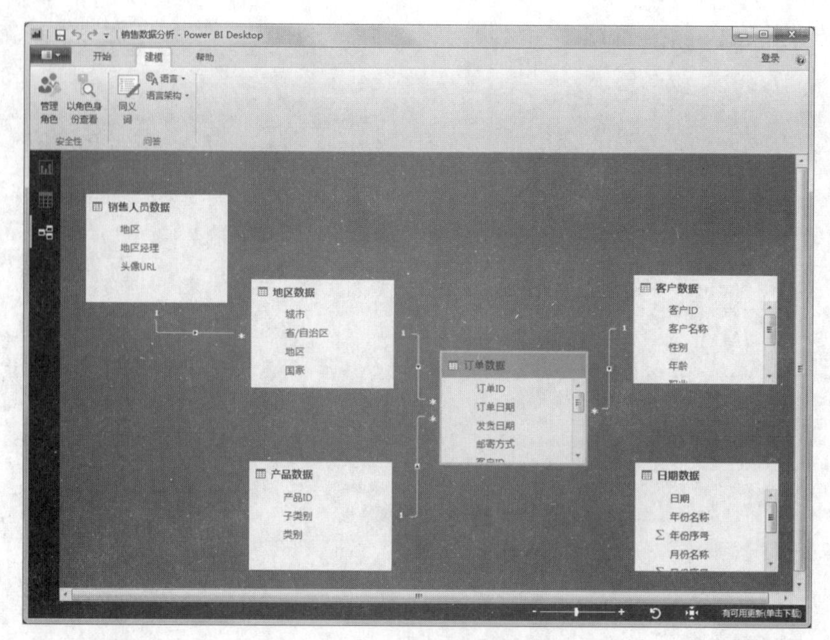

图 4–27　系统自动创建的关系

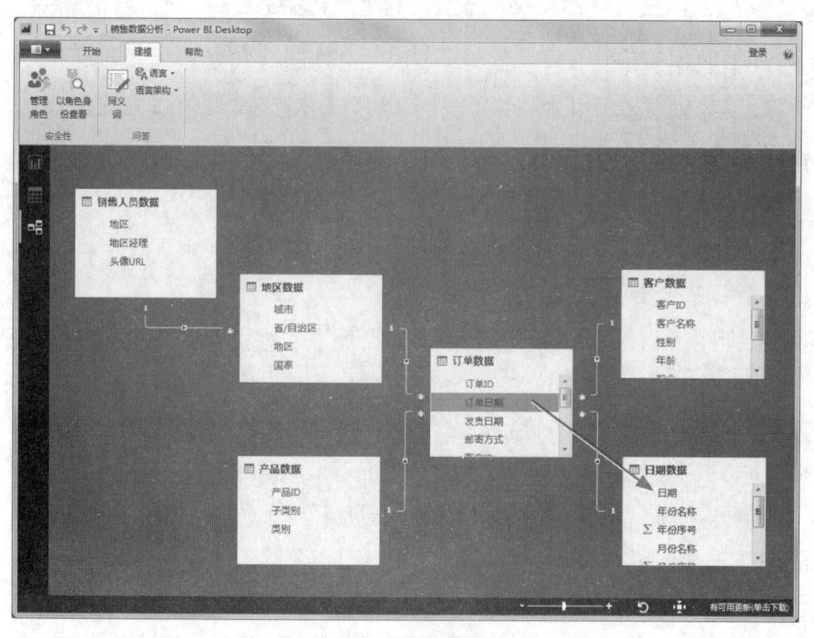

图 4–28　手工创建关系

4.2.6　子任务3:“新建列”和“新建度量值”

对于一些比较复杂的需求，在数据表中可能不包括这些字段，比如销售订单的利润率。在Power BI中可以用“新建列”或“新建度量值”来实现复杂的需求。

1. 在“订单数据”表中新建“订单利润率”列

对销售业绩的影响除了订单利润以外，订单利润率也是一个重要因素。下面在“订单数据”表中新建“订单利润率”列，其中，“订单利润率”的计算公式为：

订单利润率=订单利润/订单销售额

操作步骤：

(1) 切换到“数据”视图，在右侧的“字段”任务窗格中选中“订单数据”表。

(2) 在“建模”选项卡的“计算”组中，单击“新建列”按钮，在编辑栏中输入：

订单利润率 = ' 订单数据'[利润]/ ' 订单数据'[销售额]

这时可以看到，每一行都算出了一个利润率，如图4–29所示。

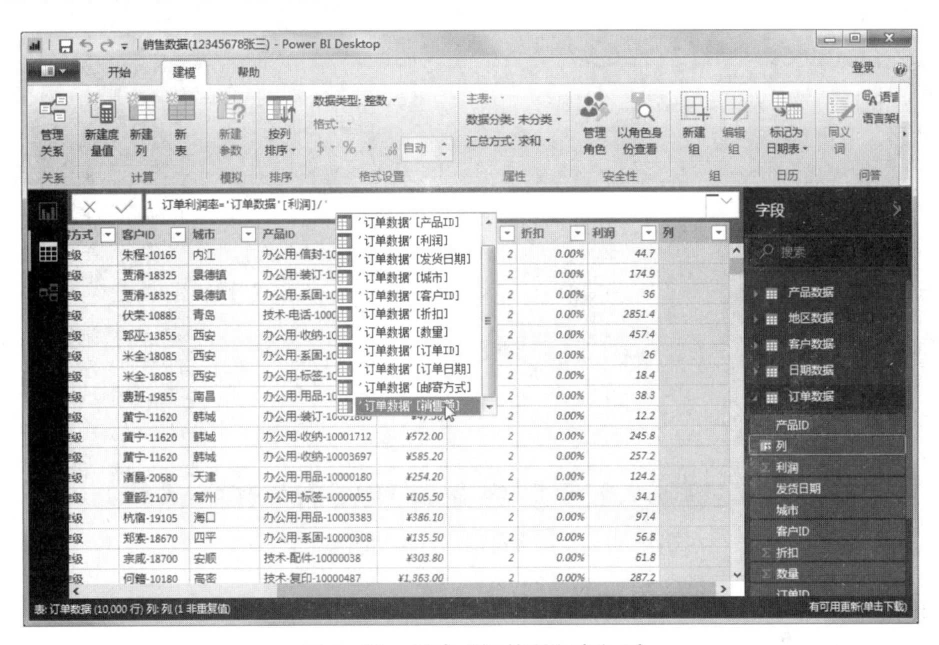

图 4–29　新建“订单利润率”列

在输入公式时，需注意以下几点：

①公式中的标点符号，必须用英文半角。

②公式中需要引用表的字段时，只需输入一个单引号“ ' ”，系统会自动显示可以输入的内容供用户选择。

③输入完成后，单击编辑栏左边的按钮确认（或按Enter键确认）。

(3) 把“订单利润率”列设置为百分比，并保留2位小数。

2. 创建度量值“订单利润率合计”

上面用新建列的方法计算出了各个订单的利润率，但如果需要计算所有订单的利润率合计时，是不能用各个订单的利润率之和来计算的。

在Power BI中计算所有订单的总利润率，是通过新建度量值的方法来实现的。下面计算“订单利润率合计”，其中，“订单利润率合计”的计算公式为：

订单利润率合计=订单利润总和/订单销售额总和

操作步骤：

(1) 切换到“数据”视图，在“建模”选项卡的“计算”组中，单击“新建度量值”按钮。

（2）在编辑栏中输入：

订单利润率合计=sum('订单数据'[利润])/sum('订单数据'[销售额])

上面公式中用到了sum函数，其含义是对变量（字段）求和，结果如图4–30所示。

图 4–30　新建度量值“订单利润率合计”

4.2.7　子任务4：数据可视化

在Power BI中完成了获取数据和数据建模工作之后就可以进行数据可视化。Power BI提供了一种可以通过拖动来生成各种可视化对象的方法。

1. 用“簇状柱形图”来表示平均年龄

操作步骤：

（1）切换到“报表”视图，在“字段”任务窗格中，把“客户数据”表中的字段“年龄”拖到报表视图中。

（2）再将“可视化”任务窗格中“字段”选项卡中的“年龄”字段拖到“值”中，如图4–31所示。

（3）将“年龄”的汇总方式更改为“平均值”。

年龄的汇总方式用计数是不合理的，应更改为平均值。

操作步骤：

单击“可视化”任务窗格中的“值”字段“年龄”右侧的下拉按钮，在弹出的下拉列表中选择“平均值”，如图4–32所示。

2. 用“卡片图”表示“订单利润率”和“订单利润率合计”

操作步骤：

（1）在“字段”任务窗格中，把“订单数据”表中的字段“订单利润率”拖到报表视图中。

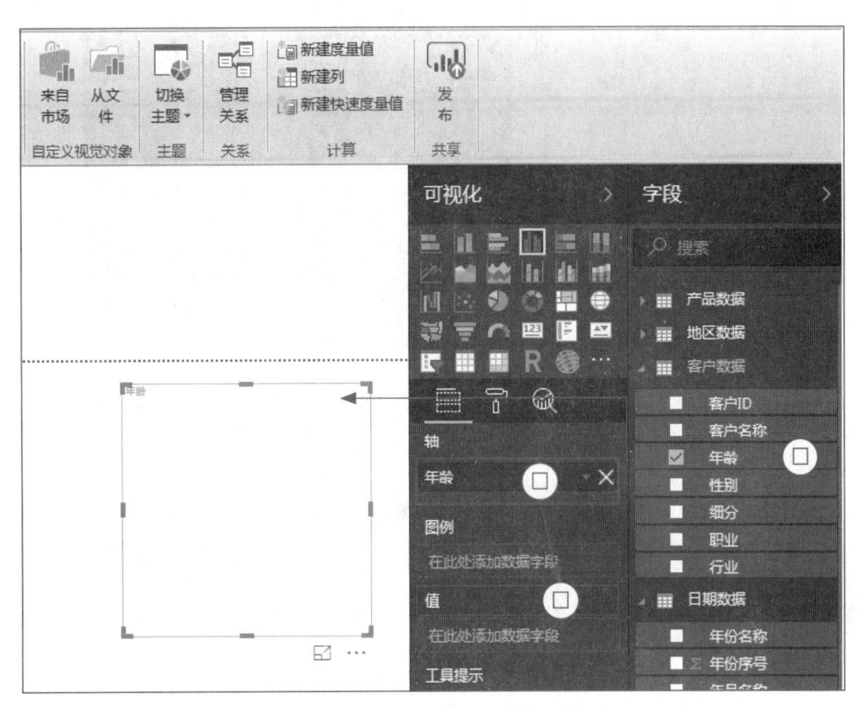

图 4–31　把“年龄”字段拖到值中

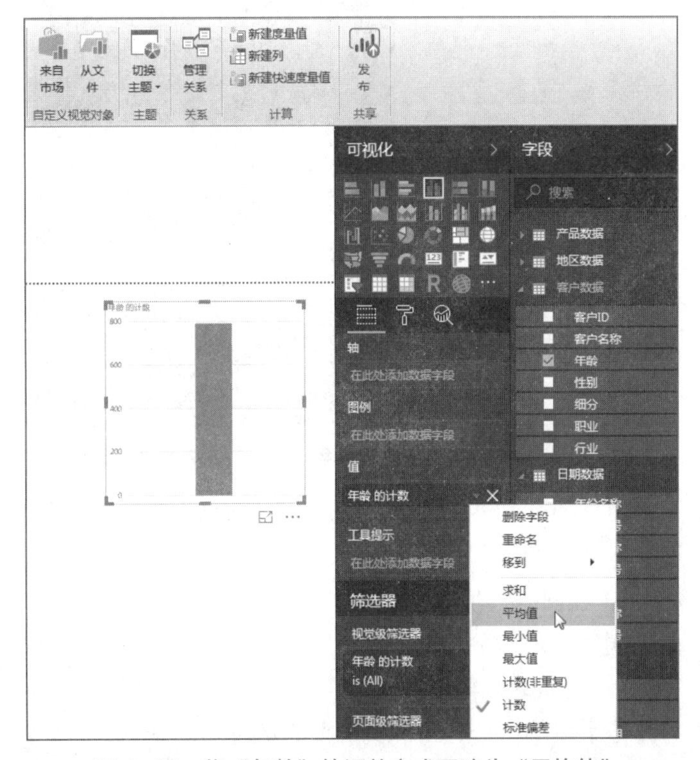

图 4–32　将“年龄”的汇总方式更改为“平均值”

(2) 在“可视化”任务窗格中单击“卡片图”对象，结果如图4–33所示。

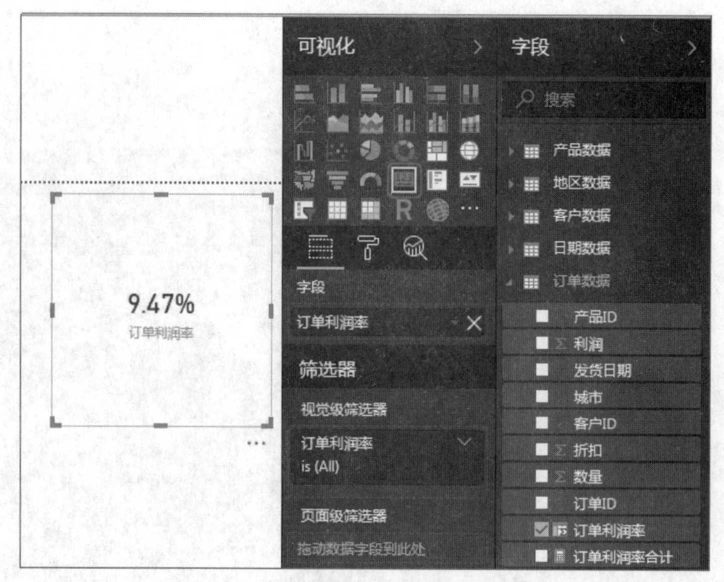

图 4–33　单击“卡片图”对象

（3）用同样的方法，用“卡片图”表示度量值“订单利润率合计”，结果如图4–34所示。

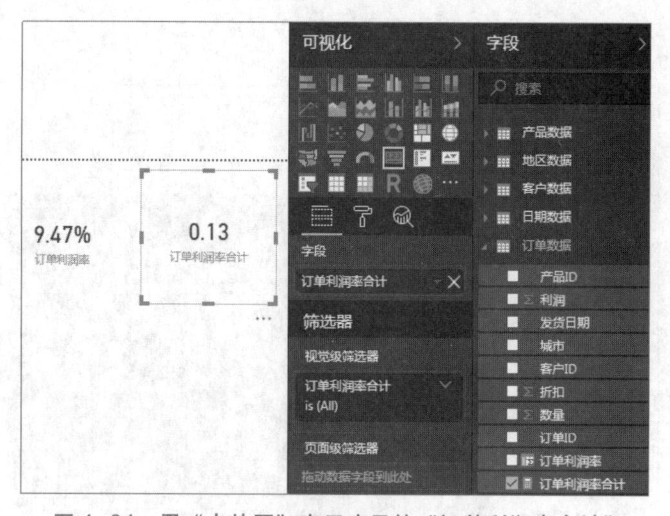

图 4–34　用“卡片图”表示度量值“订单利润率合计”

（4）将“订单利润率合计”的数字格式设置为百分比。选中“订单利润率合计”字段，在“建模”选项卡的“格式设置”组中，单击“格式”右侧的下拉按钮，在弹出的列表中选择“百分比”，如图4–35所示。

上面的“订单利润率”是指平均利润率，而“订单利润率合计”是指总利润率。

3. 计算各“类别”商品的订单利润率

利用度量值与其他字段的组合，可以计算复杂的业务逻辑。

操作步骤：

（1）在“字段”任务窗格中，把“产品数据”表中的字段“类别”拖到报表视图中。

（2）将“订单利润率合计”拖到报表的“类别”中，结果如图4–36所示。

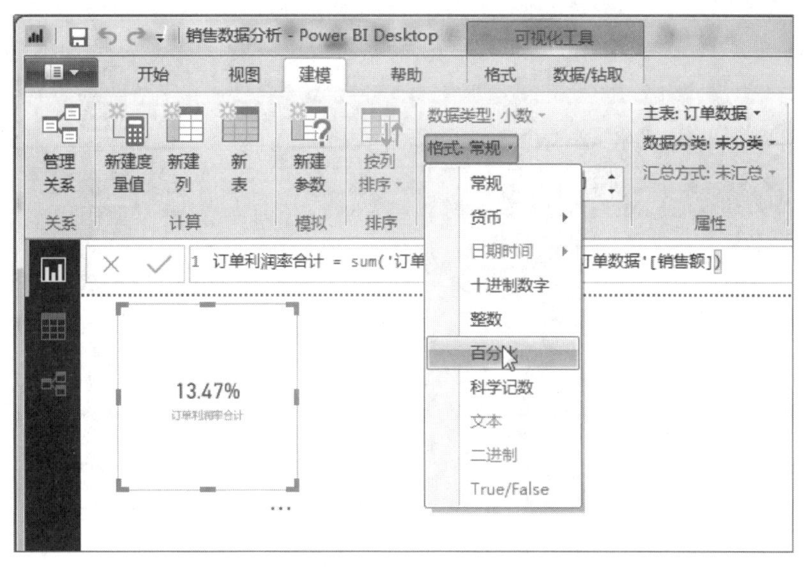

图 4-35　设置“订单利润率合计”的汇总方式为“百分比”

图 4-36　将“订单利润率合计”拖到报表的“类别”对象中

4.2.8　子任务5：制作交互式、可视化面板

在前面的任务中，利用Power BI完成了数据的导入、处理和建模。下面利用Power BI实现数据的可视化呈现，效果如图4-37所示。

1. 用堆积条形图表示各商品类别的销售额

操作步骤：

（1）单击报表视图状态栏中的加号（+），新建一张报表。

（2）用堆积条形图表示各种商品类别的销售额，并在条形图上显示数据标签。

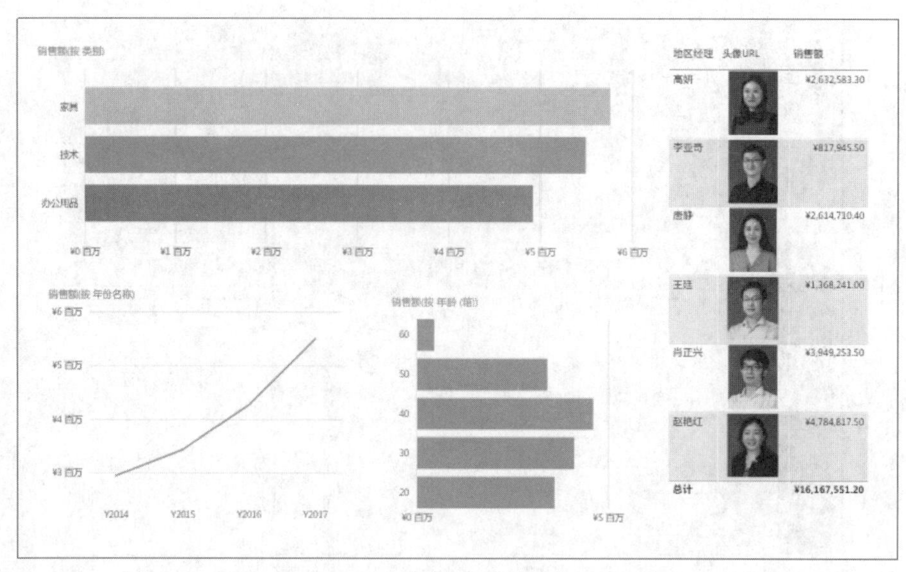

图 4–37　交互式、可视化面板

操作步骤：

（1）单击“可视化”任务窗格中的“堆积条形图”对象，将“堆积条形图”插入报表视图中。

（2）将“产品数据”表中的“类别”拖到“字段”任务窗格中的“轴”字段中，将“订单数据”表中的“销售额”拖到“字段”任务窗格中的“值”字段中，如图4–38所示。

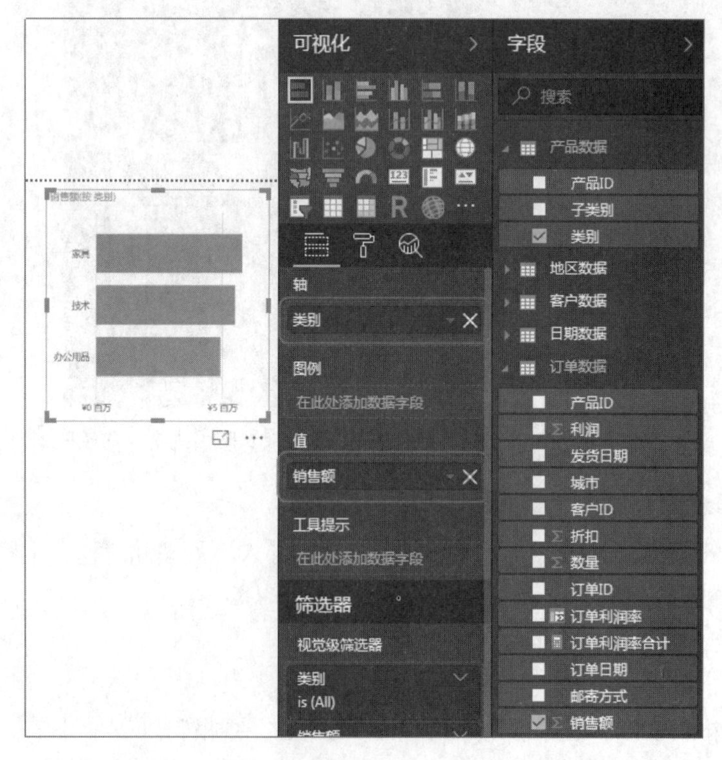

图 4–38　用堆积条形图表示各商品类别的销售额

2. 把堆积条形图的颜色按商品类别的销售额利润率大小由黄到红表示

操作步骤：

（1）选中“可视化”任务窗格中的“格式”选项卡，单击“数据颜色”中的“高级控件”按钮，如图4-39所示。

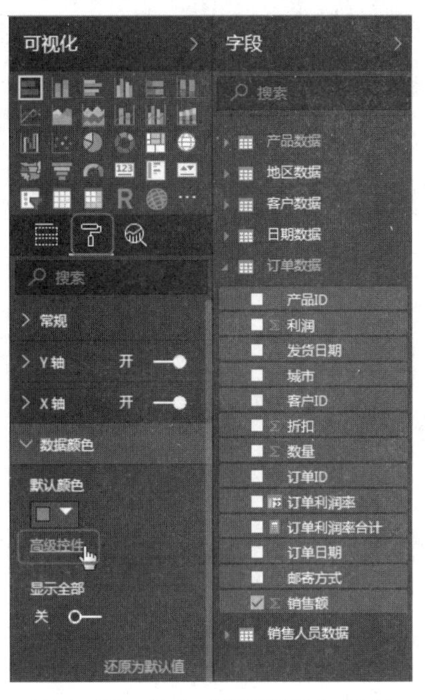

图 4-39　单击“高级控件”按钮

（2）在打开的“默认颜色-数据颜色”对话框中，按图4-40进行设置。

默认颜色 - *数据颜色*

格式模式　色阶　了解详细信息

依据为字段　　　　默认格式

订单利润率合计　　　　指定颜色

最小值　　　　最大值

最低值　　　　最高值

(最低值)　　　　(最高值)

散射

确定　取消

图 4-40　“默认颜色 - 数据颜色”对话框

设置完成后的效果如图4-41所示。

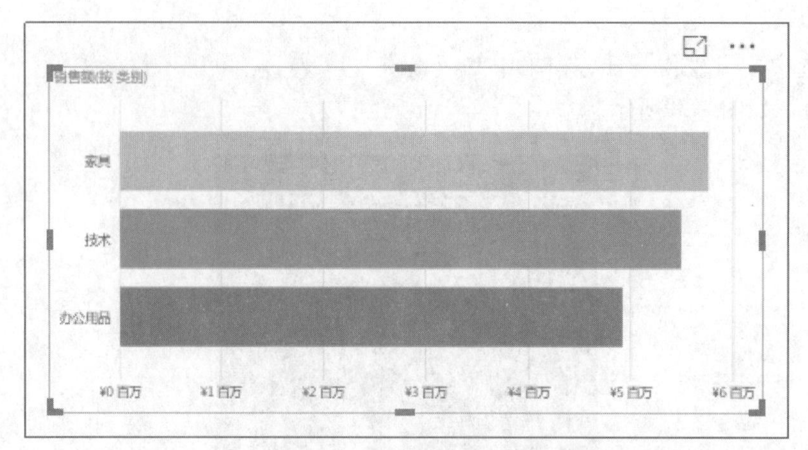

图 4-41　各“类别”销售额颜色按销售额利润率变化的堆积条形图

3. 制作销售额按年份变化的趋势折线图

操作步骤：

（1）将“日期数据”表中的“年份名称”字段拖到报表中，然后再把“订单数据”表中的“销售额”字段拖到报表中的“年份名称”中。

（2）选择“可视化”任务窗格中的“折线图”对象。

（3）将“年份”按升序排序。单击可视化对象右上角的···按钮，在弹出的菜单中选择“升序排序”，如图4-42所示。

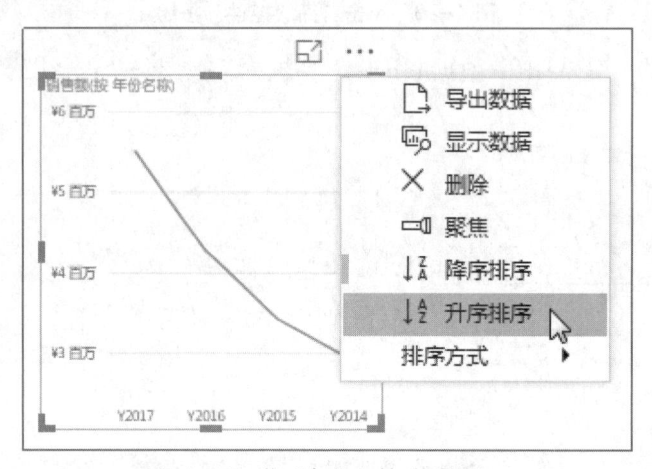

图 4-42　将“年份”按升序排序

4. 显示地区销售经理照片

操作步骤：

（1）将“销售人员数据”表中的“地区经理”字段拖到报表中，然后把“头像URL”字段和“销售额”字段拖到“地区经理”字段中。

（2）在“字段”任务窗格中选择“销售人员数据”表中的“头像URL”字段，在“建模”选项卡的“属性”组中，设置“头像URL”字段的“数据分类”为“图像URL”

格式，如图4-43所示。

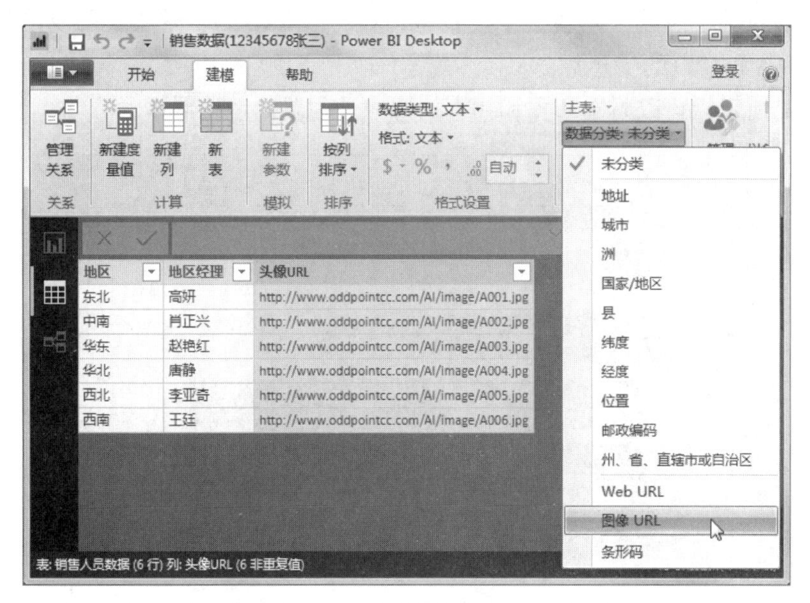

图 4-43　设置“头像 URL”字段的数据分类为“图像 URL”格式

5. 按客户的年龄段显示销售额

操作步骤：

（1）把“客户数据”表中的“年龄”字段拖到报表中，并设置字段的汇总方式为“未汇总”。

（2）选择“堆积条形图”，再把“销售额”拖到报表的“年龄”中，则显示各个年龄的销售额。

（3）对“年龄”字段进行分组。在“字段”任务窗格中，单击“年龄”字段右侧的按钮，在弹出的列表中选择“新建组”选项，在弹出的“组”对话框中，将“装箱大小”设为10，如图4-44所示。

组

名称　年龄 (箱)　字段　年龄

组类型　箱　最小值　20

装箱类型　装箱大小　最大值　60

装箱将数值或日期/时间数据拆分为大小相同的组。基于数据计算默认的装箱大小。

装箱大小　10

还原为默认值

确定　取消

图 4-44　“组”对话框

(4) 这时，在“字段”任务窗格中出现了一个“年龄(箱)”字段，将其拖入“可视化”任务窗格的轴字段的“年龄”字段下方，再将“年龄”字段从“可视化”任务窗格中删除，得到各年龄段的销售额。

如图4-45所示，可以看出30岁和40岁的客户是主要的消费群体。

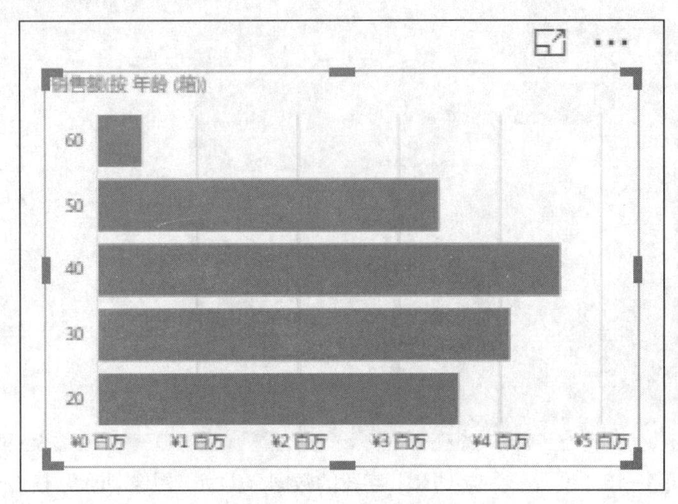

图 4-45　各年龄段的销售额

这样就完成了交互式、可视化报告面板的制作，上面的报告可以按照类别、地理位置、时间趋势、客户的年龄分组以及销售人员来显示销售额。

当选择一个不同的可视化内容时，其他的可视化内容会跟随变化。比如说，选择某个销售经理，可以看到他所负责的地区以及他的销售业绩的趋势，同时，他销售的种类及覆盖的用户群体也可以很直观地显示出来，这就是Power BI提供的强大的可视化功能。

4.2.9　子任务6：数据分析

当用Power BI建立模型，并建立了可视化面板之后，即可进行数据分析。用Power BI提供的强大功能，可以在数据分析过程中打造一种可交互式的报告，所谓交互式、可视化，是指可以通过单击，不断地进行数据钻取、观察各种因素之间的影响，从而找到业务问题的答案或线索，进而去解决业务问题。

所谓数据钻取是指按照某个特定层次结构或条件进行数据细分呈现，层层深入以便更详细地查看数据。

一般情况下，一种商品的销售额大并不能说明销售业绩就一定好，因为如果利润率不高，很可能是不盈利的。下面用数据钻取功能来分析公司2017年销售数据存在的问题，结果如图4-46所示。

1. 复制报表页，并将新报表页重命名为“数据钻取”

操作步骤：

右击报表标签，在弹出的快捷菜单中选择“复制页”命令，如图4-47所示。然后再将其重命名为“数据钻取”。

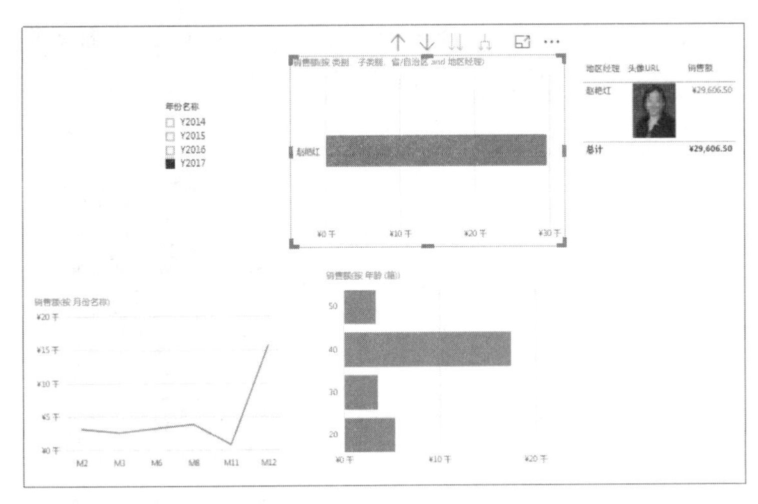

图 4–46　数据钻取结果

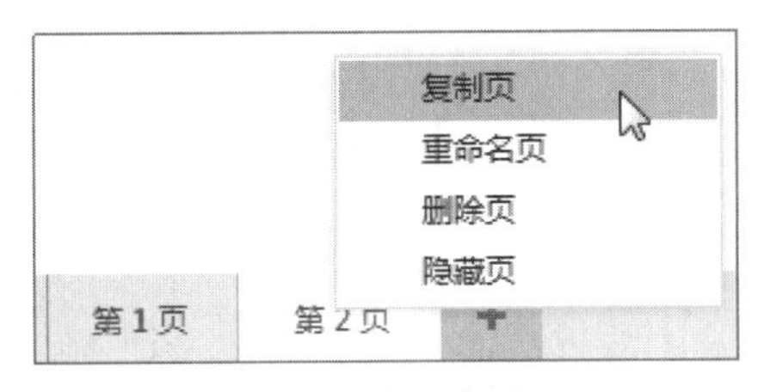

图 4–47　复制报表页

2. 制作销售额按月份变化的折线图，并将月份按升序排序

操作步骤：

(1) 将“月份名称”按升序排序。因为“月份名称”字段是字符型的，因此对“月份名称”排序结果并不能完全按月份的顺序排序。“月份序号”字段是数值型的，因此，可以用“按列排序”的功能对“月份名称”字段排序。

在数据视图中，选中“日期数据”表中的“月份名称”字段，单击“建模”选项卡中的“按列排序”下拉按钮，在弹出的下拉列表中选择“月份序号”，如图4-48所示。

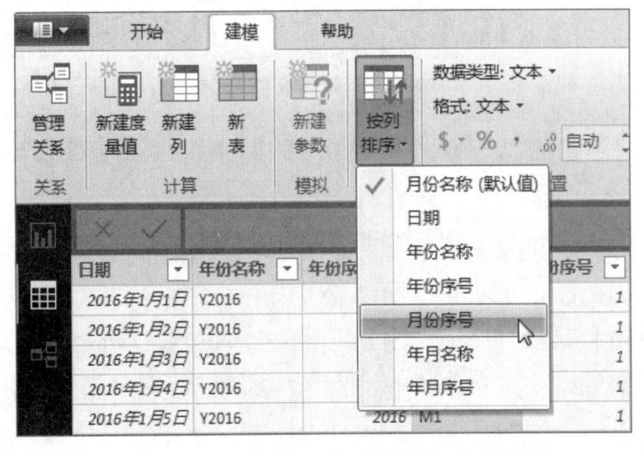

图 4–48　“月份名称”按月份序号排序

（2）先把原来的“销售额按时间变化折线图”删掉，再将“日期数据”表中的“月份名称”字段拖到报表中，然后再把“订单数据”表中的“销售额”字段拖到报表中的“月份名称”中，这样就得到了按月份顺序变化的销售额折线图，结果如图4-49所示。

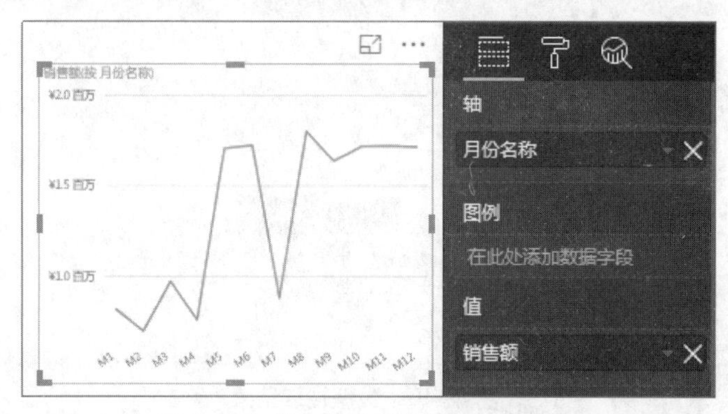

图 4-49　销售额按月份变化的折线图

3. 插入切片器

利用切片器，可以快速、方便地进行筛选，为了显示2017年的销售额，在报表中插入切片器。

操作步骤：

单击“可视化”任务窗格中的切片器，插入切片器对象，再将“日期数据”表中的“年份名称”拖到报表中的切片器对象中，如图4-50所示。

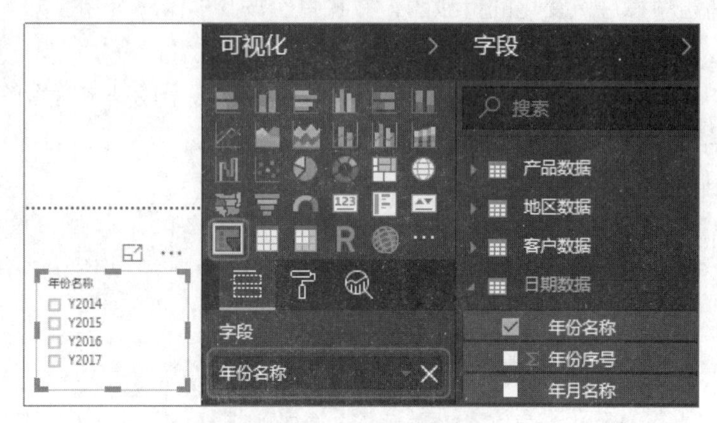

图 4-50　插入切片器

现在，用前面制作的商品类别的销售额堆积条形图来分析2017年的销售数据，在切片器中选择“2017”年，如图4-51所示。

因为图中商品“类别”的销售额数据条颜色按销售额利润率大小由黄到红变化（黄表示小，红表示大）显示，可以看出商品类别中“家具”的销售额是最大的，但它的颜色是黄色的，说明利润率是最低的。下面利用数据钻取来分析是什么原因造成的。

为此，把“产品数据”表中的“子类别”字段拖放到轴字段中的“类别”字段下方，如图4-52所示。

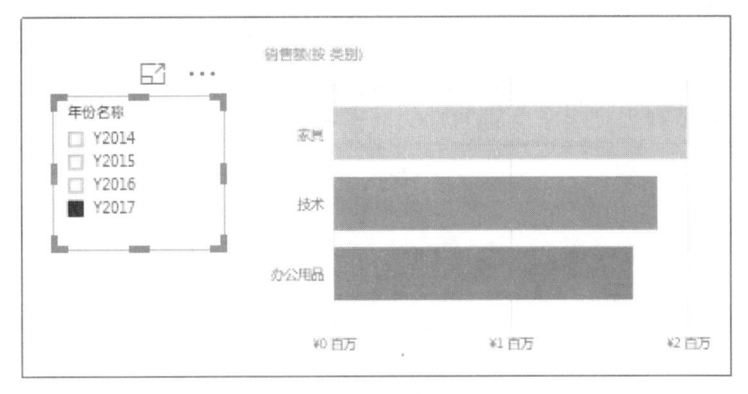

图 4-51　2017 年各类别商品销售额及利润率

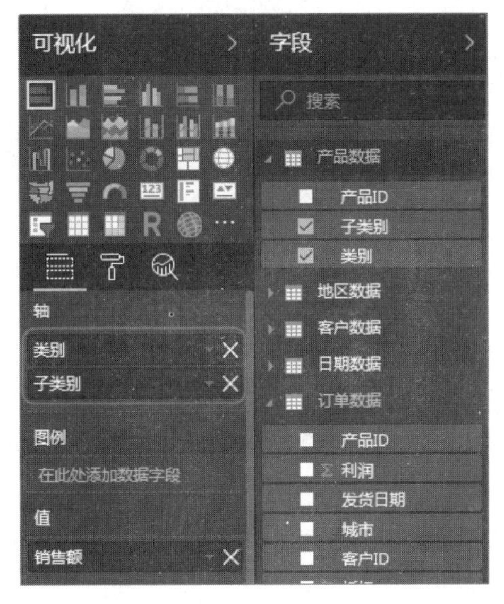

图 4-52　将“子类别”放到“类别”下方

4. 用数据钻取找出“家具”类别中，销售额利润率最小的子类别

右击“家具”类别，在弹出的快捷菜单中选择“向下钻取”命令，如图4-53所示。

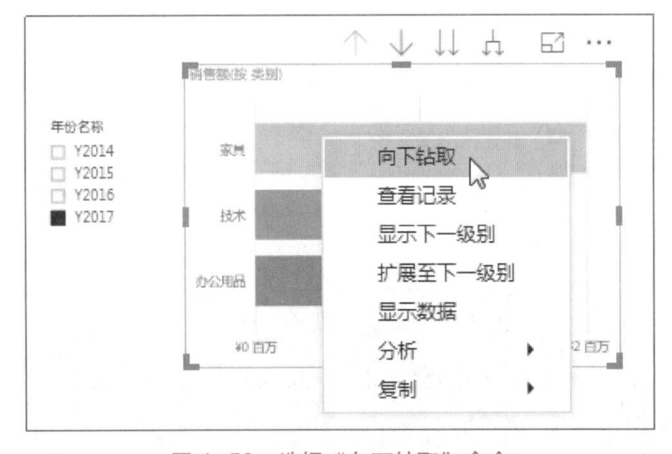

图 4-53　选择“向下钻取”命令

向下钻取到“子类别”时，发现在“家具”下面的子类别中“桌子”的利润率最低(数据条颜色是黄色的)。

5. 用数据钻取找出“桌子”销售额利润率最低的省份

为此，把“地区数据”表中的“省/自治区”字段放到轴字段的“子类别”字段下方，看看“桌子”在哪个省份的销售利润率最低，再从“桌子”向下钻取，如图4-54所示。

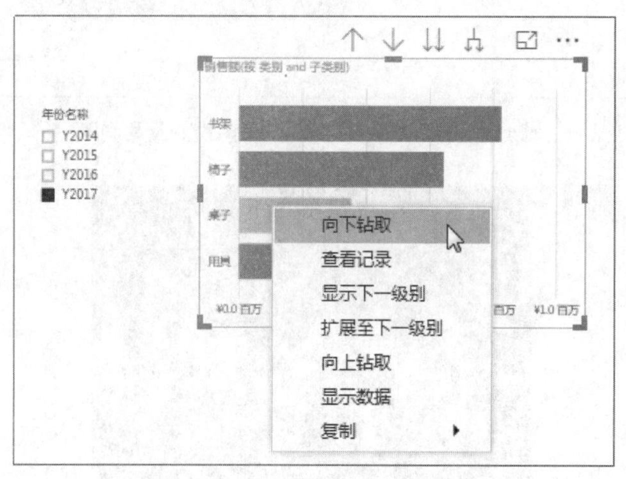

图 4-54　从“桌子”向下钻取

6. 查找出现问题省份的销售经理

从钻取的结果看，“桌子”的销售利润率首先在浙江省（颜色是黄色）出现了问题，那么浙江省是谁负责的？把“销售人员数据”表中的“地区经理”字段放到轴字段中的“省/自治区”字段下方，然后从“浙江省”进一步向下钻取，如图4-55所示。

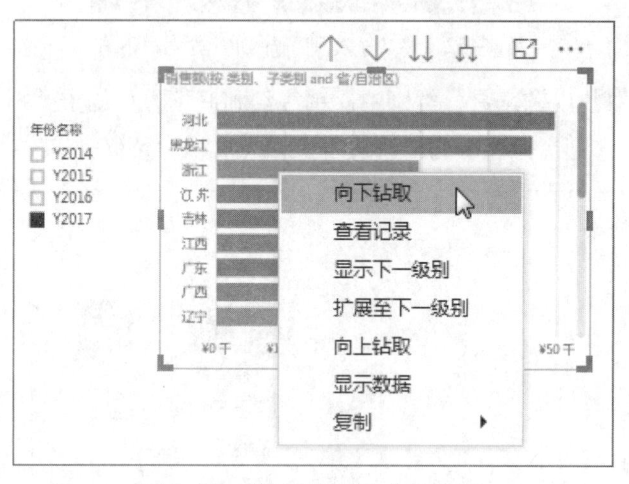

图 4-55　从“浙江省”向下钻取

可以看到浙江省的销售经理是赵艳红。查找到赵艳红后，在右边的图表中可以看到赵艳红在浙江省的销售业绩，如图4-56所示。

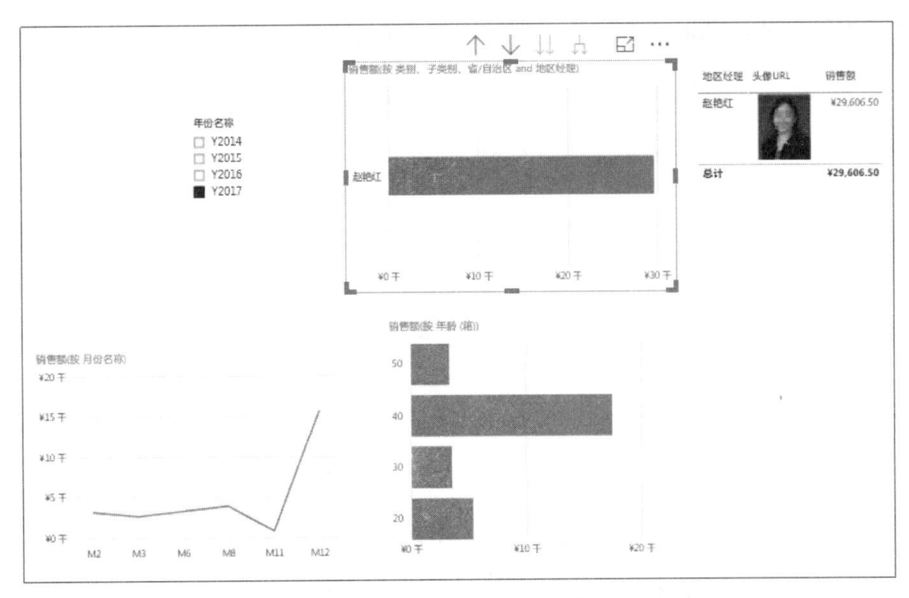

图 4–56　查找到的结果

在赵艳红上右击，在弹出的快捷菜单中选择“查看记录”命令，可查看详细的数据信息，如图4–57所示。

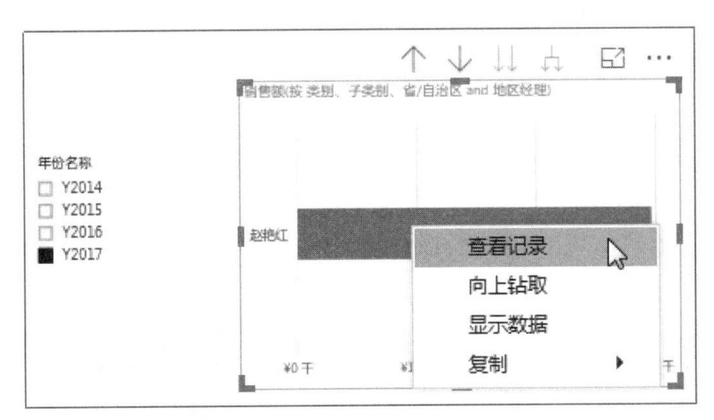

图 4–57　选择“查看记录”命令

单击报表视图右上角的···按钮，在弹出的列表中选择“导出数据”，可将查找到的数据导出到外部文件中，如图4–58所示。

返回报表

类别	子类别	省/自治区	地区经理	销售额	订单ID	订单日期	邮寄方式	客户ID	城市	产品ID
家具	桌子	浙江	赵艳红	¥835.50	US-2017-5180154	2017年11月28日	一级	庞奚-13960	温州	家具-桌子-10002947
家具	桌子	浙江	赵艳红	¥2,124.70	US-2017-2658950	2017年12月31日	标准级	赵钦-19600	杭州	家具-桌子-10000161
家具	桌子	浙江	赵艳红	¥2,667.30	CN-2017-1182921	2017年3月19日	标准级	石柯-10570	绍兴	家具-桌子-10002707
家具	桌子	浙江	赵艳红	¥3,203.30	US-2017-3436186	2017年2月9日	标准级	吴沙-11125	温州	家具-桌子-10000247
家具	桌子	浙江	赵艳红	¥3,315.90	US-2017-4443651	2017年6月28日	一级	贲包-18775	嘉兴	家具-桌子-10001448
家具	桌子	浙江	赵艳红	¥3,912.80	CN-2017-4178476	2017年8月4日	标准级	云满-10375	义乌	家具-桌子-10002289
家具	桌子	浙江	赵艳红	¥13,547.00	US-2017-5726249	2017年12月25日	标准级	吉栾-14335	兰溪	家具-桌子-10002495

图 4–58　导出数据到外部文件

还可以通过刚才的过程向上钻取，一步步返回最上层，如图4–59所示。

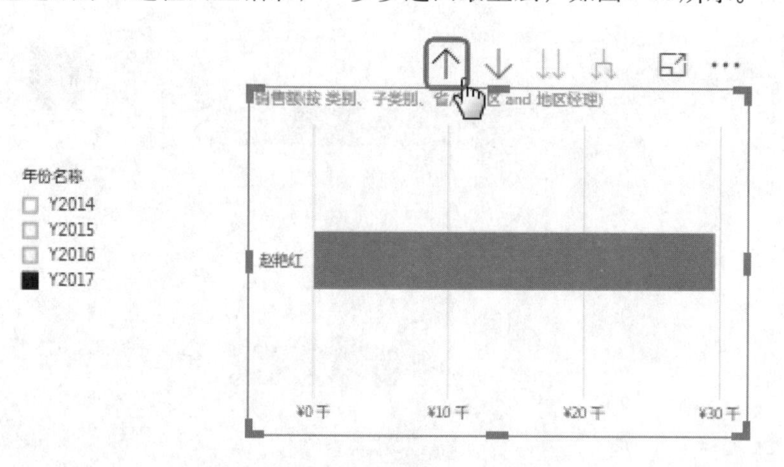

图 4–59 向上钻取可返回最上层

通过数据钻取发现并找到了销售数据中存在的问题，这样可以把存在问题的数据反映给有关部门处理。

4.2.10 思考与练习

请用Power BI对“销售分析(素材).xlsx”中的销售数据进分析，结果如图4–60所示。

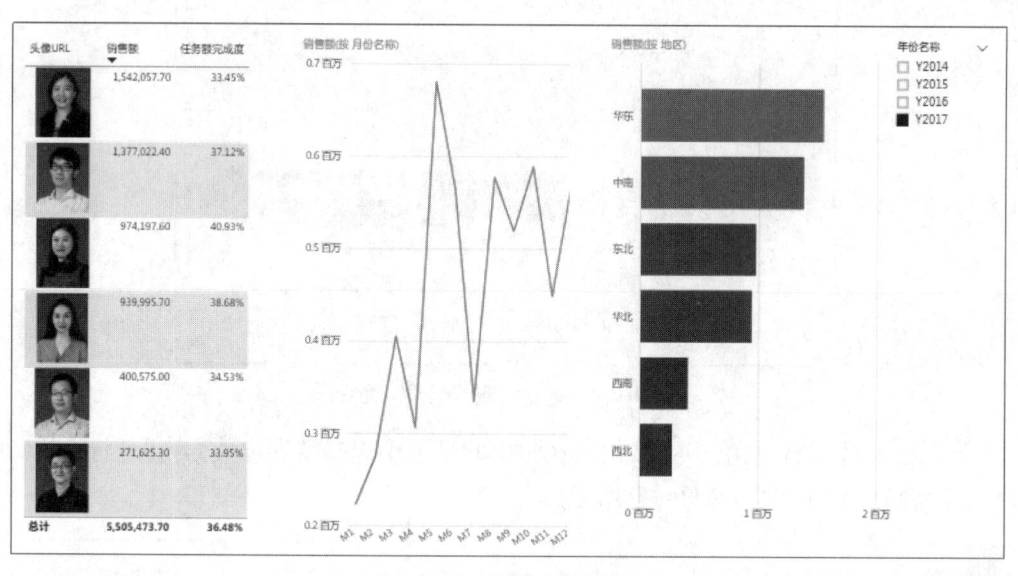

图 4–60 数据分析结果

要求如下：

（1）将文件中的六张工作表，“产品数据”、“地区数据”、“订单数据”、“日期数据”、“销售人员数据”和“销售目标数据”导入Power BI Desktop中。

（2）对销售数据进行建模，并根据“销售目标数据”表和“订单数据”表新建度量值“目标额完成度”（其中：目标额完成度=销售额/销售目标额）。

（3）显示地区销售经理照片以及相应的销售额和任务额完成度。

（4）插入切片器，并用折线图表示2017年度各月的销售额，要求月份按升序排序。

（5）制作各地区销售额的堆积条形图，并将销售额数据条颜色按任务额完成度大小由红（最大）到蓝（最小）变化显示。

（6）复制报表页，并将新报表页重命名为“数据分析”。

（7）在“数据分析”报表页中，在2017年度销售目标额完成最差的地区中，利用数据钻取找出该地区中销售目标额完成度最差的商品类别，以及对应的子类别，并找出所属的地区销售经理，结果如图4-60所示，最后将相应的销售数据导出到文件中。

将文件保存为“销售分析.pbix”。

本章小结

本章介绍了如何利用八爪鱼采集器进行数据采集，并利用词云图对所采集的数据进行用户情感分析。此外，还介绍了商业智能的基本概念，并利用Power BI对企业销售数据进行分析，通过数据导入、处理和可视化呈现，介绍了数据分析的基本流程，最后利用数据钻取找出销售数据存在的问题。通过该案例的学习，可以感受到Power BI在获取有价值商业信息方面的强大功能。

课后习题

请用 Power BI 对“销售分析（素材）.xlsx”中的销售数据进分析，结果如图 4-61 所示。

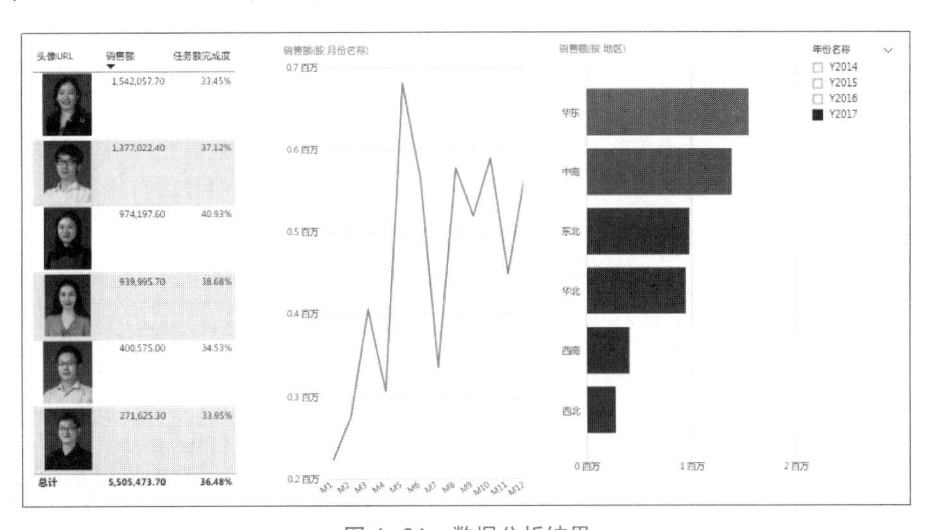

图 4-61　数据分析结果

要求如下：

（1）将文件中的六张工作表，“产品数据”、“地区数据”、“订单数据”、“日期数据”、“销

售人员数据”和“销售目标数据”分别导入 Power BI Desktop 中。

（2）对销售数据进行建模，并根据“销售目标数据”表和“订单数据”表新建度量值“目标额完成度”（其中，目标额完成度 = 销售额 / 销售目标额）。

（3）显示地区销售经理照片以及相应的销售额和任务额完成度。

（4）插入切片器，并用折线图表示 2017 年度各月的销售额，要求月份按升序排序。

（5）制作各地区销售额的堆积条形图，并将销售额数据条颜色按任务额完成度大小由红（最大）到蓝（最小）变化显示。

（6）复制报表页，并将新报表页重命名为“数据分析”。

（7）在“数据分析”报表页中，在 2017 年度销售目标额完成最差的地区中，利用数据钻取找出该地区中销售目标额完成度最差的商品类别，以及对应的子类别，并找出所属的地区销售经理，如图 4-61 所示，最后将相应的销售数据导出到文件中。

（8）将文件保存为“销售分析 .pbix”。

第5章 人工智能之Baidu AI库应用

人工智能虽然非常令人向往，但许多技术个人无法实现，若从最底层的算法学习，道路困难而漫长，所以即使你脑海中会有很多应用场景浮现，却迫于技术的问题而难以实现。

因此，开放AI技术满足开发者和合作伙伴不同层次的需求，让人工智能技术变得更好，是人工智能的发展趋势。互联网能够给人工智能研究带来海量的数据，所以互联网公司尤其是擅长数据处理的互联网公司能够快速切入到人工智能。纵观海内外，掌控流量入口的百度、Google，掌控社交入口的腾讯、Facebook以及掌控电商入口的阿里、亚马逊，对于人工智能都具有不小的话语权。

然而，对所谓"AI开放平台"的理解的不同，不同公司在所谓"开放"上所做的事情也有诸多不同，如Google 、FB 的开放策略更多集中在底层算法或单点突破。百度AI经过不断发展扩大，让开放平台更具完整性——从底层算法到主打听懂、看懂的感知再到知识图谱、用户画像的认知，这个完整的AI开放平台能够满足开发者们多层次、多样化的需求。

百度AI携手很多互联网合作伙伴，共同创建AI生态系统，为众多客户提供业务发展的新动力。例如，携程翻译助手帮助旅客在出境游的旅途中，对外文的路牌、菜单等直接拍摄进行识别及翻译，打造私人翻译助理；语音识别助力爱奇艺优化搜索体验；人脸识别助力中通严把企业信息安全大门；嘀嗒出行平台大规模应用语音合成技术；家图网定制化图像识别技术解决海量图片分类难题。

本章将利用免费的Baidu AI库来初步体验人工智能的应用。

5.1 人脸检测及颜值打分

5.1.1 提出问题

近年来，随着“平安城市建设”的大力推进，越来越多的高清摄像头部署在各个重要场所，如机场、地铁、火车站、汽车站等。这些场所是人口流动必经之地，也是公安重点布控区域。由此提出了大量的人脸识别需求，即要求系统自动侦测视频画面中的人脸，并与数据库中的人脸数据进行一一比对，得到最有可能的身份信息。

人脸识别的应用范围很广，如从门禁、设备登录到机场、公共区域的监控等。表5-1给出了一些人脸识别的应用领域。

表5-1 人脸识别的应用领域

类 别	应用领域
人脸验证	驾照、签证、身份证、护照、投票选举等
接入控制	设备存取、车辆访问、智能ATM、计算机接入、程序接入、网络接入等
安全	反恐报警、登机、体育场观众扫描、计算机安全、网络安全等
监控	公园监控、街道监控、电网监控、入口监控等
智能卡	用户验证等
执法	嫌疑犯识别、欺骗识别等
人脸数据库存	人脸检索、人脸标记、人脸分类等
多媒体管理	人脸搜索、人脸视频分割和拼接等
人机交互	交互式游戏、主动计算等
其他	人脸重建、低比特率图片和视频传输等

5.1.2 预备知识

1. 百度AI开放平台接入流程

如果要使用百度AI开放平台（网址：https://ai.baidu.com)，需要按下面的流程完成接入服务。

1）成为开发者

三步完成账号的基本注册与认证：

（1）单击百度AI开放平台导航右侧的“控制台”链接，选择需要使用的AI服务项。若为未登录状态，将跳转至登录界面，使用百度账号登录。如未有百度账户，可以注册百度账户。

(2）若首次使用，登录后会进入开发者认证页面，填写相关信息完成开发者认证。如果已经是百度云用户或百度开发者中心用户，此步可略过。

(3）进入具体AI服务项的控制面板单击所需服务（本案例为人脸识别)，进行相关业务操作，如图5-1所示。

2）创建应用

账号登录成功，需要创建应用才可正式调用AI能力。应用是调用API服务的基本操作单元，可以基于应用创建成功后获取的API Key及Secret Key，进行接口调用操作及相关配置。

以人脸识别为例，可在百度智能云管理中心按照图5-2所示的操作流程，完成创建操作。

单击“创建应用”按钮，即可进入创建应用界面，如图5-3所示。

创建应用需填写的内容如下：

（1）应用名称。必填项，用于标识所创建应用的名称，支持中英文、数字、下画线及中横线，此名称一经创建完毕，不可修改。

（2）应用类型。必填项，根据应用的适用领域，在下拉列表中选取一个类型。

图 5–1　百度 AI 服务项的控制面板

（3）接口选择。必填项，每个应用可以勾选业务所需的所有AI服务的接口权限（仅可勾选具备免费试用权限的接口能力），应用权限可跨服务勾选，创建应用完毕，此应用即具备了所勾选服务的调用权限。

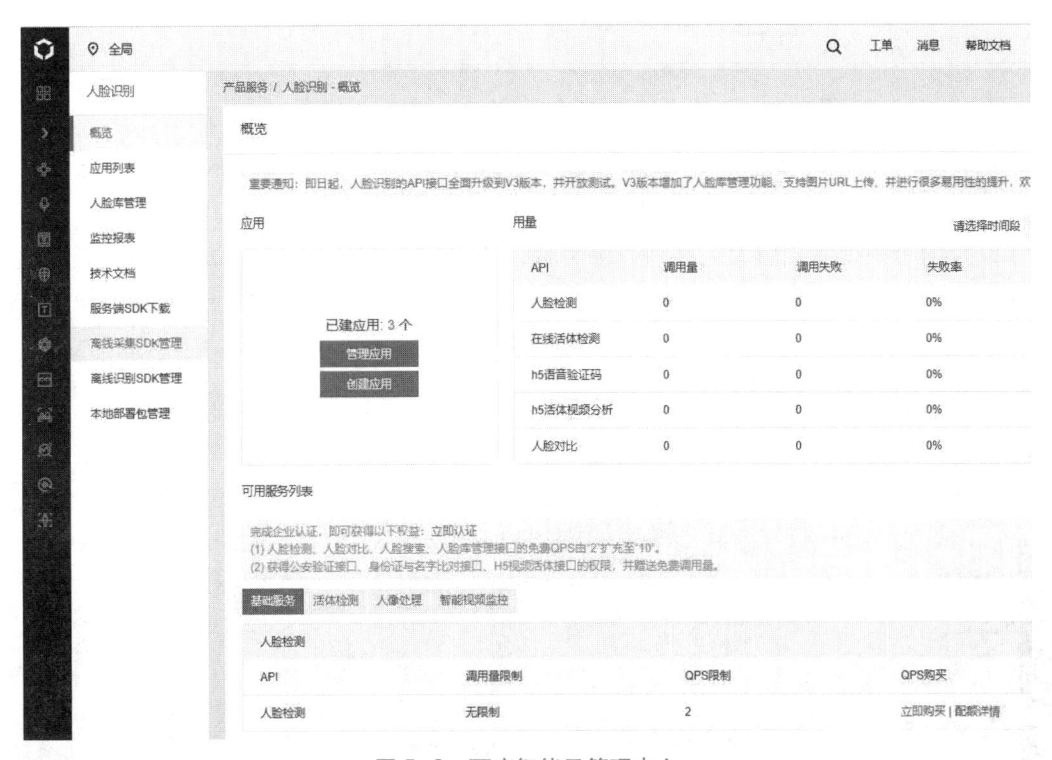

图 5–2　百度智能云管理中心

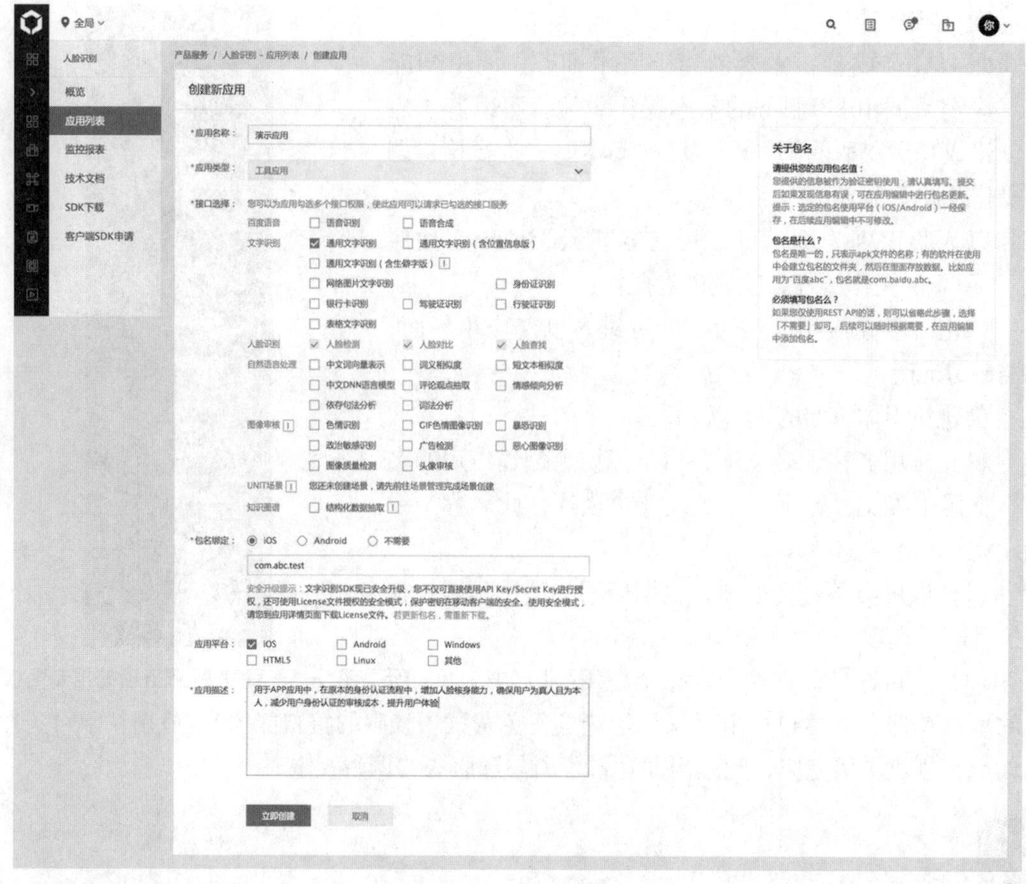

图 5-3　创建应用

（4）应用平台。选填项，选择此应用适用的平台，可多选（本章案例均为Windows）。

（5）应用描述。必填项，对此应用的业务场景进行描述。

以上内容根据需要填写完毕后，即可单击“立即创建”按钮，完成应用的创建。应用创建完毕后，可以单击左侧导航中的“应用列表”按钮，进行应用列表查看，如图5-4所示。

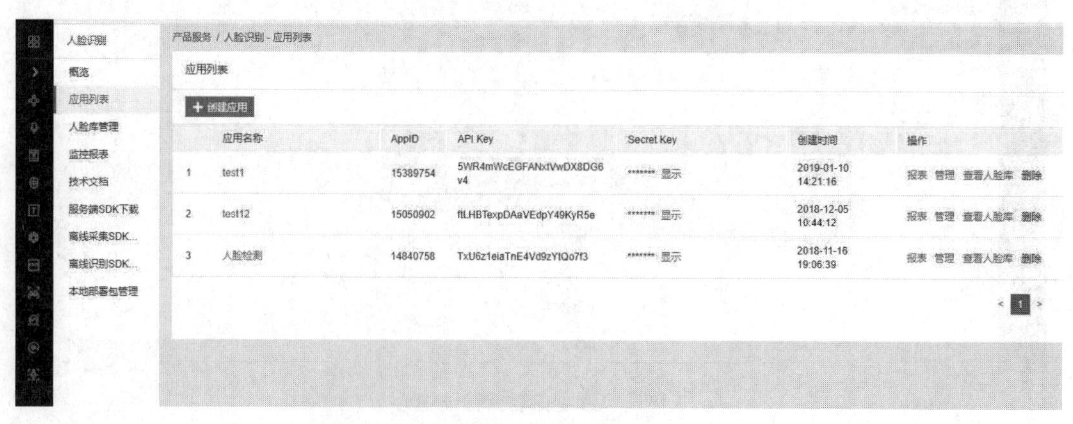

图 5-4　查看应用列表

每项服务最多创建100个应用，同一账号下，每项服务都有一定的请求限额，该限额对所有应用共享。每项服务的请求限额可以在该服务控制台的概览页查看，通常包含每天调用量请求限额与QPS（每秒查询率，并发处理能力）。

3）获取密钥

创建完毕，平台将会分配给用户此应用的相关凭证，主要为AppID、API Key、Secret Key。以上三个信息是用户应用实际开发的主要凭证，每个应用之间各不相同，请妥善保管。图5-5所示为示例内容。

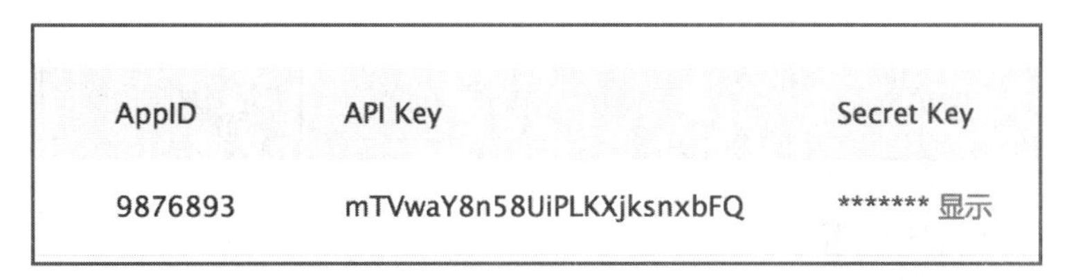

AppID
API Key
Secret Key
9876893
mTVwaY8n58UiPLKXjksnxbFQ
******* 显示

图 5-5 应用开发的主要凭证示例

2. API和SDK的概念

目前百度AI产品主要有两种方式：API与SDK。

API（Application Programming Interface，应用程序编程接口）是一些预先定义的函数，目的是提供应用程序与开发人员基于某软件或硬件得以访问一组例程的能力，而又无须访问源码，或理解内部工作机制的细节。

SDK（Software Development Kit，软件开发工具包）一般都是一些软件工程师为特定的软件包、软件框架、硬件平台、操作系统等建立应用软件时的开发工具的集合。广义上指辅助开发某一类软件的相关文档、范例和工具的集合。为了鼓励开发者使用其系统或者语言，许多SDK是免费提供的。

SDK和API都是类似于公共服务的东西，都代表的是一种封装，只是封装的形式不同。

API是封装在服务端层面的library，从网络服务的层面暴露出一些API接口，提供给使用这些服务的人去调用。因为封装在服务的层面，传输数据用的是网络协议（常用HTTP/TCP），而用什么语言实现的则不重要。

SDK的封装是在客户端层面的一个library（也称“包”或者“库”），这个library提供一些客户端API接口，类似于已经写好的函数，只需要调用即可。SDK暴露出来的接口都是和语言相关的，如果SDK是用Java写的，就需要用Java去调用那个函数；如果SDK是用Pyhton写的，就需要用Python去调用那个函数。可以把SDK看成是API的集合，是对API的再次封装。

本章案例均采用SDK方式，利用Python语言实现。

3. 开发资源——文档中心

应用百度AI开放平台，一定要学会利用其提供的“开发资源”（见图5-6），特别是其中的“文档中心”。根据需要选择相应产品的文档，然后查看具体使用方法及参数说明。上述的接入流程在文档中心的“新手指南”中即可找到。

例如查看本案例的相关文档，可单击百度AI官网http://ai.baidu.com/ 导航条的“开发资源”中的“文档中心”，选择“产品与服务”列表中的“视觉技术”类别中的“人脸识别”，展开“文档目录”中的“Http SDK文档-V3”类，单击“Python语言”（见图5-7），可以查看人脸识别的相关文档。

图 5-6　百度 AI 开发资源列表

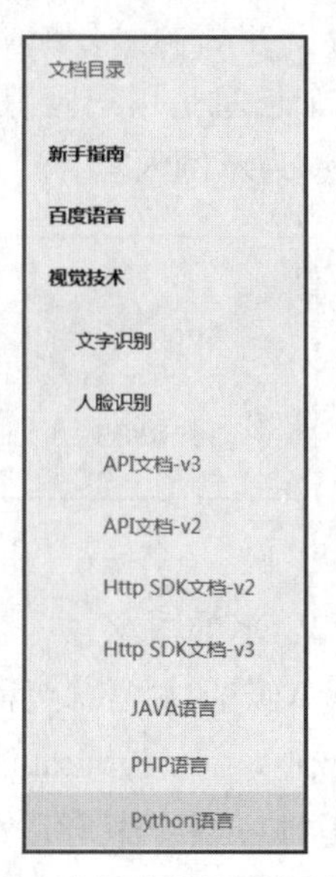

图 5-7　查看人脸识别文档目录

4. 安装百度AI的Python SDK

根据文档说明（见图5-8），首先要安装百度AI 的Python SDK，才能利用Python语言采用SDK方法使用百度AI提供的产品服务。

安装使用Python SDK有如下方式：

- 如果已安装pip，执行 `pip install baidu-aip` 即可。
- 如果已安装setuptools，执行 `python setup.py install` 即可。

图 5-8　安装百度 AI 的 Python SDK

可见，如果已安装pip，在DOS命令行执行以下命令即可安装百度AI 的Python SDK包。注意：若提示要升级pip，请按提示先升级pip，再重新安装baidu-aip。

```
pip install baidu-aip
```

安装成功后可以在当前用户目录下查看到安装的aip目录，其中face.py就是人脸识别的相关模块，还包括图像识别（imageclassify.py）、文字识别（ocr.py）、语音识别（speech.py）和自然语言处理（nlp.py）等其他模块（见图5-9）。

5. 查看监控报表

程序开发运行后，可以通过Baidu AI的控制台查看监控报表。选择应用、API、时间段后，可以看到调用成功的次数和调用失败的原因，如图5-10所示。

```
(base) C:\Users\zyh>cd aip

(base) C:\Users\zyh\aip>dir
 驱动器 C 中的卷是 系统
 卷的序列号是 000A-C1E0

 C:\Users\zyh\aip 的目录

2017/12/28  13:45    <DIR>          .
2017/12/28  13:45    <DIR>          ..
2017/12/28  13:45             7,535 base.py
2017/12/28  13:45             5,228 face.py
2017/12/28  13:45             3,067 imagecensor.py
2017/12/28  13:45             3,732 imageclassify.py
2017/12/28  13:45             4,951 imagesearch.py
2017/12/28  13:45             2,617 kg.py
2017/12/28  13:45             4,153 nlp.py
2017/12/28  13:45             7,968 ocr.py
2017/12/28  13:45             2,108 speech.py
2017/12/28  13:45               298 __init__.py
              10 个文件         41,657 字节
               2 个目录 50,454,208,512 可用字节

(base) C:\Users\zyh\aip>
```

图 5-9　安装后的百度 AI　aip 目录结构

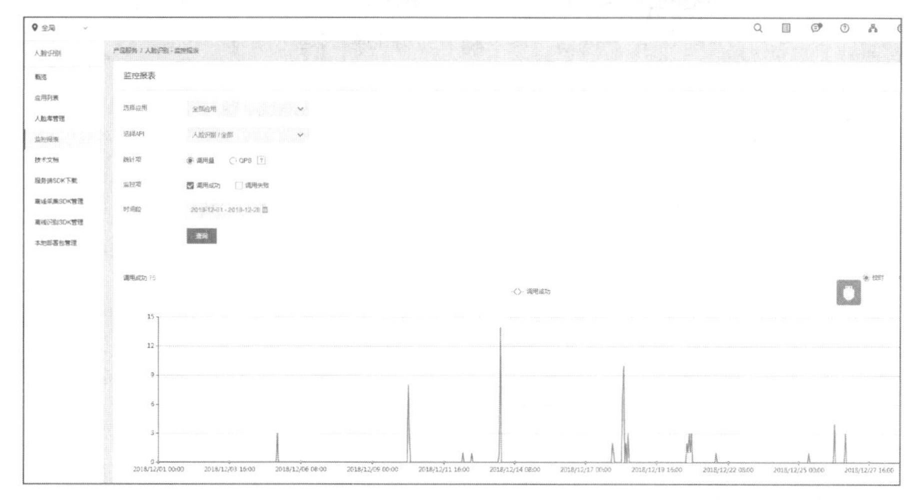

图 5-10　查看监控报表

5.1.3　分析问题

在百度AI官网的“产品服务”中的“人脸与人体识别”中，有一项“人脸检测与属性分析”服务，其功能介绍为检测图中的人脸，并为人脸标记出边框。检测出人脸后，可对人脸进行分析，获得眼、口、鼻轮廓等72个关键点，定位准确，识别多种人脸属性，如性别、年龄、表情等信息。应用场景有智能相册分类、人脸美颜、线上互动娱乐营销。查看文档中心，在人脸属性返回值中有“beauty”：美丑打分，范围为0 ~ 100，越大表示越美。

可利用百度AI的“人脸检测”服务解决提出的问题：不仅能进行颜值打分，还能检测给定图片中的所有人脸，并为人脸标记出边框（见图5-11）。还能识别多种人脸属性，如性别、年龄、颜值打分、有没有戴眼镜等信息。

5.1.4　子任务1：新建AipFace

AipFace是人脸识别的Python SDK客户端，为使用人脸识别的开发人员提供了一系列交互方法，文档说明如图5-12所示。

图 5-11　人脸检测及颜值打分的案例运行结果

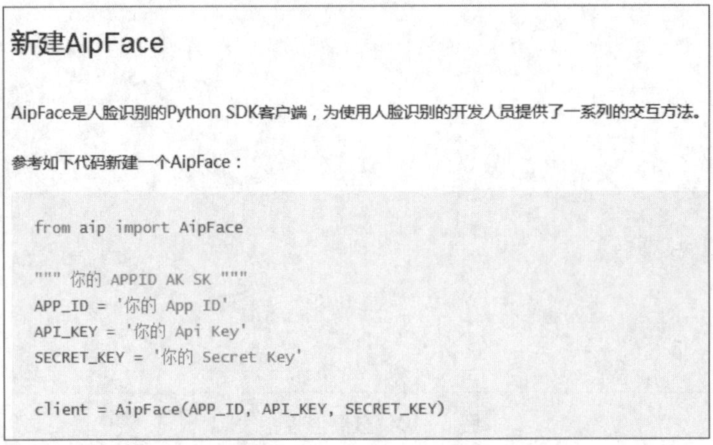

新建AipFace

AipFace是人脸识别的Python SDK客户端，为使用人脸识别的开发人员提供了一系列的交互方法。

参考如下代码新建一个AipFace：

```
from aip import AipFace

""" 你的 APPID AK SK """
APP_ID = '你的 App ID'
API_KEY = '你的 Api Key'
SECRET_KEY = '你的 Secret Key'

client = AipFace(APP_ID, API_KEY, SECRET_KEY)
```

图 5-12　新建 AipFace

在图5-12所示的代码中，常量APP_ID在百度云控制台中创建，常量API_KEY与SECRET_KEY是在创建完毕应用后，系统分配给用户的，均为字符串，用于标识用户，为访问做签名验证，可在AI服务控制台中的应用列表中查看。

新建文件05-01-facedetect.py，将上述文档中的示例代码复制到05-01-facedetect.py中，将其中APP_ID 、API Key及Secret Key的值改为自己创建应用时，百度AI系统分配的相应值。例如：

```
from aip import AipFace
APP_ID='14840758'
API_KEY='TxU6z1eiaTnE4Vd9zYtQo7f3'
SECRET_KEY='buDs8BaVggX4evdoQGPVLeR8oQDEnYvh'
client=AipFace(APP_ID,API_KEY,SECRET_KEY)
```

5.1.5 子任务2：读取待检测的图片文件

本案例中的输入是一张待检测的图片文件3.jpg，假设其放在当前程序文件所在目录的下一级目录face_rec中。首先要打开并读取要检测的图片文件，注意要用读二进制的模式“rb”打开，代码如下：

```
filename='./face_rec/3.jpg'
fo=open(filename,'rb')
image=fo.read()
fo.close()
```

其中图片文件的路径采用的是相对路径，“.”表示当前路径。

5.1.6 子任务3：调用人脸检测功能

使用百度AI的每项服务，一定要查看文档中最重要的说明——接口说明，一方面分析调用时所需要的请求参数，一方面要分析调用后的返回参数。

按文档接口说明（见图5-13），人脸检测有两种调用方法：不带可选参数、带可选参数。

图 5-13　人脸检测接口

根据请求参数的说明（见图5-14），不带请求参数'max_face_num'，最多处理人脸的数目，默认值为1，仅检测图片中面积最大的那个人脸，而本案例要求可以检测一张图片中的多个人脸，所以要带该参数，并设置值为最大值10。

根据返回参数的说明（见图5-15），本案例要求的年龄（age）、颜值（beauty）和性别（gender）都必须在请求参数'face_field'中包含时才返回。

人脸检测 请求参数详情

参数名称	是否必选	类型	默认值	说明
image	是	string		图片信息(**总数据大小应小于10M**)，图片上传方式根据image_type来判断
image_type	是	string		图片类型 **BASE64**:图片的base64值，base64编码后的图片数据，需urlencode，编码后的图片大小不超过2M；**URL**:图片的 URL地址(可能由于网络等原因导致下载图片时间过长)；**FACE_TOKEN**: 人脸图片的唯一标识，调用人脸检测接口时，会为每个人脸图片赋予一个唯一的FACE_TOKEN，同一张图片多次检测得到的FACE_TOKEN是同一个
face_field	否	string		包括**age,beauty,expression,faceshape,gender,glasses,landmark,race,quality,facetype信息** 逗号分隔. 默认只返回face_token、人脸框、概率和旋转角度
max_face_num	否	string	1	最多处理人脸的数目，默认值为1，仅检测图片中面积最大的那个人脸；**最大值10**，检测图片中面积最大的几张人脸。
face_type	否	string		人脸的类型 **LIVE**表示生活照：通常为手机、相机拍摄的人像图片、或从网络获取的人像图片等**IDCARD**表示身份证芯片照：二代身份证内置芯片中的人像照片 **WATERMARK**表示带水印证件照：一般为带水印的小图，如公安网小图 **CERT**表示证件照片：如拍摄的身份证、工卡、护照、学生证等证件图片 默认**LIVE**

图 5–14　人脸检测请求参数详情

人脸检测 返回数据参数详情

字段	必选	类型	说明
face_num	是	int	检测到的图片中的人脸数量
face_list	是	array	人脸信息列表，具体包含的参数参考下面的列表。
+face_token	是	string	人脸图片的唯一标识
+location	是	array	人脸在图片中的位置
++left	是	double	人脸区域离左边界的距离
++top	是	double	人脸区域离上边界的距离
++width	是	double	人脸区域的宽度
++height	是	double	人脸区域的高度
++rotation	是	int64	人脸框相对于竖直方向的顺时针旋转角，[-180,180]
+face_probability	是	double	人脸置信度，范围【0~1】，代表这是一张人脸的概率，0最小、1最大。
+angel	是	array	人脸旋转角度参数
++yaw	是	double	三维旋转之左右旋转角[-90(左), 90(右)]
++pitch	是	double	三维旋转之俯仰角度[-90(上), 90(下)]
++roll	是	double	平面内旋转角[-180(逆时针), 180(顺时针)]
+age	否	double	年龄 ，当**face_field包含age时返回**
+beauty	否	int64	美丑打分，范围0-100，越大表示越美。当**face_fields包含beauty时返回**

图 5–15　人脸检测返回数据参数详情

根据本案例要实现的功能，应该带可选请求参数调用。

将文档说明示例中的带可选参数调用的代码复制到前述代码后，修改可选请求参数option（字典类型）的相应键值：键“face_field”的值包括“glasses”表示返回是否戴眼镜键，“face_type”（人脸的类型）的值包含“ LIVE”表示生活照。

根据文档说明，必选请求参数image为string字符串类型，代表图片信息（总数据大小应小于10 MB），图片上传方式根据image_type来判断。图片类型 BASE64：图片的base64值，base64编码后的图片数据，编码后的图片大小不超过2 MB。

要把前述二进制图片编码转换成base64字符串后才能调用人脸检测功能。base64是一种编码方式，用64个字符来表示二进制数据，在Python中，直接引进base64模块，用base64.b64encode()将二进制串转为base64编码格式的字符串，再用str函数将base64编码格式转换成utf-8编码格式。请自行在代码前部增加一行代码：

```
import base64
```

然后在前述代码后增加如下代码：

```
image=str(base64.b64encode(image),'utf-8')
image_type='BASE64'
options={}
options['face_field']="age,gender,beauty,glasses"
options['max_face_num']=10
options["face_type"]="LIVE"
result=client.detect(image,image_type,options)
```

5.1.7 子任务4：简单输出结果

根据文档中的人脸检测返回参数说明和示例（见图5-16），可以看出人脸检测的结果存储在一个花括号的字典中，数据表示为键值对，数据间由逗号分隔，数据中又嵌套花括号（字典）和中括号（列表），这是复杂的高维数据的一种表达和存储格式——JSON格式（JavaScript Object Notation, JS 对象简谱）。相对于XML格式（以标签为特征），简洁和清晰的层次结构使得 JSON 成为理想的广泛使用的数据交换语言，易于人们阅读和编写。要输出访问JSON格式的数据，按字典中嵌套字典或列表处理，字典用键值对访问，列表用中括号访问，注意层次结构。

可以用如下代码输出整个结果中的数据：

```
print(result)
```

控制台显示输出如下：


```
{'error_code':0,'error_msg':'SUCCESS','log_id':744193214720693341,
'timestamp':1561472069,'cached':0,'result':{'face_num':3,'face_list':[{'face_
token':'6047dba3491ac9745aac154a4c4de0ed','location':{'left':566.04,'top':
239.7,'width':171,'height':174,'rotation':0},'face_probability':1,'angle':
{'yaw':1.09,'pitch':12.88,'roll':-2.88},'age':30,'gender':{'type':'male','probability':
1},'beauty':41.45,'glasses':{'type':'common','probability':1}},{'face_token':
'b4b941587afa690dbc49a992c780a598','location':{'left':843.31,'top':
```

```
310.67,'width':176,'height':163,'rotation':3},'face_probability':1,'angle':
{'yaw':-2.89,'pitch':8.13,'roll': 1.06},'age':7,'gender':{'type':'male','probability':
0.94},'beauty':38.28,'glasses':{'type':'none','probability':1}},{'face_token':
'8f43b0b4ef2891a2ce0499dcaf5d0e12','location':{'left':291.84,'top':585.31,'
width':155,'height':135,'rotation':25},'face_probability':0.93,'angle':{'yaw':
-21.6,'pitch':2.03,'roll':24.46},'age':3,'gender':{'type':'female','probability':
0.76},'beauty':32.92,'glasses':{'type':'none','probability':1}}]}}
```


人脸检测 返回示例


```
{
  "face_num": 1,
  "face_list": [
      {
          "face_token": "35235asfas21421fakghktyfdgh68bio",
          "location": {
              "left": 117,
              "top": 131,
              "width": 172,
              "height": 170,
              "rotation": 4
          },
          "face_probability": 1,
          "angle" :{
               "yaw" : -0.34859421849251
               "pitch" 1.9135693311691
               "roll" :2.3033397197723
          }
          "landmark": [
              {
                  "x": 161.74819946289,
                  "y": 163.30244445801
              },
              ...
          ],
          "landmark72": [
              {
                  "x": 115.86531066895,
                  "y": 170.0546875
              },
              ...
          ],
```


图 5-16 文档中心人脸检测返回示例

此结果对于一般用户很难理解，下面就提取用户需要的信息，以可阅读的方式显示输出。

首先用户不知道结果检测的是哪张图片，用第2章介绍的PIL库中的Image模块可简单显示该图片。用下面的代码先导入该模块：

```
from PIL import Image
```

然后打开和显示该图片：

```
img=Image.open(filename)
img.show()
```

从返回示例和上面的运行结果中，可以看出检测结果放在result字典result键的facelist键值中，而facelist键值又是个列表，列表元素的个数就是检测到的人脸个数（此例中为3），每个列表元素又是字典，包含所需要的人脸属性键：age、gender、beauty和glasses。

那么要输出第1个人的年龄，则代码如下：

```
print(result['result']['face_list'][0] ['age'])
```

结果为30。

要输出第2个人的性别，则代码如下：

```
print(result['result']['face_list'][1] ['gender'])
```

结果为{'type': 'male', 'probability': 0.94}。

结果又是字典，其中的键'type'的值为'female'，并不是预期的，可以通过if判断将其转换成汉字“女”，否则为“男”。

要输出第2个人是否带眼镜，则代码如下：

```
print(result['result']['face_list'][1] ['glasses'])
结果为：{'type': 'none', 'probability': 1}
```

结果也是字典，其中的键'type'的值为'none'，也不是预期的，也可以通过if判断将其转换成汉字“没戴眼镜”，否则为“戴眼镜”。

如何将所有检测到的人脸属性输出？（此例中为3），可以用for循环迭代result['result']['face_list']列表，输出每个检测到的人脸属性。循环体内，对于每个人脸提取所需要的信息，又是采用键值对的方式，注意层次结构。其中性别和是否戴眼镜的值不是预期的，先要通过判断转换一下，将上述输出结果的代码修改如下：

```
for face in result['result']['face_list']:
    if face['gender']['type']=='male':
        gender="男"
    else:
        gender="女"
    age=face['age']
    beauty=face['beauty']
    if face['glasses']['type']=='none':
        glasses="没戴眼镜"
    else:
```

```
        glasses="戴眼镜"

    print("性别："+gender)
    print("年龄："+str(age))
    print("颜值："+str(beauty) )
    print(glasses+"\n")
```

运行上述程序，结果调用Windows照片查看器显示检测的图片，每个人脸的属性信息则在控制台中输出，如图5-17所示。

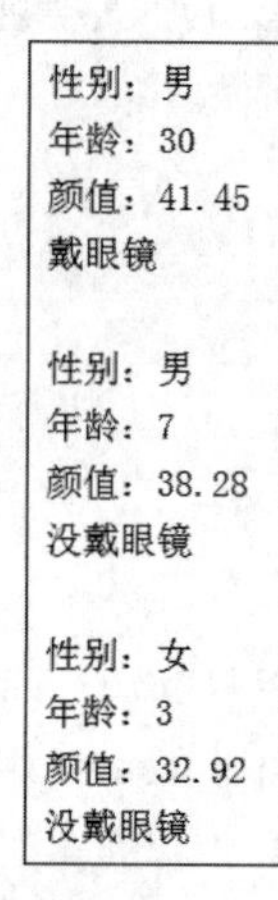

性别：男
年龄：30
颜值：41.45
戴眼镜
性别：男
年龄：7
颜值：38.28
没戴眼镜
性别：女
年龄：3
颜值：32.92
没戴眼镜

图 5-17　人脸检测控制台输出

上述图片和文本结果分开输出的方法不直观，且文本结果和多个人脸无法对应。

5.1.8　子任务5：改进输出

对上述输出结果进行两项改进：

(1) 直接在图片中标记出检测到的人脸边框。

(2) 直接将文本结果写在图片中。

这两个功能要求创建一个新的图像，可以使用PIL库中的ImageDraw模块。它提供了对图像对象的简单2D绘制，用户可以使用这个模块创建新的图像，注释或润饰已存在的图像。若在图像中添加中文文字，需要加载中文字库，可以使用PIL库中的ImageFont模块，所以程序要导入ImageDraw和ImageFont，代码如下：

```
from PIL import Image,ImageDraw,ImageFont
```

源代码中用Image.open打开待检测图片后先不显示出来，要创建一个可以在给定图像上绘图的对象，并加载中文字库，代码如下：

```
draw=ImageDraw.Draw(img)
ttfont=ImageFont.truetype("C:/WINDOWS/Fonts/SIMYOU.TTF",12)
```

在可修改图像中画矩形的语法格式如下：

```
可修改图像对象 .rectangle([x1,y1,x2,y2],options)
```

说明：在给定区域内画一个矩形，(x1, y1)表示矩形左上角坐标值，(x2, y2)表示矩形右下角坐标值，options选项中fill选项将多边形区域用指定颜色填满，outline选项只用指定颜色描出区域轮廓，示例如下：

```
draw.rectangle((200,200,500,500),outline="red")
draw.rectangle((250,300,450,400),fill=128)
```

在可修改图像中添加文字的语法格式如下：

```
可修改图像对象 .text(position,string,options)
```

position是一个二元元组，指定字符串左上角坐标；string是要写入的字符串；options选项可以为fill或者font。其中fill指定字的颜色，font指定字体与字的尺寸，font必须为ImageFont中指定的font类型。示例如下：

```
text="I love Python!"
draw.text([300,350],text,"red")
```

所以在遍历人脸结果的循环体内，if语句后要通过结果中的location键中的left、top、width和height键值，计算出人脸矩形的左上角和右下角的坐标以及文字的位置（人脸框右上角外）。代码如下：

```
x1=face['location']['left']
y1=face['location']['top']
x2=x1+face['location']['width']
y2=y1+face['location']['height']
draw.rectangle((x1,y1,x2,y2),outline="blue")

x=x2+5
draw.text([x,y1],"性别："+gender,"white",font=ttfont)
draw.text([x,y1+15],"年龄："+str(age),"white",font=ttfont)
draw.text([x,y1+30],"颜值："+ str(beauty),"white",font=ttfont)
draw.text([x,y1+45],glasses,"white",font=ttfont)
```

两个功能都完成后，最后再显示修改后的新图像即可，代码如下：

```
img.show()
```

5.1.9 思考与练习

若待检测图片无人脸，上述代码会出错，请完善程序，在图片上显示“未检测到人脸”。

5.2 人脸对比

5.2.1 提出问题

在old文件夹和new文件夹中分别有一些照片，有些是同一个人不同时期的照片，或者不同装扮的照片，或者整容前后的照片等。现要将所有相似度较高的可能是同一人的图片名称和相似度显示出来，并将对应的图片显示出来，如图5-18和图5-19所示为部分运行结果。

```
0.jpg364.jpg 应该是同一个人，相似得分： 77.0455246
1.jpg254.jpg 应该是同一个人，相似得分： 91.21438599
10.jpg745.jpg 应该是同一个人，相似得分： 93.07107544
11.jpg894.jpg 应该是同一个人，相似得分： 93.25885773
13.jpg191.jpg 应该是同一个人，相似得分： 92.47035217
14.jpg590.jpg 应该是同一个人，相似得分： 86.14246368
18.jpg673.jpg 应该是同一个人，相似得分： 96.71213531
2.jpg527.jpg 应该是同一个人，相似得分： 76.86136627
3.jpg123.jpg 应该是同一个人，相似得分： 88.45156097
5.jpg504.jpg 应该是同一个人，相似得分： 96.3383255
7.jpg928.jpg 应该是同一个人，相似得分： 78.03926086
9.jpg24.jpg 应该是同一个人，相似得分： 82.78190613
```

图 5-18　人脸对比案例控制台结果

图 5-19　人脸对比案例运行的部分结果

5.2.2 预备知识

1. Python OS模块

OS（Operating System）模块包含了普遍的操作系统功能，提供了非常丰富的方法用来处理文件和目录。该模块是Python的标准模块，使用时要先导入模块。

其中os.listdir(path)方法可获得指定目录（path）下的所有文件或者文件夹的名称，结果为得到的名称列表。

在old、new所在的目录下，执行如下命令：

```
import os
result=os.listdir('./old')
print(result)
```

结果如下：

```
['0.jpg','1.jpg','10.jpg','11.jpg','12.jpg','13.jpg','14.
jpg','15.jpg','16.jpg','17.jpg','18.jpg','2.jpg','3.jpg',
'4.jpg','5.jpg','6.jpg','7.jpg','8.jpg','9.jpg']
```

可见，result为old目录下所有文件的完整名称的列表。

5.2.3 分析问题

查询百度AI文档中心可知，产品服务“人脸对比”的接口能力和业务应用如下：

1. 接口能力

（1）两张人脸图片相似度对比。比对两张图片中人脸的相似度，并返回相似度分值。

（2）多种图片类型。支持生活照、证件照、身份证芯片照、带网纹照四种类型的人脸对比。

2. 业务应用

（1）用于比对多张图片中的人脸相似度并返回两两比对的得分，可用于判断两张脸是否是同一人的可能性大小。

（2）典型应用场景。如人证合一验证、用户认证等，可将输入的人脸和现有的人脸库进行比对验证。

所以，利用百度AI提供的“人脸识别”中的“人脸对比”服务，能够解决上述提出的问题。

5.2.4 子任务1：两张图片的对比

首先将old文件夹中的0.jpg图片和new文件夹中的24.jpg图片进行对比。

新建文件05-02-facematch.py，和5.1节“人脸检测及颜值打分”相同，人脸对比首先也应导入相应的库，新建AipFace。代码如下：

```
#人脸比对
from aip import AipFace
import base64
#定义常量，初始化AipFace对象
APP_ID='11581521'
API_KEY='akRSqASqaSR38Gfuc9bGj1Vw'
SECRET_KEY='b8blG1mddol4wNRXmENUHSzQp6GIlApc'
client=AipFace(APP_ID,API_KEY,SECRET_KEY)
```

查询百度AI文档中心，两张图片的对比调用方法如图5-20所示。其中，请求参数“image”和“image_type”要求与人脸检测中的用法相同。

```
result = client.match([
    {
        'image': base64.b64encode(open('1.jpg', 'rb').read()),
        'image_type': 'BASE64',
    },
    {
        'image': base64.b64encode(open('2.jpg', 'rb').read()),
        'image_type': 'BASE64',
    }
])
```

图 5-20　文档中心人脸对比调用示例

将图5-20百度AI文档中心人脸对比的调用示例代码复制到05-02-facematch.py中，将其中的两张示例图片的文件名替换成本案例的要求。对于 'image' 键值，还要用str函数将其编码转换成 'utf-8' 格式。代码如下：

```
    result=client.match([
    {
        'image': str(base64.b64encode(open('./old/0.jpg','rb').
read()),'utf-8'),
        'image_type': 'BASE64',
    },
    {
      'image': str(base64.b64encode(open('./new/24.jpg','rb').
read()),'utf-8'),
      'image_type': 'BASE64',
     }
    ])
```

在此子任务中，暂且输出两张图片对比的所有结果信息，代码如下：

```
    print(result)
```

程序运行结果如下：

```
    {'error_code': 0,'error_msg': 'SUCCESS','log_id':
744193257494694731,'timestamp': 1545749469,'cached': 0,'result':
{'score': 43.26077271,'face_list': [{'face_token': '25aacf411e62167f6e
e9b0f5a8a5f834'},{'face_token': 'fe551ced752465344987013e5817cdae'}]}}
```

5.2.5　子任务2：一张图片和一个文件夹中所有图片的对比

下面对子任务1进行改进，将old文件夹中的0.jpg图片和new文件夹中的所有图片进行

对比，找到可能和0.jpg是同一个人的图片，显示它们的相似度和前后两张图片。

现在要解决的是如何获得new文件夹下的所有图片文件，利用 os.listdir()方法即可。

所以，在子任务1调用人脸对比代码前增加以下3行代码：

```
import os
searchimageList=os.listdir('./new')
print(searchimageList)
```

然后运行程序，可见searchimageList的值如下：

```
['123.jpg','160.jpg','191.jpg','24.jpg','254.jpg','272.jpg',
'364.jpg','395.jpg','504.jpg','527.jpg','567.jpg','590.jpg','606.
jpg','673.jpg','745.jpg','771.jpg','894.jpg','905.jpg','928.jpg']
```

searchimageList得到的就是new文件夹中所有图片的文件名，可以用for循环取出每个文件名，和old文件夹中的0.jpg图片进行对比。将子任务1调用人脸对比和输出的代码作为循环体放在for循环内，然后根据得到的文件名，修改第2张图片的参数即可。代码如下：

```
for simg in searchimageList:
    result=client.match([
        {
        'image': str(base64.b64encode(open('./old/0.jpg','rb').
read()),'utf-8'),
        'image_type': 'BASE64',
    },
    {
        'image': str(base64.b64encode(open('./new/'+simg,'rb').
read()),'utf-8'),
        'image_type': 'BASE64',
      }
     ])
    print(result)
```

注意，可将前面测试用代码print(searchimageList)删除，simg得到的只是文件名，所以调用时，要用运算符“+”和路径进行连接，如'./new/' +simg，才能找到相应文件并打开。

运行上述程序发现，结果中有的调用成功，有的显示：

```
{'error_code': 18, 'error_msg': 'Open api qps request limit reached'}
```

该信息说明调用api时，超过了qps的限制。因为new文件夹中的图片较多，每秒循环调用人脸对比的次数太多，系统不能并发处理。

此时可以导入time模块：

```
import time
```

然后在循环内，调用人脸对比前，利用sleep()方法，可通过参数指定秒数，表示进程挂起的时间，例如让程序休眠0.5 s，避免短时间内调用次数太多，超过qps限制。代码如下：

```
time.sleep(0.5)
```

运行上述程序得到的结果很多，new中有19张图片，就有19个结果。现在只要显示和0.jpg可能是同一个人的图片信息，就要判断相似度，相似度越高，可能性越大，这里以大于等于75分作为判断界限。

查询百度AI文档中心，人脸对比的返回参数说明如图5-21所示。

参数名	必选	类型	说明
score	是	float	人脸相似度得分
face_list	是	array	人脸信息列表
+face_token	是	string	人脸的唯一标志

图 5-21　文档中心的人脸对比返回参数说明

返回示例如图5-22所示。

```
{
    "score": 44.3,
    "face_list": [  //返回的顺序与传入的顺序保持一致
        {
            "face_token": "fid1"
        },
        {
            "face_token": "fid2"
        }
    ]
}
```

图 5-22　文档中心的人脸对比返回示例

结合程序运行结果，“人脸相似度得分”的值保存在result["result"]["score"]中，利用if判断其大于等于75，则输出两张图片的信息（文件名及图像）和相似度得分。代码如下：

```
if result['result']['score']>=75:
   print('0.jpg和'+simg, '应该是同一个人，相似度得分：', result['result']
['score'])
   Image.open('./old/0.jpg' ).show()
   Image.open('./new/' + simg).show()
```

注意：要显示图片，就要导入PIL库中的Image模块，请在合适位置添加如下代码：

```
from PIL import Image
```

修改后的程序运行后，控制台结果如下：

```
0.jpg和364.jpg 应该是同一个人，相似度得分：77.0455246
```

显示的是同一个人的两张图片，如图5-23所示。

图5-23 子任务2运行显示同一个人的两张图片

5.2.6 子任务3：两个文件夹中所有图片的对比

下面对子任务2再进行改进，将old文件夹中的所有图片和new文件夹中的所有图片进行对比，将可能是同一个人的所有图片找到，显示它们的相似度和前后两张图片。

和获得new文件夹下的所有图片文件名称一样，首先也要利用os.listdir()方法获得old文件夹下的所有图片名称列表。

再同样利用for循环取出列表中的每个图片文件，和子任务2中new文件夹中的每个文件进行对比，显然是个嵌套的双循环，请自行修改子任务2的代码（调用人脸对比的图片1的信息和显示图片1的代码也要做相应修改）。完整代码如下：

```
#人脸对比
from PIL import Image
from aip import AipFace
import base64,os,time

#定义常量,初始化AipFace对象
APP_ID='11581521'
API_KEY='akRSqASqaSR38Gfuc9bGj1Vw'
SECRET_KEY='b8blG1mddol4wNRXmENUHSzQp6GIlApc'
client=AipFace(APP_ID,API_KEY,SECRET_KEY)

#分别获得2个文件夹中的图片文件名称
orginimageList=os.listdir('./old')
searchimageList=os.listdir('./new')

#双重迭代2个文件夹的文件
```

```
for oimg in orginimageList:
  for simg in searchimageList:
    time.sleep(0.5)
    #调用人脸对比
    result=client.match([
      {
      'image':str(base64.b64encode(open('./old/'+oimg, 'rb').
      read()),'utf-8'),
      'image_type': 'BASE64',
      },
      {
      'image': str(base64.b64encode(open('./new/'+simg, 'rb').
      read()),'utf-8'),
      'image_type': 'BASE64',
      }
    ])

      #相似度较高，输出相应结果
      if result['result']['score']>=75:
        print( oimg+simg,'应该是同一个人，相似度得分：',result['result']
        ['score'])
        Image.open('./old/'+oimg).show()
        Image.open('./new/'+simg).show()
```

5.2.7 思考与练习

（1）子任务3完成的程序最后共对比了多少次图片？请修改程序进行统计。

（2）若没有找到同一个人的两张照片，出现什么结果？请完善该程序。

本章小结

本章通过人脸检测和人脸对比的两个案例，体验了人工智能在人脸识别方面的简单应用。其中介绍了如何应用百度AI提供的产品服务，实现应用开发的一般方法和步骤。

通过查看百度AI提供的文档中心，用户可以了解如何调用相应的接口，如何对返回数据进行解析，从而可以实现其他AI方面（如图像识别、图像审核、语音识别、语音合成、自然语音处理等）的简单应用。

课后习题

一、选择题

1. 人脸识别属于百度 AI 应用中的（　　）类。

A. 百度语音　　B. 视觉技术　　C. 自然语音　　D. 知识图谱

2．“能检测图中的人脸并为人脸标记出边框，还能识别多种人脸属性的服务是（　　）。

A. 人脸检测　　B. 人脸对比　　C. 人脸搜索　　D. 人脸库管理

二、填空题

1. 目前百度 AI 产品主要有两种方式：API 与________。

2. 百度 AI 开放平台接入流程中，在账号注册登录成功后，需要创建________才可正式调用 AI 能力。

3. ________、________、________三个信息是百度 AI 平台为用户的应用实际开发的主要凭证。

4．安装百度 Python SDK，执行 pip install________。

5．________是人脸识别的 Python SDK 客户端，为使用人脸识别的开发人员提供了一系列的交互方法。

6．人脸检测最多处理人脸的数目，默认值为 1，仅检测图片中的________那个人脸。

7．调用人脸检测方法用 client.________。

8．调用人脸对比方法用 client.________。

三、编程题

1．用手机拍照一本书中的 5 页内容，利用百度 AI 的文字识别功能，将其文字识别后按顺序存入一个文本文件中。

2．思考一个百度 AI 应用场景，然后编程实现（请将问题描述以注释方式放入程序代码前）。

第6章 人工智能之机器学习

机器学习与人类思考的经验过程类似，相较于人类，它能考虑更多的情况，执行更加复杂的计算。机器学习的一个主要目的就是把人类思考、归纳经验的过程转化为计算机通过对数据的处理得出模型的过程。如果想让计算机工作，我们可以给它一组指令，然后它按照这个指令逐步执行下去。机器学习不是接受你输入的指令，它是一种让计算机利用数据而不是指令进行工作的方法，机器学习方法是计算机利用已有的数据（经验）通过训练得出模型，并用测试数据对该模型进行评估，如果性能达到所需要求，则用该模型来测试其他数据；如果达不到要求就要调整算法重新建模并再次进行评估，直至最终构建出满意的模型来处理其他数据为止。

在机器学习中，最常见的问题是分类（Classification）问题，很多应用都可以从分类问题演变而来，也有很多问题也都可以转化成分类的问题。其中二分类是机器学习要解决的最基本的问题，该问题只有两个选项，目的是将数据分成两类，如垃圾邮件、性别的判断等问题都是二分类问题。多分类问题是二分类问题的逻辑扩展，可以将数据分成多个类别，如大家关心的年终绩效考核分为（A、B、C、D）多种级别，在观看电视节目时，每个节目都会对应一个类别，如电视剧、电影、综艺、体育、新闻等不同频道。为了使大家能更容易地接受和理解机器学习，本章主要以鸢尾花卉分类为例对机器学习中的二分类问题进行介绍。

6.1 提出问题

鸢尾是一种多年生草本植物，鸢尾花可供观赏，花清香淡雅，具有很好的观赏性，可以调制香水，其根状茎可作中药，具有消炎作用。鸢尾花共有数百种之多，原产于我

国中部及日本，主要分布在我国中南部，这种花主要由萼片（呈两轮排列）和花瓣组成，如图6-1所示。

图 6-1 鸢尾花

现在要解决的分类问题是：当看到一株新的鸢尾花时，能否根据萼片及花瓣的大小成功预测新鸢尾花的品种？为此，我们选取两种属性特征较为接近的鸢尾花卉进行分类：维吉尼亚鸢尾和变色鸢尾。

数据样本从1936年R. A. Fisher收集整理的数据集中选取，其中维吉尼亚鸢尾和变色鸢尾各50组数据，每组数据为一个四维变量数据，每一分量分别代表萼片长、花瓣长、花瓣宽和鸢尾花种类，该样本数据也可以从加利福尼亚大学欧文分校的机器学习库中进行下载（网址为http://archive.ics.uci.edu/ml）。选取的样本数据形式如下：

6.4, 5.5, 1.8, Iris-virginica

6.0, 4.8, 1.8, Iris-virginica

5.6, 3.6, 1.3, Iris-versicolor

6.7, 4.4, 1.4, Iris-versicolor

6.2 预备知识

6.2.1 分类器

在机器学习中，把能够完成分类任务的算法或分类模型称为分类器，利用分类器能把数据库中的数据映射到给定数据类别中的某一类，实现数据分类或预测。分类器的种类有很多，其中包括二分法、决策树、逻辑回归和神经网络等，应用时需要根据具体问题、数据特征等来选取相应的分类器。

利用分类器进行分类的过程如图6-2所示。

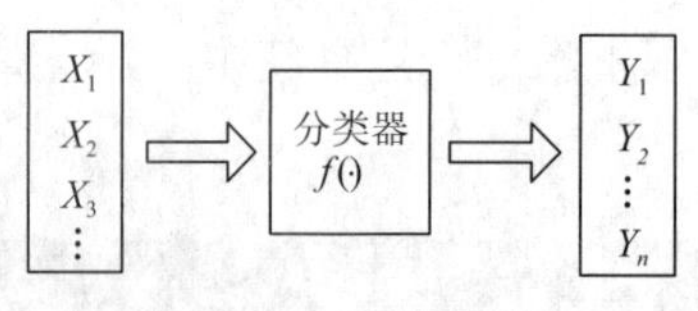

图 6-2　分类模型

其中，左边部分为待分类的数据序列$X_1, X_2, X_3\cdots$，右边部分表示数据序列共有n个类别，即$Y_1, Y_2, \cdots, Y_n$。中间部分为分类器，它会按照某种分类规则把录入的数据信息进行分类，使数据序列$X_1, X_2, X_3\cdots$中的每一个都对应于一个特定类别。特别的，当$n=2$时，上述分类模型属于二分类；当$n>2$时，属于多分类。

如何评价一个分类器的性能好坏？常见的评价指标是准确率，其中计算公式如下：

$$\text{准确率}=\frac{\text{被正确分类的数据量}}{\text{所有数据量}}\times 100\%$$

6.2.2　分类器的构造

分类器一般是在已有数据的基础上通过学习或训练得到的一个分类函数或模型。其构造过程主要由以下几步组成：

（1）选取数据样本，并将所有样本分成训练样本和测试样本两部分。

（2）利用训练样本执行分类器算法，即对分类器进行训练，生成分类模型。

（3）利用测试样本执行分类模型，即对分类器的性能进行测试，生成预测结果。

（4）根据预测结果，评估分类模型的性能，如果性能达到所需要求，则完成分类器的构造，否则需调整算法重新对分类器进行训练并再次评估其性能。

利用训练样本数据来学习或训练分类器时，训练数据的类别是已知的，这种分类也称有监督分类或有监督学习。

6.3　分析问题

当看到一株新的鸢尾花时，如何根据属性来确定该鸢尾花是维吉尼亚鸢尾还是变色鸢尾？这需要根据Fisher提供的100组样本数据进行分析，其中维吉尼亚鸢尾和变色鸢尾各50组，每组数据有三个鸢尾属性：萼片长、花瓣长和花瓣宽，以及该鸢尾被确定为维吉尼亚鸢尾还是变色鸢尾，也就是说该分类问题的解决方案（维吉尼亚还是变色）包含在数据中。

每个样本数据有四个值：三个鸢尾属性值和一个鸢尾种类。通过分析这些数据，我们希望得到一种基于预测的对这两种鸢尾进行分类的模型，也就是说，对于一个还没有看到的鸢尾（并且不知道它的种类），我们希望能够基于它的三个鸢尾属性值预测该鸢尾是维吉尼亚鸢尾还是变色鸢尾。

如何才能得到上述分类模型？可以通过设计分类算法、构造分类器的方法来实现鸢尾花的分类。

6.4 设计方案

为了解决鸢尾花分类问题，本文采用的方法是创建分类器。分类器创建是通过对已知种类的样本数据进行训练开始的，训练中分类器寻找可以确定数据种类（维吉尼亚还是变色）的模型，分类模型确定后用已知种类的“新的”样本数据对该模型进行测试，也就是用没有被用作训练过程的样本数据来测试分类器的性能，从而确定分类器的精度。如果性能达到所需要求，则可以用该分类器对新的鸢尾花进行分类或预测，当它接收到一个新的鸢尾花时可以确定新鸢尾属于哪一个种类。

6.4.1 选取数据样本

选取维吉尼亚鸢尾和变色鸢尾数据样本各50组，并将所有样本分成训练样本和测试样本两部分，其中用于训练分类器的样本数据67组（维吉尼亚鸢尾34组，变色鸢尾33组），剩下的33组样本数据用于对分类器的测试。

在实际应用中，可以创建两个独立的文本文件，其中用于训练的样本数据文件含有大多数样本数据，用于分类器测试的文本文件含有小部分的样本数据，本案例中用于训练的样本数据占总样本数据的2/3左右，用于测试的样本数据约占总样本数据的1/3。

6.4.2 构建分类器

有很多方法可以构建用来预测一个新样本的分类器模型，这里用一个简单且非常有效的方法来构建。

方法如下：查看每个样本的鸢尾属性值，然后将关于该属性的观察结果组合到一个决策值中，该决策值用于为其对应的鸢尾属性值对个体进行分类。由于每个样本数据均有三个鸢尾属性值，因此每个样本也对应于三个决策值，每个决策值都将参与到对鸢尾的分类过程中。

例如，属性值花瓣长度的决策值可能是4.9，对于大于或等于4.9（即花瓣长度）的样本数据，分类器将其预测为维吉尼亚鸢尾，对于小于4.9的值，分类器将其预测为变色鸢尾。我们可以综合这三个决策值来预测一株新的鸢尾花所对应的种类是维吉尼亚鸢尾还是变色鸢尾。

如何找到这些决策值？基于训练样本数据，对于三个鸢尾属性中的每一个，计算出两个平均值，每个属性的第一个平均值代表所有维吉尼亚鸢尾训练数据的平均值，第二个平均值代表所有变色鸢尾训练数据的平均值。在训练完三个属性之后，我们将得到六个平均值：维吉尼亚鸢尾的三个平均值和变色鸢尾的三个平均值。

分类器构建过程如图6-3所示。

本文分类器构造过程如下：对于每个鸢尾属性，寻找维吉尼亚鸢尾平均值和变色鸢尾平均值之间的一个决策值，该决策值取为两个平均值的中点，即两个平均值的平均值，这些中点称为鸢尾种类的属性分离值，该分类器有三个分离值组成，每一鸢尾属性均对应一个分离值。若一新的鸢尾样本属性值小于属性分离值，则预测该鸢尾（至少在该属性上）为变色鸢尾，否则预测该鸢尾为维吉尼亚鸢尾。

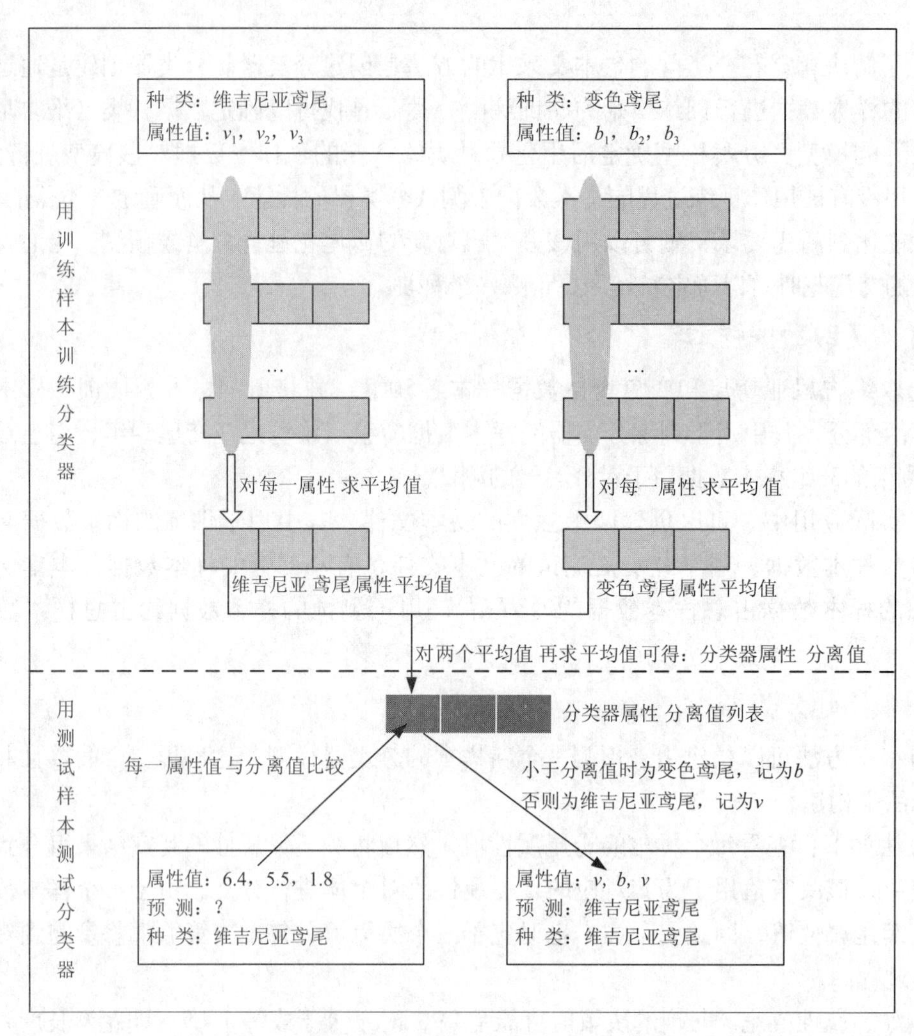

图 6-3 分类器构建过程图

为了预测一个新的鸢尾属于哪一种鸢尾类别，将每个鸢尾的三个属性值与分类器的分离值分别进行比较，并记录鸢尾属性值是大于还是小于相应的分离值。对于维吉尼亚和变色这两种鸢尾花卉而言，若属性值相对较小，即小于分类器的分离值，则表示其对应的是变色鸢尾，若属性值相对较大，则表示其对应的是维吉尼亚鸢尾。对于一整株鸢尾花，即一组样本数据，我们采用少数服从多数的原则，由于每株鸢尾花共三个属性特征，如果相对较大的属性值占多数，即相对较大的属性个数大于等于2，则预测该鸢尾花是维吉尼亚鸢尾，如果相对较小的属性占多数，则预测该鸢尾花为变色鸢尾。

6.4.3 设计分类器算法

应用自上而下的方法对分类器算法进行细化，算法主要包括四个部分：

（1）创建训练样本数据集，即对训练样本文件进行预处理。

（2）用训练样本集构建分类器，为每一鸢尾属性生成一个分离值（即决策值）。

（3）创建测试样本数据集，即对测试样本文件进行预处理。

（4）用训练好的分类器（三个分离值）对测试样本数据集进行分类，并记录分类的准确率。

分类器算法流程如图6-4所示。

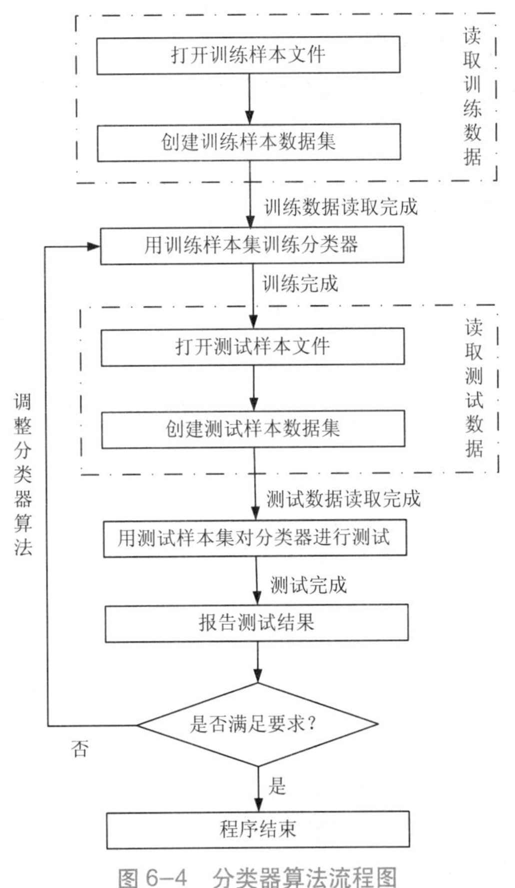

图 6-4　分类器算法流程图

图6-4为分类器算法设计的一个相对完整的流程，为了容易理解及便于实现，我们对本章所运行方案进行了简化，分类算法从读取训练数据开始，到报告测试结果结束，并没有对分类器的性能进行判断，而是直接结束程序。

在算法实现时，首先需要定义几个数据结构：样本数据列表（由三个鸢尾属性值和一个鸢尾类别组成）、分类器列表（由三个属性分离值组成）和报告测试结果列表（由参与测试的样本总数和测试不准确的样本数组成）。然后可采取分治法思想，将分类器算法拆分为多个部分，每个部分由相应的子函数来实现，具体拆分情况如下：

（1）读取数据由打开样本文件和创建样本数据集两部分组成，该部分功能由样本数据预处理函数make_data_set(file_name)来实现。

（2）用训练样本集训练分类器，该部分功能由分类器函数train_classifier(training_set_list)来实现，其中分类器函数又包含两个子函数：求和函数sum_lists(list1,list2)及求平均值函数make_averages(sums_list,total_int)。

（3）用测试样本集对分类器进行测试，该部分功能由分类测试函数classify_test_set(test_set_list, classifier_list)来实现。

（4）报告测试结果，该部分由报告测试结果函数report_results(result_list)来实现。

在定义了上面的多个子函数之后，基于分类器算法流程，将其整合起来即可实现对一株新的鸢尾花种类进行预测的任务。

每个函数的具体定义、算法的完整代码实现及解释详见6.5部分。

6.4.4 思考与练习

什么是机器学习？为什么要研究机器学习？机器学习的基本思想是什么？

6.5 实现方案

按照6.4节的设计思路，本章要解决的鸢尾花卉分类问题的实现方案由下面的代码完成：

```
1    #人工智能之机器学习——鸢尾花卉分类
2    def make_data_set(file_name):
3        input_set_list=[]
4        input_file=open(file_name)
5        for line_str in input_file:
6            line_str=line_str.strip()
7            a1,a2,a3,iris_type=line_str.split(',')
8            iris_tuple=float(a1),float(a2),float(a3),iris_type
9            input_set_list.append(iris_tuple)
10       return input_set_list
11   def sum_lists(list1,list2):
12       sums_list=[]
13       for index in range(3):
14           sums_list.append(list1[index]+list2[index])
15       return sums_list
16   def make_averages(sums_list,total_int):
17     averages_list=[]
18     for value_int in sums_list:
19         averages_list.append(value_int/total_int)
20      return averages_list
21   def train_classifier(training_set_list):
22     classifier_list=[]
```

```
23    virginica_sums_list=[0]*3
24    virginica_count=0
25    versicolor_sums_list=[0]*3
26    versicolor_count=0
27    for iris_tuple in training_set_list:
28      if iris_tuple[3]=='Iris-virginica':
29        virginica_sums_list=sum_lists(virginica_sums_list,iris_tuple[:3])
30        virginica_count+=1
31      else:
32        versicolor_sums_list=sum_lists(versicolor_sums_list,iris_
          tuple[:3])
33    versicolor_count+=1
34  virginica_averages_list=make_averages(virginica_sums_list,
    virginica_count)
35  versicolor_averages_list=make_averages(versicolor_sums_list,
    versicolor_count)
36  classifier_list=make_averages(sum_lists(virginica_averages_list,
37  versicolor_averages_list),2)
38  return classifier_list
39  def classify_test_set(test_set_list, classifier_list):
40    result_list=[]
41    for iris_tuple in test_set_list:
42      virginica_count=0
43      versicolor_count=0
44      iris_type=iris_tuple[3]
45      for index in range(3):
46        if iris_tuple[index]<classifier_list[index]:
47          versicolor_count+=1
48        else:
49          virginica_count+=1
50      result_tuple=(virginica_count,versicolor_count,iris_type)
51      result_list.append(result_tuple)
52    return result_list
53  def report_results(result_list):
54    total_count=0
55    inaccurate_count=0
56    for result_tuple in result_list:
57      virginica_count,versicolor_count,iris_type=result_tuple
58      total_count+=1
59      if(virginica_count>versicolor_count) and (iris_type=='
        Iris-versicolor '):
60        inaccurate_count+=1
61        elif(virginica_count < versicolor_count ) and (iris_type
          == ' Iris-virginica '):
```

```
62                inaccurate_count+=1
63        print("Of ",total_count," iris, there were ",inaccurate_count,"
     inaccuracies")
64   print("Reading in training data...")
65   training_file="iris_train_data.txt"
66   training_set_list=make_data_set(training_file)
67   print("Done reading training data.\n")
68   print("Training classifier...")
69   classifier_list=train_classifier(training_set_list)print("Done
     training classifier.\n")
70   print("Reading in test data...")
71   test_file="iris_test_data.txt"
72   test_set_list=make_data_set(test_file)
73   print("Done reading test data.\n")
74   print("Classifying records...")
75   result_list=classify_test_set(test_set_list,classifier_list)
76   print("Done classifying.\n")
77   report_results(result_list)
78   print("Program finished.")
```

代码讲解：

```
2    def make_data_set(file_name):
#定义样本数据预处理函数，文件名为字符串
```

第4行为打开文件file_name并返回input_file；第5～9行为对打开的文件逐行预处理，第6行为去掉行尾的换行符\n，第7行为通过符号“,”对字符串进行分割。

```
11   def sum_lists(list1,list2):
#定义求和函数。
```

第11～15行为对两个样本数据求和：相对应的三个鸢尾属性值求和。

```
16   def make_averages(sums_list,total_int):
#定义求平均值函数。
```

第16～20行为对三个鸢尾属性值求平均：通过除以样本总数计算出属性的平均值。

```
21   def train_classifier(training_set_list):
#定义分类器函数。利用训练样本数据构建分类器，函数输入为训练样本数据，输出为分类器的3个属性分离值。
```

第23～26行为初始化维吉尼亚鸢尾和变色鸢尾的样本属性求和列表、样本数；第27～33行为分别求出训练样本数据中维吉尼亚鸢尾和变色鸢尾所对应的三个属性值的和；第34～35行为求两种鸢尾样本的属性平均值；第36行为求分类器的三个属性分离值。

```
39  def classify_test_set(test_set_list,classifier_list):
#定义分类测试函数。函数输入为测试样本数据、分类器属性分离值列表，针对每一样本数据，函数均返回一组三维数据：维吉尼亚鸢尾属性个数、变色鸢尾属性个数、预测结果。其中，维吉尼亚鸢尾属性个数+变色鸢尾属性个数=3。
```

第41～50行为计算测试样本中每一样本所对应的维吉尼亚鸢尾属性个数和变色鸢尾属性个数，并将结果保存到结果列表中；其中第46行为将当前样本的3个属性值与分类器所对应的分离值进行比较，如果属性值小于分离值，则变色鸢尾属性个数增加1，否则维吉尼亚鸢尾属性个数增加1。

```
53  def report_results(result_list):
#定义测试结果报告函数。函数输入为分类测试涵数的输出，即测试结果列表，输出为所有测试样本中预测不准确的测试样本数。
```

第57～62行为对测试结果列表中预测不准确的测试样本数进行统计，测试不准确的情况有：维吉尼亚鸢尾属性个数大于变色鸢尾属性个数，且鸢尾种类为变色鸢尾；维吉尼亚鸢尾属性个数小于变色鸢尾属性个数，且鸢尾种类为维吉尼亚鸢尾。

案例所展示的代码中，第2～63行共定义了六个子函数，第64～78行利用前面的六个子函数完成了鸢尾花卉分类的任务。上述代码运行的结果如下：

```
Reading in training data...
Done reading training data.

Training classifier...
Done training classifier.

Reading in test data...
Done reading test data.

Classifying records...
Done classifying.

Of 33 iris,there were 2 inaccuracies
Program finished.
```

本章小结

机器学习是人工智能的核心，它的应用遍及人工智能的各个领域，其中分类是机器学习和模式识别中的重要一环。很多应用都可从分类问题演变而来，也有很多问题也都可以转化成分类的问题。本章重点以鸢尾花分类为例，对机器学习中的二分类问题进行介绍：

（1）描述了分类器模型及分类器的构造过程，并对鸢尾花卉的分类问题进行了初步分析。

（2）就如何基于二分法对鸢尾花卉进行分类进行了重点讲解，详细描述了分类器的具体设计方案、构建过程及分类器算法的流程等内容。

（3）对鸢尾花分类的实现过程进行了详细讲解，给出了完整的代码实现方案，并对部分关键代码进行了说明。

课后习题

本章介绍了二分类问题，该问题只有两个选项，当分类问题的选项大于2时，则变为多分类问题。对于鸢尾花分类问题，除了维吉尼亚鸢尾和变色鸢尾，再增加一种鸢尾：山鸢尾，根据Fisher收集的样本数据对上述三种鸢尾进行分类，可先查阅相关资料对多分类问题的解决方法予以了解。

第7章 创建GUI程序

前面的学习中，都是使用控制台来编写和运行Python程序，这种方式的特点是：无论输入和输出都是以代码行的形式显示，用户与计算机之间的交互性不够友好。在实际应用中，人们需要有更好的人机交互方式，例如，使用鼠标单击按钮或通过选择需要的选项来完成操作等，就需要使用图形界面来实现这些功能。本章介绍应用PyQt5创建GUI（Graphical User Interface，图形用户界面）程序。

7.1 计算BMI指数——手动创建GUI程序

PyQt5是用来创建GUI应用程序的工具包，它是Qt5应用框架与Python相结合的产物。PyQt5支持Python2.x和Python3.x版本，作为Python的一个模块，由620多个类和6 000多个函数与方法组成。PyQt5是一个跨平台的工具包，可以在所有主流的操作系统上运行（UNIX、Windows、Mac）。本章主要介绍PyQt5中QtWidgets、QtGui和QtCore模块的基本使用方法，这几个模块提供了创建图形界面所需的控件以及窗口系统和文件、目录读取等所需的类。

7.1.1 提出问题

本节应用PyQt5制作一个计算人体BMI指数的GUI程序，运行效果如图7-1所示。

所谓BMI指数是指用体重（公斤）除以身高（米）的平方得出的数字，是目前国际上常用的衡量人体胖瘦程度以及是否健康的一个标准。

程序功能：用户可在文本框中分别输入身高和体重后，单击“计算BMI指数”按钮，即可在文本框中（图中桔红色字体）显示计算结果，并显示BMI指数是否正常。

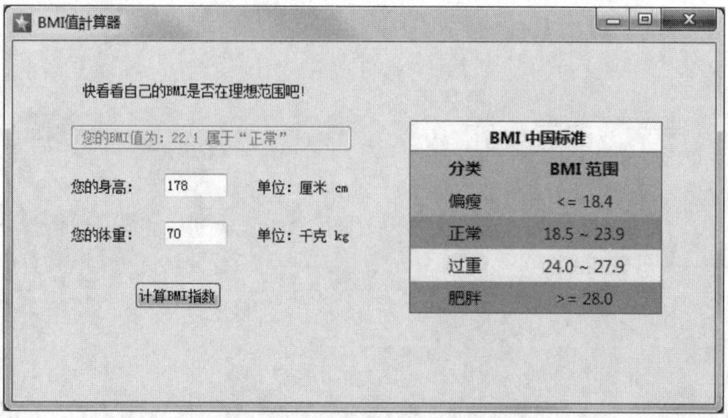

图 7-1　BMI 值计算器

人体的BMI值计算公式为BMI=体重/身高的平方（单位kg/m^2）。

7.1.2　预备知识

1. 类

1）什么是类

成语“物以类聚”指的是同类的东西聚在一起，在Python中“类”也同样代表一组有相同属性的群体。

类的定义：类是对现实生活中具有共同特征的事物的抽象，是一种抽象的数据类型。

2）类与对象

类是一个抽象的概念，对象是类的实例。类是抽象的，而对象是具体的。

比如Person（人）就是一个类，那么具体的某个人“张三”就是“人”这个类的对象，而“姓名、身高、体重”等信息就是对象的属性，人的动作如“吃饭、穿衣”等就是对象的方法。总之“类”就是有相同特征的事物的集合，而对象就是类的一个具体实例。

3）类的语法

```
class 类名:
      属性
      方法
```

说明：class是关键字，要小写。类名一般以大写字母开头。

4）示例

示例1

```
1   class Person:  #定义Person类
2     def __init__(self,name,height,address): #对类对象的属性进行初始化
3       self.name=name
4       self.height=height
5       self.address=address
6   def main(self):#定义main方法
```

```
7        print("姓名：", p.name,end="")
8        print("，身高：", p.height,end="")
9        print("，地址：", p.address,end="")
10   p-Person("张三", "1.75米", "深职院")  #生成类Person的一个对象p
11   p.main()  #调用对象p的方法main()
```

代码分析：

```
def _ _init_ _
```

def用于定义函数，但在这里是指方法。方法是特殊的函数，是用在类里面的函数。而def _ _init _ _又是更为特殊的函数（方法），它是用来初始化类对象的所有属性的。

在构建Person类时，首先要做的就是对类Person进行初始化，也就是说，调用类的第一件事情就是要运行类Person的基本结构。在类中，基本结构是写在init()函数中。故这个函数称为构造函数，它负责对类进行初始化。

```
self
```

self是指生成的对象的名字。self.name就是指张三的名字是张三。

2. 创建一个简单的GUI程序

创建GUI程序，首先要创建一个窗体，下面用PyQt5创建一个窗体。

1）创建一个窗体

示例2

创建一个最简单的窗体，运行效果如图7-2所示。

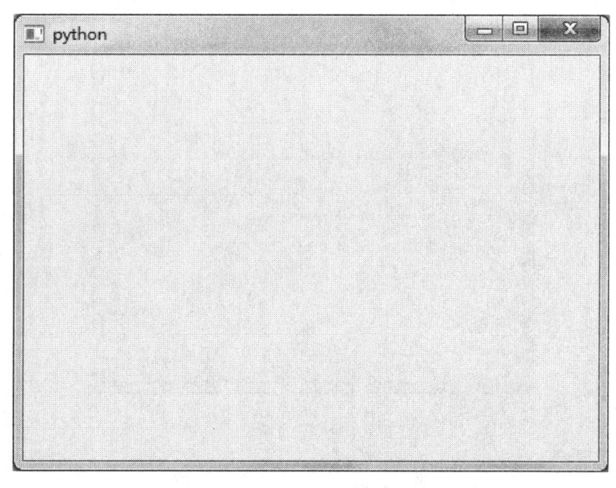

图7-2　创建一个窗口

```
1    import sys    #导入sys模块
2    from PyQt5.QtWidgets import QApplication,QWidget
     #导入PyQt5.QtWidgets模块的QApplication,QWidget类
3    class QtGUI(QWidget):  #定义一个类QtGUI
```

```
4        def _ _init_ _(self):  #用类（QWidget）对定义的类（QtGUI）进行初始化
5            super()._ _init_ _()  #用类（即QWidget类）的初始化方法来初始化本对象
6    App=QApplication(sys.argv)  #创建一个QApplication对象
7    GUI=QtGUI()  #生成一个QtGUI类的对象
8    GUI.show()  #用GUI对象的show方法显示这个实例
9    sys.exit(App.exec_())  #调用应用程序对象的exec_方法来运行程序的主循环，
并使用sys.exit方法确保程序能够退出
```

代码分析：

这段代码的核心是定义了一个类QtGUI，并且类QtGUI继承了QWidget类的所有属性和方法。

其中的_ _init_ _()是初始化函数，self表示类QtGUI。

2）设置窗体属性

在实际应用中，还需要设置窗体的大小、位置、标题等属性。

下面设置窗体的属性，具体如下：

大小：宽=300px，高=260px。

位置：x=200px，y=230px。

标题："我的GUI程序"。

并为窗体添加图标。

示例3

设置窗体属性，运行效果如图7–3所示。

图 7–3　第一个 GUI 程序

```
1    import sys    #导入sys模块
2    from PyQt5.QtWidgets import QApplication,QWidget
     #导入PyQt5.QtWidgets模块的QApplication,QWidget类
3    from PyQt5.QtGui import QIcon  #导入PyQt5.QtGui模块的QIcon类
4    class QtGUI(QWidget):  #定义一个类QtGUI
5        def _ _init_ _(self):  #用类QWidget对定义的类（QtGUI）进行初始化
```

```
6            super()._ _init_ _()    #用类QWidget的初始化方法来初始化本对象
7            self.initUI()  #调用类（QtGUI）的initUI方法
8        def initUI(self):  #定义类（QtGUI）的initUI方法
9            self.setGeometry(200,230,300,260)
   #设置窗口的位置为：x=200px，y=230px，大小为：宽=300px，高=260px
10           self.setWindowTitle('我的第一个GUI程序')
   #用win.setWindowTitle方法，将窗口的标题设置为"我的第一个GUI程序"
11           self.setWindowIcon(QIcon('tuico.png'))
   #用setWindowIcon方法加载图标"tuico.png"
12   App=QApplication(sys.argv)  #创建一个QApplication对象
13   GUI=QtGUI()  #生成类QtGUI的一个对象
14   GUI.show()  #用GUI对象的show方法显示对象
15   sys.exit(App.exec_())  #调用应用程序对象的exec_方法来运行程序的主循环，
   并使用sys.exit方法确保程序能够退出
```

代码分析：

上面的代码实际上只是在示例2创建窗体代码的基础上定义了一个类QtGUI的方法initUI第8~11行代码)，在这个方法中，对窗体的属性进行了设置。

第3行代码表示导入PyQt5.QtGui模块的QIcon类，作用是显示图标。

第7行代码表示在初始化时调用这个方法。其中，图标文件"tuico.png"要放在当前文件夹中。

下面对GUI程序的制作流程进行总结：

（1）定义一个类，该类继承于QWidget类。

（2）在初始化函数_ _init_ _()中，用super()._ _init_ _()来初始化定义的类，并调用窗口的设置方法。

（3）定义一个方法，并在其中设置窗口的基本属性（窗体位置、大小、标题，图标等）。

（4）创建应用程序对象。

（5）生成类的实例并显示该实例。

（6）等待PyQt程序结束。

3. 创建标签、文本框和按钮

标签、文本框和按钮是创建GUI程序的最常用对象，下面将在窗体上添加两个标签、一个文本框和一个命令按钮。

具体要求：在文本框中输入“Python”，然后单击命令按钮，在第一个标签上显示输入的“Python”，另一个标签上显示一幅图片，效果如图7-4所示。

1）创建标签（QLabel）

在PyQt5中，表示标签的控件是QLabel，用于显示文本或图像，标签不提供用户交互功能。

示例4

在窗口上创建两个标签，并在一个标签上显示文字“请输入'Python'”，另一个标签上显示文字"显示图片"，效果如图7-5所示。

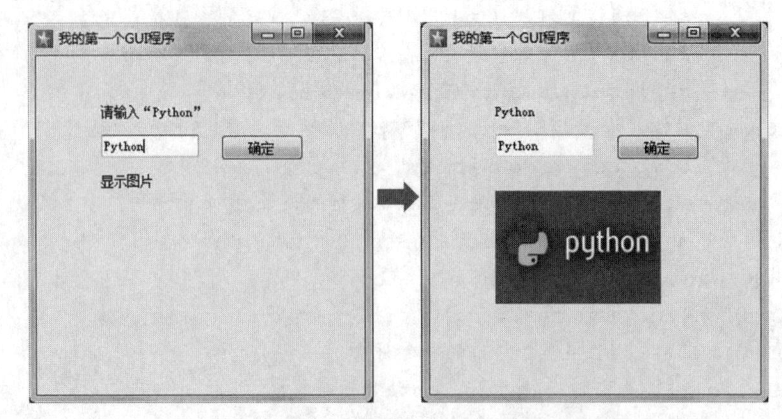

图 7-4　在窗口中添加标签、文本框和按钮

图 7-5　创建两个标签

```
1    import sys
2    from PyQt5.QtWidgets import QApplication,QWidget,QLabel
3    from PyQt5.QtGui import QIcon
4    class QtGUI(QWidget):
5      def _ _init_ _(self):
6        super()._ _init_ _()
7      self.initUI()
8        def initUI(self):
9        self.setGeometry(200,200,300,300)
10       self.setWindowTitle('我的第一个GUI程序')
11       self.setWindowIcon(QIcon('tuico.png'))
12       self.label_1=QLabel('请输入"Python"',self)  #创建标签
     label_1,并在标签上显示'请输入"Python"', self表示该标签属于定义的QtGUI类.
13       self.label_1.resize(100,20)
     #用label_1的resize方法设置标签的大小为(长=100 px,高=20 px)
```

```
14        self.label_1.move(60,40)
     #用label_1的move方法设置标签的位置为(x=60 px, y=40 px)
15        self.label_2=QLabel('显示图片',self)
     #创建标签label_2,并在标签上显示'显示图片'
16        self.label_2.move(60,105)
     #设置标签的位置为(x=60 px,y=105 px)
17   App=QApplication(sys.argv)   #创建一个QApplication对象
18   gui=QtGUI()
19   gui.show()
20   sys.exit(App.exec_())
```

代码分析：

本段代码只在示例4设置窗体属性代码的基础上：

(1) 导入了QtWidgets 模块的QLabel类（见第2行代码）。

(2) 创建标签label_1（见第12行代码）。

(3) 设置label_1的大小和位置（见13～14行）代码。

(4) 创建标签label_2并设置其位置（见15～16行）代码。

2）创建文本框（QLineEdit）

文本框是图形界面中经常用于获取输入的一种控件。在PyQt5中，常用的文本框对象是QLineEdit，需要提供一个QWidget对象作为它的初始化方法的参数。与QLabel控件一样，QLineEdit对象可以使用move、resize等方法，同时，使用text方法可以获得文本框对象已经输入的文本。

示例5

在图7-5所示的窗口上再创建一个QLineEdit，设置其大小为（90,20）位置为（60,70），效果如图7-6所示。

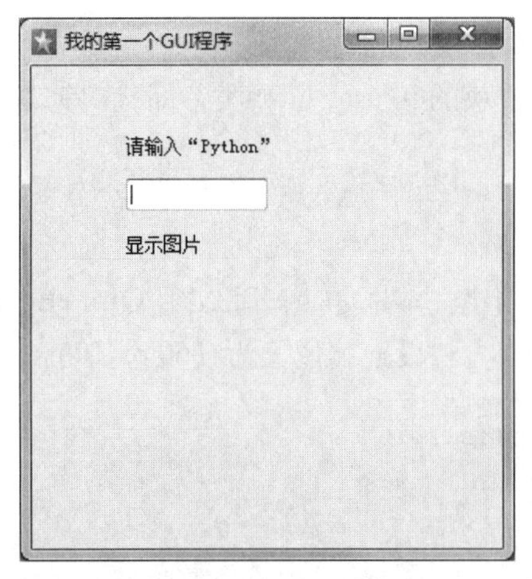

图7-6 创建文本框

```
1    import sys
2    from PyQt5.QtWidgets import QApplication,QWidget,QLabel,
```

```
    QLineEdit,QPushButton
3   from PyQt5.QtGui import QIcon
4   class QtGUI(QWidget):
5     def _ _init_ _(self):
6       super()._ _init_ _()
7       self.initUI()
8     def initUI(self):
9       self.setGeometry(200, 200,300,300)
10      self.setWindowTitle('我的第一个GUI程序')
11      self.setWindowIcon(QIcon('tuico.png'))
        #创建标签label_1,并在标签上显示'请输入"Python"', self表示该标签属于定义的QtGUI类
12      self.label_1=QLabel('请输入"Python"',self)
        #用label_1的resize方法设置标签的大小为（长=100 px, 高=20 px）
13      self.label_1.resize(100,20)
        #用label_1的move方法设置标签的位置为（x=60 px, y=40 px）
14      self.label_1.move(60,40)
15      self.label_2=QLabel('显示图片',self)  #创建标签label_2,并在
    标签上显示'显示图片'
16      self.label_2.move(60,105) #设置标签的位置为（x=60 px,y=105 px）
17      self.text = QLineEdit(self) #创建文本框QLineEdit
18      self.text.resize(90,20) #用resize方法设置其大小为（90 px,20 px）
19      self.text.move(60,70) #用move方法设置其位置为（60 px,70 px）
20  App=QApplication(sys.argv)  #创建一个QApplication对象
21  gui=QtGUI()
22  gui.show()
23  sys.exit(App.exec_())
```

代码分析：

本示例只在示例4创建标签的代码上增加：

（1）导入了QtWidgets 模块的QPushButton类，即代码第2行：

```
from PyQt5.QtWidgets import QApplication, QWidget,QLabel,QLineEdit,
QPushButton
```

（2）在initUI方法中，创建文本框QLineEdit并用QLineEdit的resize方法设置其大小为(90,20)，用QLineEdit的move方法设置其位置为（60 px,70 px）。

```
self.text=QLineEdit(self)
self.text.resize(90,20)
self.text.move(60,70)
```

3）创建按钮（QPushButton）

按钮是图形界面中常见的元素，用户可以通过单击按钮触发相应的事件。在PyQt5中最常用的按钮对象是QPushButton。

示例6

在图7-6所示的窗口上再创建一个QPushButton，设置按钮显示为“确定”，位置为(170 px,70 px)，效果如图7-7所示。

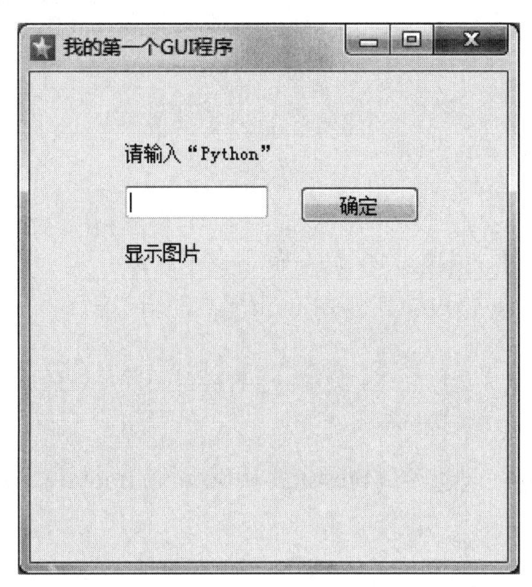

图7-7　创建按钮

```
1    import sys
2    from PyQt5.QtWidgets import QApplication,QWidget,QLabel,
     QLineEdit,QPushButton
3    from PyQt5.QtGui import QIcon
4    class QtGUI(QWidget):
5      def __init__(self):
6        super().__init__()
7        self.initUI()
8      def initUI(self):
9        self.setGeometry(200,200,300,300)
10       self.setWindowTitle('我的第一个GUI程序')
11       self.setWindowIcon(QIcon('tuico.png'))
12       self.label_1=QLabel('请输入"Python"',self)  #创建标签label_1，
     并在标签上显示'请输入"Python"'，self表示该标签属于定义的QtGUI类。
13       self.label_1.resize(100,20)  #用label_1的resize方法设置标签的大
     小为（长=100 px，高=20 px）
14       self.label_1.move(60,40)  #用label_1的move方法设置标签的位置为
     （x=60 px,y=40 px）
15       self.label_2=QLabel('显示图片',self)  #创建标签label_2，并在
     标签上显示'显示图片'
16       self.label_2.move(60,105)  #设置标签的位置为（x=60 px,y=105 px）
17       self.text=QLineEdit(self) #创建文本框QLineEdit
18       self.text.resize(90,20) #用resize方法设置其大小为（90 px,20 px）
```

```
19        self.text.move(60, 70) #用move方法设置其位置为（60 px,70 px）
20        self.button=QPushButton('确定', self)
    #创建按钮QPushButton，并显示"确定"
21        self.button.move(170, 70) #用move方法设置其位置为（170 px, 70 px）
22    App=QApplication(sys.argv)   #创建一个QApplication对象
23    gui=QtGUI()
24    gui.show()
25    sys.exit(App.exec_())
```

代码分析：

本示例只在示例5创建文本框的代码上做了如下改动：

（1）导入了QtWidgets 模块的QPushButton类，即第2行：

```
from PyQt5.QtWidgets import QApplication,QWidget,QLabel,QLineEdit,
QLabel,QPushButton
```

（2）在initUI方法中，创建按钮button并用button的move方法设置其位置为（170px, 70px）。

```
self.button=QPushButton('确定',self)
self.button.move(170,70)
```

4. 为按钮添加单击事件

示例7

在添加了标签、文本框和按钮的窗口中，希望实现如下功能：在文本框中输入文本后，单击“确定”按钮，把文本框中输入的内容写到标签1中，并在标签2中显示图片“Python.jpg”，效果如图7-8所示。

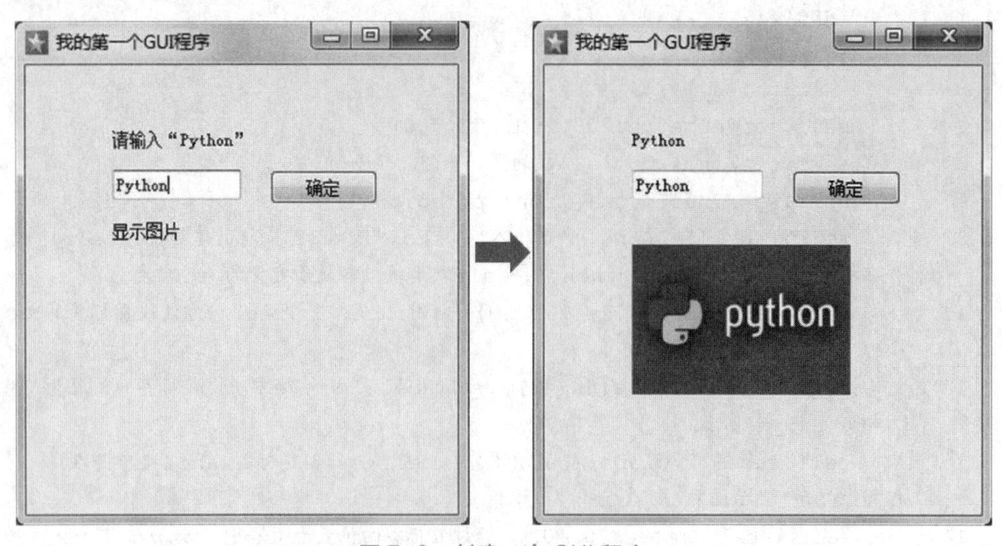

图 7-8 创建一个 GUI 程序

```
1    import sys
2    from PyQt5.QtWidgets import QApplication,QWidget,QLabel,
     QLineEdit,PushButton
3    from PyQt5 import QtGui
4    from PyQt5.QtGui import QIcon
5    class QtGUI(QWidget):
6      def _ _init_ _(self):
7        super()._ _init_ _()
8        self.initUI()
9      def initUI(self):
10       self.setGeometry(200,200,300,300)
11       self.setWindowTitle('我的第一个GUI程序')
12       self.setWindowIcon(QIcon('tuico.png'))
13       self.label_1=QLabel('请输入"Python"',self)
14       self.label_1.resize(100,20)
15       self.label_1.move(60,40)
16       self.label_2=QLabel('显示图片',self)
17       self.label_2.move(60, 105)
18       self.text=QLineEdit(self)
19       self.text.resize(90, 20)
20       self.text.move(60,70)
21       self.button=QPushButton('确定',self)  #将button的clicked
     (单击事件)绑定到doAction函数
22       self.button.move(170, 70)
23       self.button.clicked.connect(self.doAction)  #单击按钮后，调用
     doAction函数
24     def doAction(self): #定义doAction函数
25       self.label_1.setText(self.text.text())  #用text的text方法可以获
     得文本框的文本，并赋给标签label_1
26       self.label_2.move(60,120)
27       self.label_2.resize(150,100)
28       jpg = QtGui.QPixmap('Python.jpg')  #用QtGui模块的QPixmap类加载
     图片'Python.jpg'
29       self.label_2.setPixmap(jpg)  #用self.label_2的setPixmap方法加载
     图片
30       self.label_2.setScaledContents(True)  #用label_2的setScaled
     Contents方法，让图片自适应label大小
31   App=QApplication(sys.argv)  #创建一个QApplication对象
32   gui=QtGUI()
33   gui.show()
34   sys.exit(App.exec_())
```

代码分析：

这段代码的关键是为QPushButton按钮添加单击事件，单击QPushButton按钮后，可产生qpushbutton.clicked.connect(func)事件，其中func是单击后调用的函数doAction。其中，第30行代码表示让图片自适应label_2大小。

读者可以试一下，如果把这句代码注释掉，会产生什么效果。

上面介绍了创建GUI程序的基本方法，包括如何创建窗体、标签、文本框和按钮的使用，示例7所涉及的技术如下：

（1）导入PyQt5的QtWidgets和QtGui模块。

（2）创建一个窗口及设置相应属性。

（3）创建QLabel控件、QLineEdit控件及QPushButton控件和设置相应属性。

（4）创建QApplication对象，使用sys.argv参数初始化该对象。

（5）定义一个类，该类继承于QWidget类。

（6）在初始化函数__init__()中，用super().__init__()来初始化定义的类。

（7）定义一个方法（函数），并在其中设置窗口的基本属性（窗体位置、大小、标题，图标等）。

（8）创建QApplication对象，使用sys.argv参数初始化该对象。

（9）生成并显示对象。

7.1.3 分析问题

计算BMI指数需要用户输入身高和体重两个参数，这可以用具有交互功能的文本框（QLineEdit）来实现。结果可以显示在文本框中。

计算BMI指数的功能可由按钮（QPushButton）的clicked（单击事件）实现。

计算BMI指数和判断等级的功能可以写在一个事件响应函数中，供按钮（QPush Button）的clicked（单击事件）调用。事件响应函数主要实现两项功能：

（1）根据身高和体重，用公式BMI值=体重（kg）÷身高^2（m）计算BMI。

（2）根据图7-9所示的条件，用if语句判断BMI等级。

BMI 中国标准	
分类	BMI 范围
偏瘦	<= 18.4
正常	18.5 ~ 23.9
过重	24.0 ~ 27.9
肥胖	>= 28.0

图 7-9 BMI 中国标准

7.1.4 设计方案

上述程序的制作流程可分为图7-10所示的3步。

图 7-10 程序制作流程

输入身高和体重及显示结果可用文本框（QLineEdit）来实现，程序界面上其余的提

示信息可用标签（QLabel）来实现，程序窗口上的控件布局如图7-11所示。

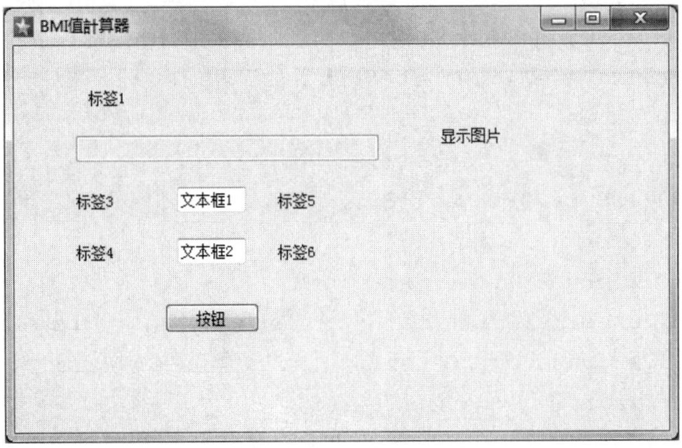

图 7-11　程序界面

7.1.5　实现方案

按思路设计BMI计算器，程序运行效果如图7-12所示。

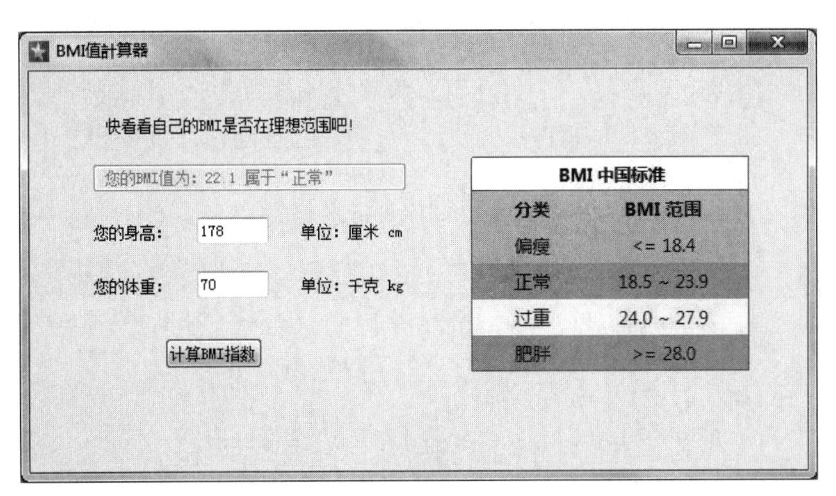

图 7-12　BMI 值计算器

代码如下：

```
1   import sys
2   from PyQt5.QtWidgets import QApplication,QWidget,QLabel,QLineEdit,
    QPushButton
3   from PyQt5 import QtGui
4   from PyQt5.QtGui import QIcon
5   class BMICalculator(QWidget):
6     def _ _init_ _(self):
7       super()._ _init_ _()
8       self.initUI()  #调用initUI方法
9     def initUI(self):  #定义initUI方法
```

```
10        self.setGeometry(300,200,600,300)  #设置窗口位置、大小
11        self.setWindowTitle('BMI值计算器')  #设置窗口的标题
12        self.setWindowIcon(QIcon('tuico.png'))
13        self.expLabel1=QLabel('快看看自己的BMI是否在理想范围吧!',self )
14        self.expLabel1.move(60,35)
15        self.expLabel2=QLabel('显示图片',self)
16        png = QtGui.QPixmap('BMI.jpg')
17        self.expLabel2.move(340,65)
18        self.expLabel2.setPixmap(png)
19        self.expLabel2.setScaledContents(True)  #让图片自适应label大小
20        self.startCalc = QPushButton('计算BMI指数',self)  #创建按钮
21        self.startCalc.move(120,200)
22        self.startCalc.clicked.connect(self.calculate)
    #单击按钮后，调用calculate函数
23        self.hight_txt=QLineEdit(self)
    #创建用于输入要进行计算的数字的文本框
24        self.wight_txt=QLineEdit(self)
    #创建用于输入要进行计算的数字的文本框
25        self.hight_txt.resize(55,20)  #设置身高输入框的大小
26        self.wight_txt.resize(55,20)  #设置体重输入框的大小
27        self.hight_txt.move(130,110)  #设置身高输入框的位置
28        self.wight_txt.move(130,150)  #设置体重输入框的位置
29        self.expLabel3=QLabel('您的身高：',self)
30        self.expLabel3.move(50,115)
31        self.expLabel4=QLabel('您的体重：',self)
32        self.expLabel4.move(50,155)
33        self.expLabel5=QLabel('单位：厘米 cm',self)
34        self.expLabel5.move(210,115)
35        self.expLabel6=QLabel('单位：千克 kg',self)
36        self.expLabel6.move(210,155)
37        self.rsTxt=QLineEdit(self)  #创建用于显示结果的文本框rsTxt
38        self.rsTxt.resize(240,20)
39        self.rsTxt.move(50,70)
40        self.rsTxt.setStyleSheet("color: rgb(255,122,89);")
    #设置结果文本框字体颜色
41        self.rsTxt.setEnabled(False)  #设置结果文本框不可编辑
42      def calculate(self):
43        h=float(self.hight_txt.text())/100  #获得输入的两个数
44        w=float(self.wight_txt.text())      #获得输入的两个数
45        x=round(w/(h*h),1)   #计算BMI
46        if x>=28:
47          self.rsTxt.setText('您的BMI值为：'+str(x)+'属于"肥胖"')
48        elif x>=24:
```

```
49        self.rsTxt.setText('您的BMI值为: '+str(x)+'属于"过重"')
50      elif x>=18.5:
51        self.rsTxt.setText('您的BMI值为: '+str(x)+'属于"正常"')
52      else:
53        self.rsTxt.setText('您的BMI值为: '+str(x)+'属于"偏瘦"')
54  if _ _name_ _=='_ _main_ _':
55    App=QApplication(sys.argv)
56    gui=BMICalculator()
57    gui.show()
58    sys.exit(App.exec_())
```

代码分析：

第9行代码定义initUI方法，用于构造界面。

第10～41行为initUI方法的具体内容，其主要作用是设置窗口上各控件的属性。

```
40  self.rsTxt.setStyleSheet("color: rgb(255,122,89);")
#设置结果文本框rsTxt的颜色为RGB(255,122,89)
42  def calculate(self):
#定义calculate函数
```

第43～45行，根据身高（米）和体重（公斤）利用公式计算BMI值。

第46～53行，根据图7-11的条件，用if语句判断BMI值的等级。

```
54  if _ _name_ _=='_ _main_ _':
if _ _name_ _=='_ _main_ _'的意思是:
```

当.py文件被直接运行时，if _ _name_ _=='_ _main_ _'之下的代码块将被运行；

当.py文件以模块形式被导入时，if _ _name_ _=='_ _main_ _'之下的代码块不被运行。

7.1.6 思考与练习

根据前面所学的技术，利用PyQt5设计一个根据身高计算标准体重的GUI程序，其中标准体重的计算公式如下：

标准体重（男）=（身高cm−100）×0.9（kg）

标准体重（女）=（身高cm−100）×0.9（kg）−2.5（kg）

要求：用文本框输入身高，然后用上面的公试计算出标准体重，其中性别的选择可用下拉列表框（Combobox）控件来实现。

提示：

（1）在PyQt5中，下拉列表对象是QComboBox，因此需要导入QtWidgets 模块的QComboBox类，即：

```
from PyQt5.QtWidgets import QApplication,QWidget,QComboBox
```

（2）创建一个QComboBox，代码如下：

```
self.comboBox=QComboBox(self)
```

（3）使用addItem或AddItems方法可以给QComboBox对象增加选项，代码如下：

```
self.comboBox.addItems(['男','女'])
```

思考：

上网查阅相关资料，用RadioButton（单选按钮）控件实现性别选择。

7.2 佳片欣赏——用 Qt 设计师创建 GUI 程序

通过前面的学习可以看到，使用代码设计UI界面不仅耗时，而且也不够直观。PyQt5提供了用于设计窗口界面的Qt Designer工具，利用Qt Designer可以方便、快速地设计出程序界面，避免了用纯代码来写一个窗口和控件的烦琐工作。并且Qt Designer（Qt设计师）使用起来非常简单，只要通过拖动和单击就可以完成复杂的界面设计，而且还可以随时预览查看设计效果，可以提高界面设计效率。

7.2.1 提出问题

本节将应用QT设计师设计一个浏览电影图片的GUI程序，运行效果如图7-13所示。

图 7-13 佳片欣赏

程序功能：用户可在左侧的下拉列表中选择电影，然后在右侧的下拉列表中选择该电影的导演及男女主角，可在上面两个标签中分别显示该演员的姓名和照片。

7.2.2 预备知识

1. Qt设计师

Qt设计师是一款可视化的GUI设计工具，使用Qt 设计师可以很方便地设计出复杂的UI界面，并且可以快速生成相应的py文件，下面先介绍如何在PyCharm中安装Qt设计师。

（1）选择“File”→“Setting”命令，弹出“Settings”对话框，单击“+”号，弹出

“Create Tool”对话框，如图7–14和图7–15所示。

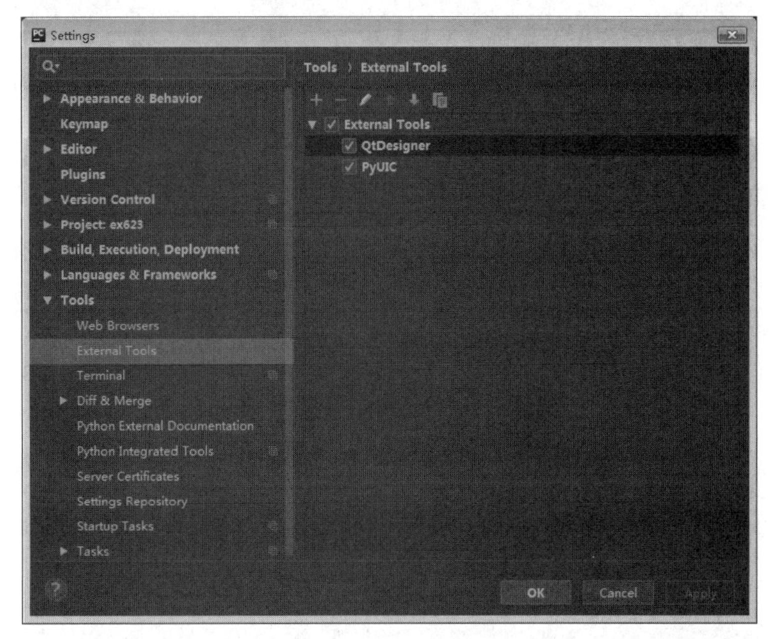

图 7–14 “Settings”对话框

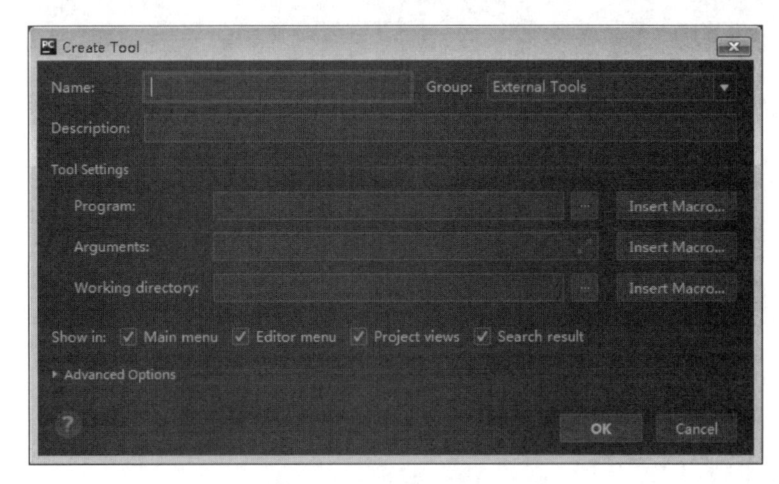

图 7–15 “Create Tool”对话框

（2）设置“Create Tool”对话框。在Qt Designer的设置中，Program选择PyQt5安装目录中designer.exe文件所在的路径：D:\ProgramData\Anaconda3\Library\bin\designer.exe。

Work directory 使用变量$FileDir$（单击后面的 Insert macro 按钮可以直接插入），如图7–16所示。

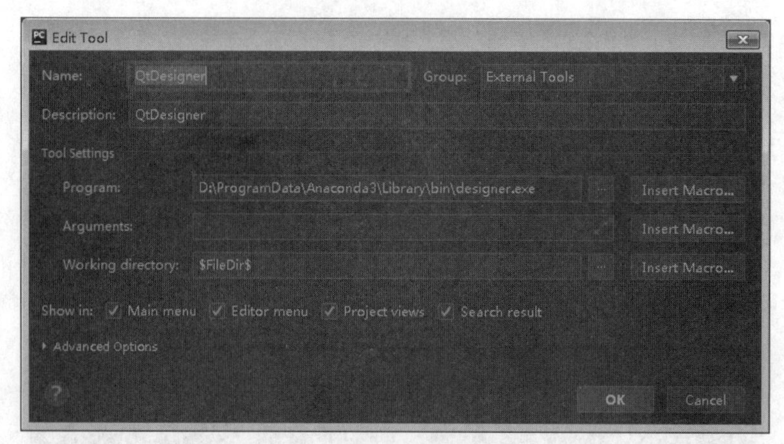

图 7–16　创建 QtDesigner

（3）在PyCharm中创建PyUIC。PyUIC是用来将 Qt创建UI界面生成的ui文件转换成 py文件的工具。

单击“+”号，弹出“Edit Tool”对话框，输入名称“PyUIC”，如图7–17所示。

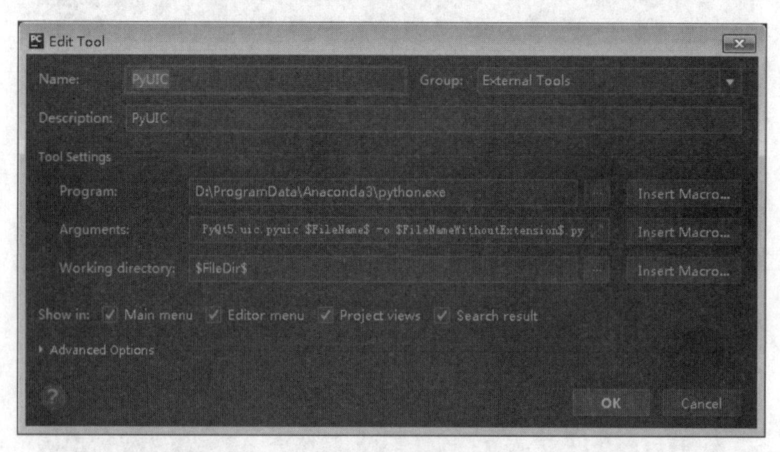

图 7–17　创建 PyUIC

第1行Program，填写Python所在的路径：

```
D:\ProgramData\Anaconda3\Python.exe
```

第2行Arguments，填写ui文件转换成py文件的文件名：

```
-m PyQt5.uic.pyuic $FileName$ -o $FileNameWithoutExtension$.py
```

第3行Work directory，填写文件存放路径：

```
$FileDir$
```

2. 用Qt设计师创建GUI程序

示例8

创建一个窗口，并在窗口上创建三个标签、一个文本框、一个按钮和两个单选按钮。

要求：在文本框中输入姓名并选择性别后，单击“确定”按钮，在最上面的标签中显示输入的姓名和选择的性别，并且在选择性别前，“确定”按钮不可用，如图7–18所示。

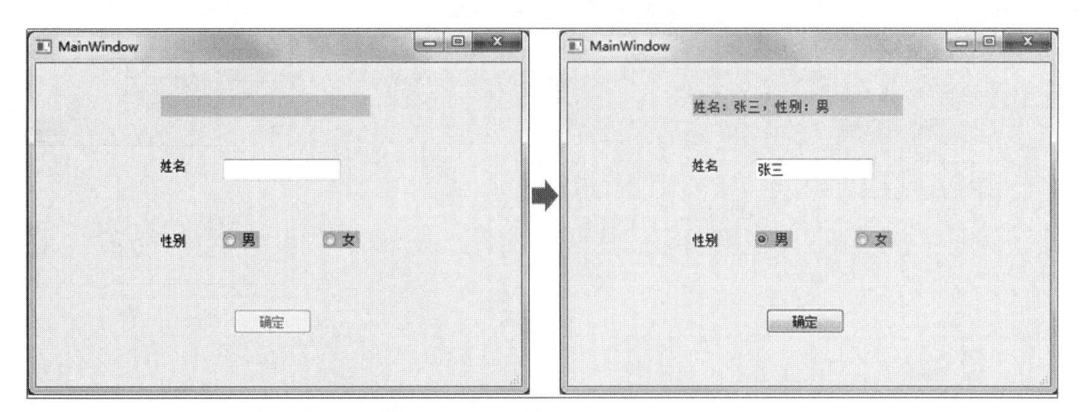

图 7–18　创建一个 GUI 程序

1）用Qt设计师设计UI界面

（1）新建窗体、添加控件。在PyCharm中新建一个项目“引例y0402_01”，然后打开Qt设计师，在“新建窗体”对话框中，选择“Main Window”选项，创建一个空白的GUI窗体，如图7–19所示。

图 7–19　“新建窗体”对话框

向窗体添加控件，方法如下：从左侧的窗体部件栏中向窗体上拖动三个标签Label，

一个文本框Line Edit。

从左侧面板的布局“Layouts”栏中，将水平布局“Horizontal Layout”拖动到窗体中，并向其中拖动两个Radio Button。在两个Radio Button之间插入一个Horizontal Spacer，目的是使两个控件之间隔开一定的距离，如图7-20所示。

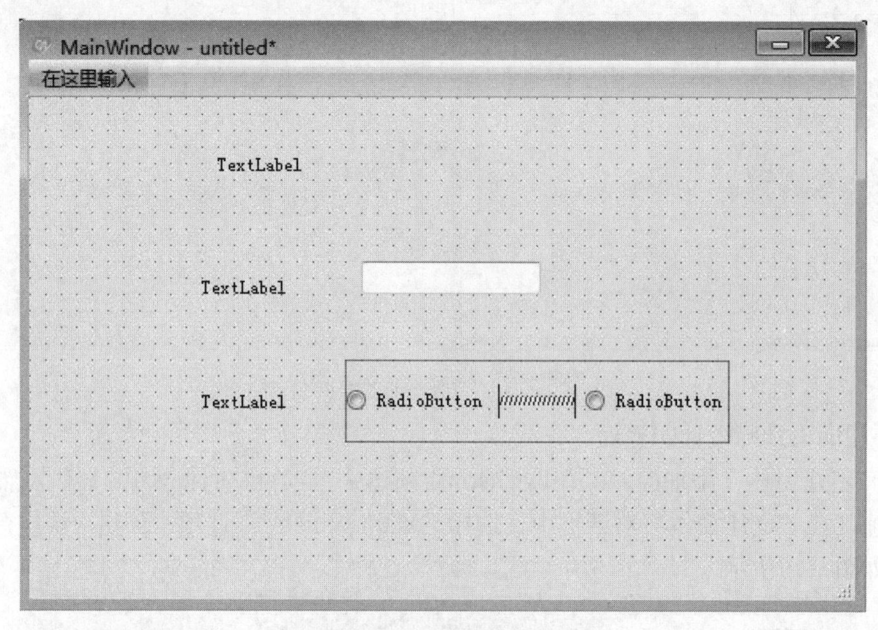

图 7-20　窗体控件布局

(2) 设置控件属性。

第一个Label（最上面的）是用来显示结果的，其objectName属性设置为show_result。

设置styleSheet属性，按图7-21设置字号、颜色和背景色。

按照图7-22所示，设置各控件的text属性，并将pushButton设置为不可用（即enabled属性设置为False）。

图 7-21　设置 Label 的 styleSheet 属性

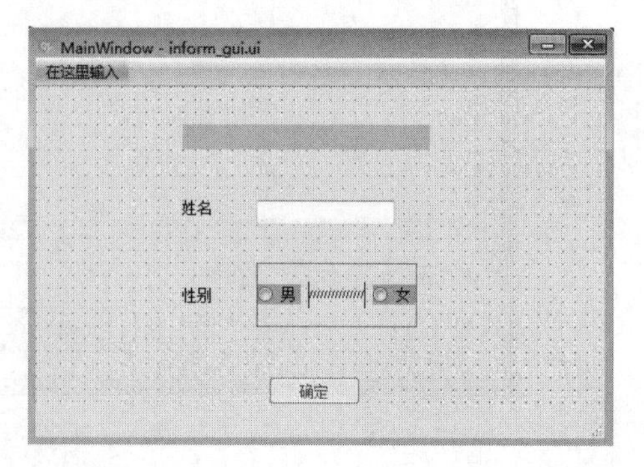

图 7-22　GUI 程序界面

设计完成后，将窗体文件保存为inform_gui.ui。

2）将UI文件转换成py文件

在PyCharm中将inform_gui.ui文件转换成inform_gui.py文件，如图7-23所示。

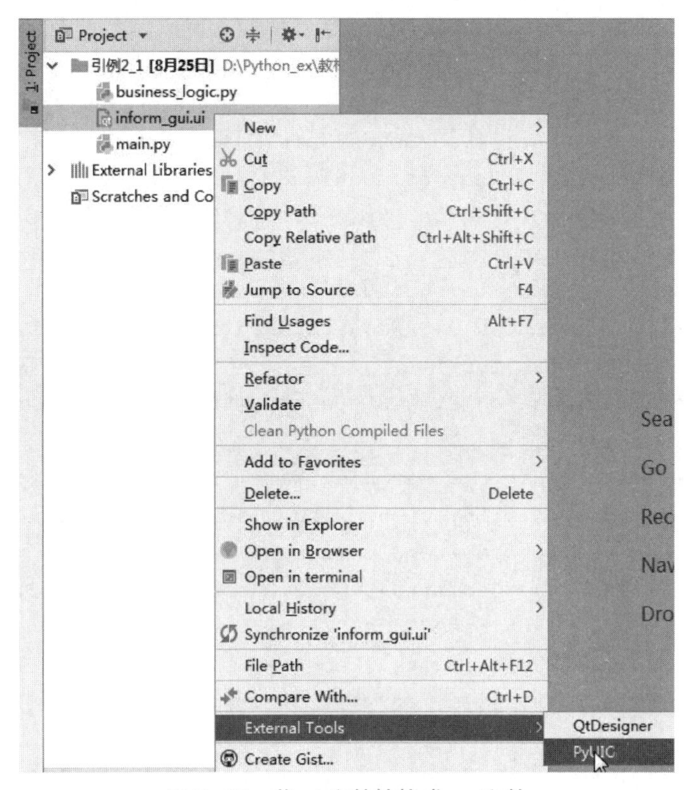

图7-23　将ui文件转换成py文件

inform_gui.py文件由系统自动生成，其作用是生成UI界面，代码如下：

```
1   from PyQt5 import QtCore,QtGui,QtWidgets
2   class Ui_MainWindow(object):
3     def setupUi(self,MainWindow):
4       MainWindow.setObjectName("MainWindow")
5       MainWindow.resize(465,302)
6       self.centralwidget=QtWidgets.QWidget(MainWindow)
7       self.centralwidget.setObjectName("centralwidget")
8       self.horizontalLayoutWidget=QtWidgets.QWidget(self.
    centralwidget)
9       self.horizontalLayoutWidget.setGeometry(QtCore.QRect(180,140,
    131,51))
10      self.horizontalLayoutWidget.setObjectName("horizontalLayout
    Widget")
11      self.horizontalLayout=QtWidgets.QHBoxLayout(self.
    horizontalLayoutWidget)
12      self.horizontalLayout.setSizeConstraint(QtWidgets.QLayout.
```

```
    SetDefaultConstraint)
13      self.horizontalLayout.setContentsMargins(0,0,0,0)
14      self.horizontalLayout.setObjectName("horizontalLayout")
15      self.radioButton=QtWidgets.QRadioButton(self.
    horizontalLayoutWidget)
16      self.radioButton.setStyleSheet("background-color: rgb(199,
    199,199);")
17      self.radioButton.setObjectName("radioButton")
18      self.horizontalLayout.addWidget(self.radioButton)
19      spacerItem=QtWidgets.QSpacerItem(40,20,QtWidgets.
    QSizePolicy.Expanding,QtWidgets.QSizePolicy.Minimum)
20      self.horizontalLayout.addItem(spacerItem)
21      self.radioButton_2=QtWidgets.QRadioButton(self.
    horizontalLayoutWidget)
22      self.radioButton_2.setStyleSheet("background-color: rgb(199,
    199,199);")
23      self.radioButton_2.setObjectName("radioButton_2")
24      self.horizontalLayout.addWidget(self.radioButton_2)
25      self.label=QtWidgets.QLabel(self.centralwidget)
26      self.label.setGeometry(QtCore.QRect(120,90,54,12))
27      self.label.setObjectName("label")
28      self.label_2=QtWidgets.QLabel(self.centralwidget)
29      self.label_2.setGeometry(QtCore.QRect(120,160,54,12))
30      self.label_2.setObjectName("label_2")
31      self.lineEdit=QtWidgets.QLineEdit(self.centralwidget)
32      self.lineEdit.setGeometry(QtCore.QRect(180,90,113,20))
33      self.lineEdit.setObjectName("lineEdit")
34      self.pushButton=QtWidgets.QPushButton(self.centralwidget)
35      self.pushButton.setEnabled(False)
36      self.pushButton.setGeometry(QtCore.QRect(190,230,75,23))
37      self.pushButton.setObjectName("pushButton")
38      self.show_result=QtWidgets.QLabel(self.centralwidget)
39      self.show_result.setGeometry(QtCore.QRect(120,30,201,20))
40      self.show_result.setStyleSheet("font: 10pt \"Agency FB\";\n"
41  "color: rgb(0,0,255);\n"
42  "background-color: rgb(213,213,213);")
43      self.show_result.setText("")
44      self.show_result.setObjectName("show_result")
45      MainWindow.setCentralWidget(self.centralwidget)
46      self.menubar=QtWidgets.QMenuBar(MainWindow)
47      self.menubar.setGeometry(QtCore.QRect(0,0,465,23))
48      self.menubar.setObjectName("menubar")
49      MainWindow.setMenuBar(self.menubar)
```

```
50        self.statusbar=QtWidgets.QStatusBar(MainWindow)
51        self.statusbar.setObjectName("statusbar")
52        MainWindow.setStatusBar(self.statusbar)
53        self.retranslateUi(MainWindow)
54        QtCore.QMetaObject.connectSlotsByName(MainWindow)
55      def retranslateUi(self,MainWindow):
56        _translate=QtCore.QCoreApplication.translate
57        MainWindow.setWindowTitle(_translate("MainWindow",
    "MainWindow"))
58        self.radioButton.setText(_translate("MainWindow","男"))
59        self.radioButton_2.setText(_translate("MainWindow","女"))
60        self.label.setText(_translate("MainWindow","姓名"))
61        self.label_2.setText(_translate("MainWindow","性别"))
62        self.pushButton.setText(_translate("MainWindow","确定"))
```

代码分析：

这段代码的核心是第2句

```
2    class Ui_MainWindow(object):
```

这句代码的作用是定义类Ui_MainWindow，这个类的作用是生成GUI程序界面。其中涉及的方法都是用来构造窗体和控件的。

3）创建业务逻辑文件

在项目中新建文件“business_logic.py”，代码如下：

```
1    from PyQt5 import QtCore, QtGui, QtWidgets
2    from inform_gui import Ui_MainWindow  #导入inform_gui.py文件的类Ui_
     MainWindow
3    class MainWindow(QtWidgets.QMainWindow,Ui_MainWindow):
4      def _ _init_ _(self):
5        super(MainWindow, self)._ _init_ _()
6        self.setupUi(self)
7        self.radioButton.clicked.connect(self.Radio_choose)
     #选中radioButton时，会链接到radioButton_choose 函数
8        self.radioButton_2.clicked.connect(self.Radio_choose)
9        self.pushButton.clicked.connect(self.EditShow)
     #按下按钮时，会链接到EditShow 函数
10     def EditShow(self):
11       text='姓名：'+self.lineEdit.text()
12       if self.radioButton.isChecked():  #判断单选按钮是否选中
13           Text_Show=text+'，性别：男'
14           self.show_result.setText(Text_Show)
15       elif self.radioButton_2.isChecked():  #判断单选按钮是否选中
16           Text_Show=text+'，性别：女'
```

```
17          self.show_result.setText(Text_Show)
18      def Radio_choose(self):
19        if self.radioButton.isChecked():  #判断单选按钮是否选中
20          self.pushButton.setEnabled(True)
21        elif self.radioButton_2.isChecked():
22          self.pushButton.setEnabled(True)
```

代码分析：

第2行代码表示导入文件inform_gui.py的类Ui_MainWindow。

第3行代码表示定义一个类MainWindow，这是本段代码的核心。

其中两个函数EditShow和Radio_choose分别用于单击按钮和选中单选按钮时产生的事件。

4）创建主程序main.py

在项目中新建文件“main.py”，代码如下：

```
1   from PyQt5 import QtCore,QtGui,QtWidgets
2   from business_logic import MainWindow
    #导入business_logic.py文件的类MainWindow
3   import sys
4   if __name__=="__main__":
5     app=QtWidgets.QApplication(sys.argv)
6     mainWin=MainWindow()
7     mainWin.show()
8     sys.exit(app.exec_())
```

代码分析：

第2行代码表示导入文件business_logic.py的类MainWindow，是本段代码的核心。

第4行代码分析见7.15节第54行代码分析。

3. 创建GUI程序的一般流程

上面介绍了用Qt 设计师设计GUI程序的完整过程，总结如下：

1）设计UI

在PyCharm中新建一个项目，然后打开Qt 设计师设计界面，保存成inform_gui.ui文件。

2）将UI文件转换成py文件

在PyCharm中将UI文件转换成inform_gui.py文件。

注意：inform_gui.py文件只是个界面文件，还不具有任何功能。

3）创建逻辑文件business_logic.py

business_logic.py文件的作用是实现程序的各种功能，这样就将界面与业务逻辑进行了分离。

4）创建主程序main.py

主程序main.py可以看成是程序入口，它的结构和形式是固定的。

7.2.3 分析问题

下面应用QT设计师制作一个浏览电影图片的GUI程序，程序窗口上有两个标签和两个下拉列表。其中两个标签分别用来显示文字和图片，两个下拉列表分别用来显示电影名称和演员名称。

本程序的关键是如何实现两个下拉列表的数据联动，当在一个下拉列表中选择电影名称后，另一个下拉列表可列出属于该电影的演员，如图7-24所示。

图 7-24　浏览电影图片程序

7.2.4 设计方案

本程序的制作流程可分为图7-25所示的三步。

图 7-25　程序制作流程

1. 设计UI界面

先利用Qt设计师设计UI界面，如图7-26所示，设计完成后保存为“uiform.ui”文件，然后再转换成“uiform.py”文件。

2. 创建业务逻辑

新建文件“business_logic.py”文件，编写事件代码，这样，就把UI界面与业务逻辑进行了分离。

3. 建立主程序

建立主程序main.py。

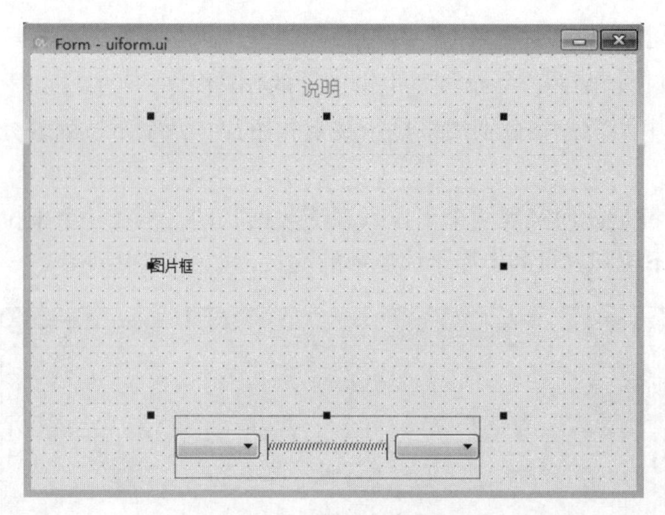

图 7-26　设计程序界面

7.2.5　实现方案

按照上面的思路，设计一个浏览电影图片的GUI程序，运行效果如图7-27所示。

图 7-27　浏览电影图片程序

1. 用QT设计师设计程序界面

1）新建项目

在PyCharm中新建一个项目“案例z0402_01”，然后打开Qt设计师，在“新建窗体”对话框中，选择“Widget”选项，创建一个空白的GUI窗体，如图7-28所示。

2）在窗口中添加部件

将窗体大小设置为宽500px、高350px，

从左侧的窗体部件栏中向窗体上拖动两个标签label和label_2，其中label用来显示图片，label_2用来显示文字。

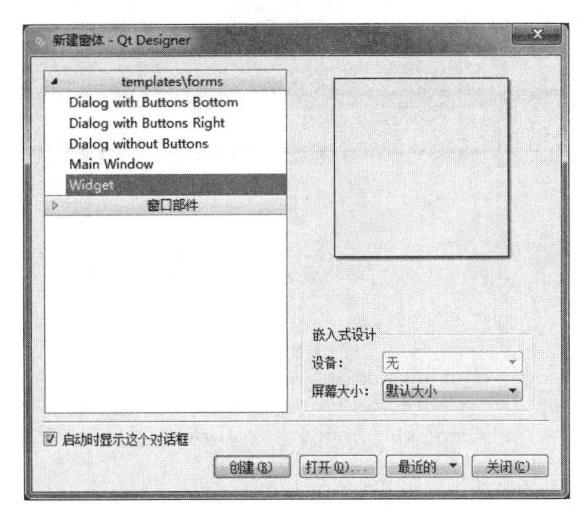

图 7-28　新建窗体

从左侧面板的布局“Layouts”栏中，将水平布局“Horizontal Layout”拖动到窗体中，并向其中拖动两个下拉列表comboBox和comboBox_2，它们分别用于显示电影名称和演员名称。为了使两个控件之间隔开一定的距离，在两个下拉列表之间插入一个Horizontal Spacer控件，如图7-29所示。

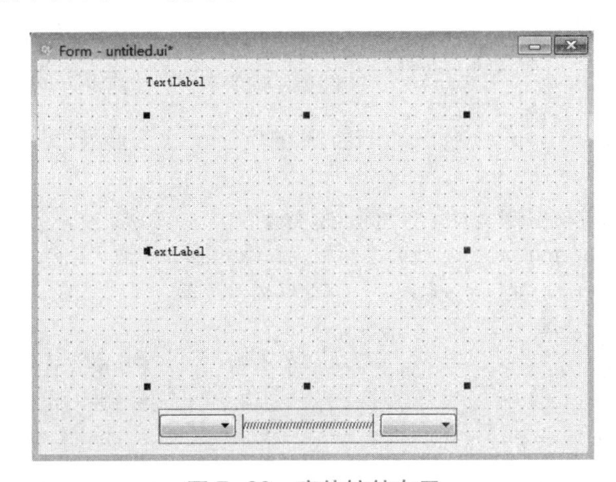

图 7-29　窗体控件布局

3）设置控件属性

设置两个标签的大小和位置分别为：

Label：大小为宽=290 px，高=240 px；位置为x=100 px，y=50 px。

Label_2：大小为宽=280 px，高=30 px；位置为x=100 px，y=5 px。

按图7-30设置Label_2的styleSheet属性，将其字体颜色设置为橙色。

4）保存文件

设计完成后，将窗体文件保存为uiform.ui。

2. 将UI文件转换成py文件

在PyCharm中将uiform.ui文件转换成uiform.py文件。

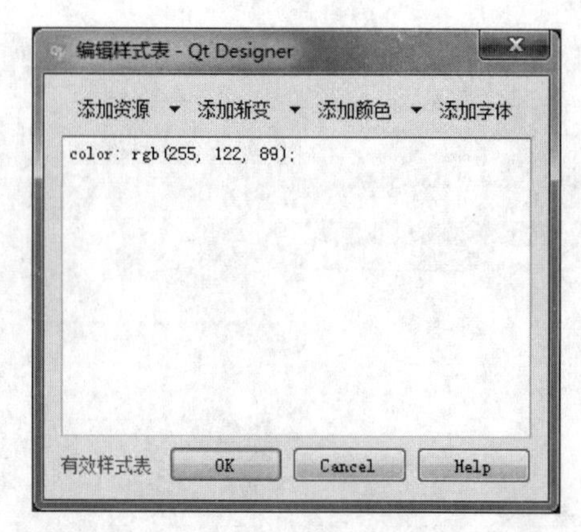

图 7-30　设置 Label_2 的 styleSheet 属性

3. 编写业务逻辑文件

在项目中新建文件“business_logic.py”，代码如下：

```
1    from PyQt5 import QtGui,QtWidgets
2    from PyQt5.QtGui import QIcon
3    from uiform import Ui_Form  #导入inform_gui.py文件的类Ui_MainWindow
4    class MainForm(QtWidgets.QMainWindow,Ui_Form):
5      def _ _init_ _(self):
6        super(MainForm, self)._ _init_ _()
7        self.setupUi(self)
8        self.setWindowTitle('佳片欣赏')
9        self.setWindowIcon(QIcon('aa.png'))
10       png=QtGui.QPixmap('请选择.jpg')
11       File=open('aaa.txt')  #打开文件"aaa.txt"
12       File_text=File.read()  #读取文件内容
13       self.label.setPixmap(png)
14       self.label.setScaledContents(True)  #让图片自适应label大小
15       self.label_2.setText(File_text)  #将文件内容在label_2中显示
16       #初始化电影名
17       self.comboBox.clear()  #清空items
18       self.comboBox.addItem('请选择')
19       self.comboBox.addItems(['阿甘正传','音乐之声','泰坦尼克号'])
20     def on_comboBox_activated(self,index):
     #当激活comboBox时调用on_comboBox_activated方法
21       film1_index=self.comboBox.currentIndex()
     #把comboBox当前列表项索引号赋给film1_index
22       film1_name=self.comboBox.itemText(film1_index)
     #把索引号为film1_index的项的值赋给film1_name
23       png=QtGui.QPixmap("image/"+film1_name+".jpg")
24       self.label.setPixmap(png)
25       png=QtGui.QPixmap('请选择.jpg')
```

```
26        self.label_2.setText(film1_name)
27        self.comboBox_2.clear()  #清空items
28        if film1_index: #只要film1_index是非零数值，就判断为True，
  否则为False。
29            self.comboBox_2.addItem('请选择')
30            self.comboBox_2.addItems(['导演','女主角','男主角'])
31      def on_comboBox_2_activated(self,index):
  #当激活comboBox_2时调用on_comboBox_activated_2方法
32        film2_index=self.comboBox_2.currentIndex()
  #把comboBox_2当前列表项索引号赋给film2_index
33        film2_name=self.comboBox_2.itemText(film2_index)
  #把索引号为film2_index的项的值赋给film2_name
34        film1_index=self.comboBox.currentIndex()
35        film1_name=self.comboBox.itemText(film1_index)
36        png=QtGui.QPixmap("image/" + film1_name+"/"+film2_name
  + ".jpg")
37        self.label.setPixmap(png)
38        if index==0:
39            png=QtGui.QPixmap("image/" + film1_name + ".jpg")
40            self.label.setPixmap(png)
41            self.label_2.setText("请选择")
42        else:
43            File=open("film_txt.txt",'r')
  #打开文件"film_txt.txt"
44            line=File.readlines()  #按行读取文件"film_txt.txt"内容
45            if index==1:
46            line=line[(film1_index-1)*4+film2_index]
  #读取film_txt的第film2_index行
47            line=line.strip() #去掉前后空格
48            self.label_2.setText(line)
49            elif index==2:
50            line=line[(film1_index-1)*4+film2_index]
  #读取film_txt的第4+film2_index行
51            line=line.strip() #去掉前后空格
52            self.label_2.setText(line)
53            else:
54            line=line[(film1_index-1)*4+film2_index]
  #读取film_txt的第8+film2_index行
55            line=line.strip()  #去掉前后空格
56            self.label_2.setText(line)
```

代码分析：

第3行代码表示导入文件导入uiform.py文件的类Ui_Form。

第4行代码表示定义一个类MainForm，这是本段代码的核心。

4. 创建主程序main.py

在项目中新建文件“main.py”，代码如下：

```
1    from PyQt5 import QtWidgets
2    from business_logic import MainForm
3    import sys
4    if __name__ == "__main__":
5        app = QtWidgets.QApplication(sys.argv)
6        mainform=MainForm()
7        mainform.show()
8        sys.exit(app.exec_())
```

代码分析：

第2行代码表示导入文件business_logic.py的类MainForm，是本段代码的核心。

7.2.6 思考与练习

利用QT设计师设计一个能进行加、减、乘、除四则运算的计算器程序，效果如图7-31所示。

思考：

在上面的计算器中，如何避免除数为0的情况。

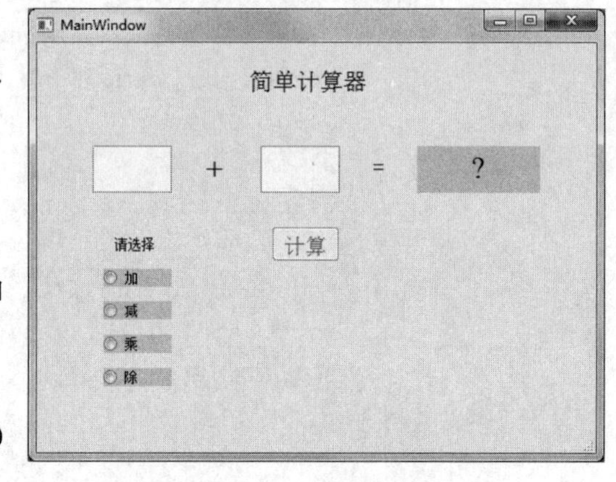

图 7-31 简单计算器

本章小结

本章介绍了应用PyQt5创建GUI程序的基本方法，主要包括以下内容：

（1）类的概念。

（2）PyQt5中的QtWidgets、QtGui和QtCore等模块的几个常用类的使用方法。

（3）QT设计师的基本使用方法。

（4）用QT设计师开发GUI程序的一般流程。

PyQt5中包含大量的类和丰富的函数和方法，由于篇幅所限，本章只介绍了其中最基本的几个类。类的使用是本章学习的重点和难点，用QT设计师设计的UI界面转换成的py文件，实际上就是在导入PyQt5的相关类的基础上，再创建一个类，这个类包含了构造UI界面的全部属性和方法。

业务逻辑文件的核心还是定义一个类，这个类除了继承上面的构造UI界面的类之外，还包含GUI应用程序中涉及的对象及所有事件和方法（即业务逻辑）。

主程序main.py可以看成是程序入口，它的结构和形式是固定的，其作用是创建一个对象，并显示对象。

课后习题

请利用QT设计师创建一个GUI程序，其中包含Date Edit（日期）和Calendar Widget（日历）控件，需求：在日历控件中选取某个日期后，能在日期控件中显示这个日期，结果如图7-32所示。

要求：

（1）在QT设计师中创建Main Window窗体。

（2）在窗体中用“Vertical Layout”控件将Date Edit和Calendar Widget控件垂直布局，如图7-33所示。

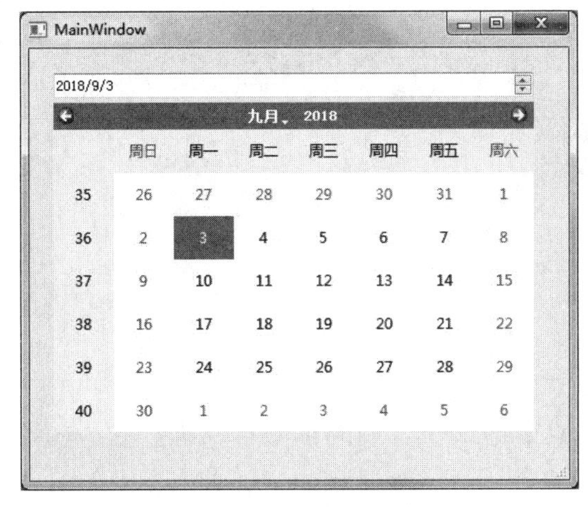

图7-32　显示日期

图7-33　窗体控件布局

提示：

（1）在业务逻辑文件中创建类MainWindow。

（2）在类MainWindow中新建update_date()方法，用于更新Date Edit中的日期。

```
def update_date(self):
    self.dateEdit.setDate(self.calendarWidget.selectedDate())
```

（3）在类MainWindow中再新建一个update_calendar()方法，用于设置将日历传递给Date Edit（日期）控件。

```
def update_calendar(self):
    self.calendarWidget.selectionChanged.connect(self.update_date)
```

第8章 人工智能之仿真模拟（生命游戏）

8.1 提出问题

生命游戏是英国数学家约翰·何顿·康威于1970年发明的细胞自动机。它最初于1970年10月在《科学美国人》杂志中马丁·葛登能（Martin Gardner，1914年11月21日—2010年5月22日。又译：马丁·加德纳）的“数学游戏”专栏出现。

生命游戏其实是一个零玩家游戏，它包括一个二维矩形世界，这个世界中的每个方格居住着一个活着的或死了的细胞。一个细胞在下一个时刻的生死取决于相邻八个方格中活着的或死了的细胞的数量。如果相邻方格活着的细胞数量过多，这个细胞会因为资源匮乏而在下一个时刻死去；相反，如果周围活细胞过少，这个细胞会因太孤单而死去。实际中，你可以设定周围活细胞的数目是多少时才适宜该细胞的生存。如果这个数目设定过低，世界中的大部分细胞会因为找不到太多的活的邻居而死去，直到整个世界都没有生命；如果这个数目设定过高，世界中又会被生命充满而没有什么变化。实际中，这个数目一般选取2或3，这样整个生命世界才不至于太过荒凉或拥挤，而是一种动态的平衡。这样的话，游戏的规则就是：当一个方格周围有2或3个活细胞时，方格中的活细胞在下一个时刻继续存活；即使这个时刻方格中没有活细胞，在下一个时刻也会“诞生”活细胞。在这个游戏中，还可以设定一些更加复杂的规则，例如当前方格的状况不仅由父一代决定，而且还考虑祖父一代的情况。你还可以作为这个世界的上帝，随意设定某个方格细胞的死活，以观察对世界的影响。

在游戏的进行中，杂乱无序的细胞会逐渐演化出各种精致、有形的结构；这些结构往往有很好的对称性，而且每一代都在变化形状。一些形状已经锁定，不会逐代变化。

有时，一些已经成形的结构会因为一些无序细胞的"入侵"而被破坏，但是形状和秩序经常能从杂乱中产生出来。

这个游戏被许多计算机程序实现。UNIX世界中的许多黑客喜欢玩这个游戏，他们用字符代表一个细胞，在一个计算机屏幕上进行演化。著名的GNUEmacs编辑器中就包括这样一个小游戏。

8.2 预备知识

8.2.1 细胞自动机

细胞自动机（又称元胞自动机），名字虽然很深奥，但是它的行为却是非常美妙的。我们可以把计算机中的宇宙想象成是一堆方格子构成的封闭空间，尺寸为N的空间就有$N \times N$个格子。而每一个格子都可以看成是一个生命体，每个生命都有生和死两种状态，如果该格子为生的状态就显示蓝色，为死的状态则显示白色。每一个格子旁边都有邻居格子存在，如果我们把3×3的9个格子构成的正方形看成一个基本单位，那么这个正方形中心的格子的邻居就是它旁边的8个格子。

每个格子的生死遵循以下原则：

（1）如果一个细胞周围有3个细胞为生（一个细胞周围共有8个细胞），则该细胞为生（即该细胞若原先为死，则转为生；若原先为生，则保持不变）。

（2）如果一个细胞周围有2个细胞为生，则该细胞的生死状态保持不变。

（3）在其他情况下，该细胞为死（即该细胞若原先为生，则转为死；若原先为死，则保持不变）。

设定图像中每个像素的初始状态后依据上述的游戏规则演绎生命的变化，由于初始状态和迭代次数不同，将会得到令人叹服的优美图案。

这样就把这些若干个格子（生命体）构成了一个复杂的动态世界。运用简单的3条作用规则构成的群体会涌现出很多意想不到的复杂行为，这就是复杂性科学的研究焦点。

细胞自动机有一个通用的形式化的模型，每个格子（或细胞）的状态可以在一个有限的状态集合S中取值，格子的邻居范围是一个半径r，也就是以这个格子为中心，在距离它r远的所有格子构成了这个格子的邻居集合，还要有一套演化规则，可以看成是一个与该格子当前状态以及邻居状态相关的一个函数，可以写成f:S*S^((2r)^N-1)->S。这就是细胞自动机的一般数学模型。

最早研究细胞自动机的科学家是冯·诺依曼，后来康韦发明了上面展示的这个最有趣的细胞自动机程序：《生命游戏》，而wolfram则详尽地讨论了一维世界中的细胞自动机的所有情况，认为可以就演化规则f进行自动机的分类，而只有当f满足一定条件时，系统演化出来的情况才是有活力的，否则不是因为演化规则太死板而导致生命的死亡，就是因为演化规则太复杂而使得随机性无法克服，系统乱成一锅粥，没有秩序。后来人工生命之父克里斯·朗顿进一步发展了细胞自动机理论。并认为具有8个有限状态集合的自动机就能够涌现出生命体的自复制功能。他根据不同系统的演化函数 f，找到了一个参数lamda用以描述 f 的复杂性，得出了只有当lamda比混沌状态的lamda相差很小时，复杂的生命活系统才会诞生的结论，因此，朗顿称生命诞生于“混沌的边缘”，并从此开辟了“人工生命”这一新兴的交叉学科。

如今细胞自动机已经在地理学、经济学、计算机科学等领域得到了非常广泛的应用。

8.2.2 二维列表

二维数组本质上是以数组作为数组元素的数组，即“数组的数组”，类型说明符 数组名[常量表达式][常量表达式]

二维数组又称矩阵，行列数相等的矩阵称为方阵。

对称矩阵如$a[i][j] = a[j][i]$。

对角矩阵：n阶方阵主对角线外都是零元素。

在Python中，创建一个二维列表最简单的方式如下：

```
>>>Name=[[val for j in range(cols)] for i in range(rows)]
```

例如，创建一个3*3初始值都为0的二维数组。

方法1：直接定义。

```
>>>matrix=[[0,0,0],[0,0,0],[0,0,0]]
```

方法2：间接定义。

```
>>>matrix=[[0 for i in range(3)] for i in range(3)]
```

直接输入二维列表的名字，可以将二维列表中的元素直接打印出来。

```
>>> matrix
[[0,0,0],[0,0,0],[0,0,0]]
```

这个二维列表是通过循环复制创建的，创建二维列表的方法与下面的语句等价：

```
Matrix=[]
for i in range(3):
    matrix.append([0]*3)
```

这个循环每次迭代都生成一个新的[0]*3，在Python中，因为内部机制的原因，如下语句是无法创建一个正确的3*3的二维列表的：

```
>>> matrix=[[0]*3]*3
```

通过一行语句就可以创建一个9*9乘法表，再将其循环打印出来：

```
>>> list=[[(i+1)*(j+1) for j in range(9)]for i in range(9)]
>>> for i in list:
print(i)
[1,2,3,4,5,6,7,8,9]
```

```
[2,4,6,8,10,12,14,16,18]
[3,6,9,12,15,18,21,24,27]
[4,8,12,16,20,24,28,32,36]
[5,10,15,20,25,30,35,40,45]
[6,12,18,24,30,36,42,48,54]
[7,14,21,28,35,42,49,56,63]
[8,16,24,32,40,48,56,64,72]
[9,18,27,36,45,54,63,72,81]
```

8.3 分析问题

这个游戏是在一个网格中进行的。网格可大可小，其中每个网格单元要么是“活的”，要么是“死的”，每个单元有8个相邻的单元。生命游戏规则看似很多，其实非常简单，如果将其进行合并，它的最终规则只有三个：

邻居数量为N	对应的下一个状态
$N<2$或$N>3$	死亡
$N==2$	维持不变
$N==3$	繁殖

可以根据这些规则推演下一步网格单元的状态，如图8-1所示。

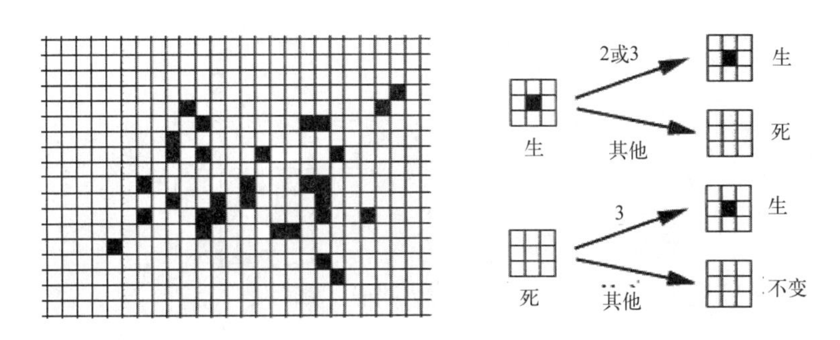

图 8-1　网格单元的烟花状态

在网格中用一个“滑翔机”的图案来做实际推演，如图8-2所示。

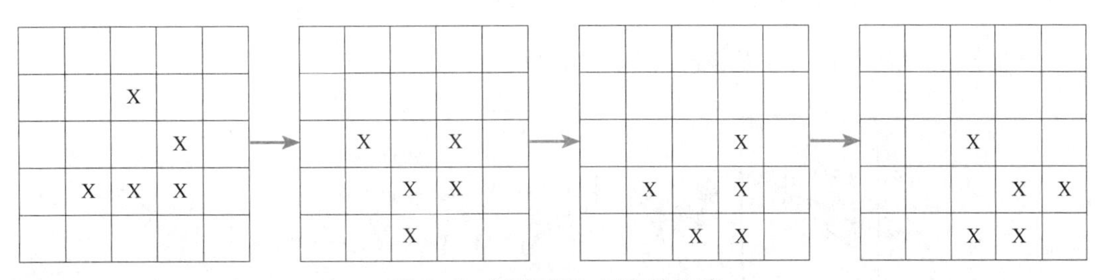

图 8-2　“滑翔机”图案的推演

但对于一个矩阵来说，计算所有单元格的相邻单元格数量是一件效率很低的工作。假设一个40列20行的矩阵，它包含了800个单元格，如果每个单元格都检查全部相邻的8个相邻单元格。需要检查的次数为800 × 8=6 400。其实生命网格的密度一般不会超过5% ~ 10%，可以根据当前“活的”单元格来填充邻居单元格。其优点在于：对于空的单元格，程序可以什么都不做。

使用两个矩阵来存储和计算邻居单元格的数量，一个是存储“活的”单元格状态的生命矩阵；另一个是存储邻居单元格数量的邻居矩阵（邻居矩阵的初始值都为0）。对于生命矩阵中“活的”单元格，将邻居矩阵中其对应相邻的单元格的值都加1。再根据邻居矩阵的数值，对生命矩阵中的单元格状态做进一步的推演。图8-3所示为一个简单图案的计算过程。

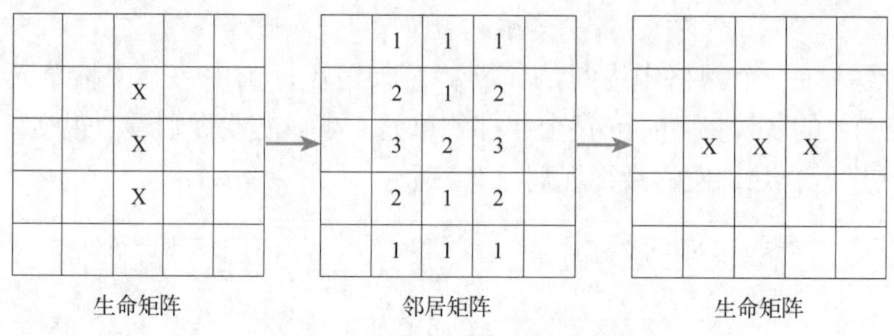

图 8-3　邻居单元格数量的计算

这里还有一点需要注意的地方，如果“活的”单元位于矩阵的边上或角上，它的影响将环绕到另一边，如图8-4所示。

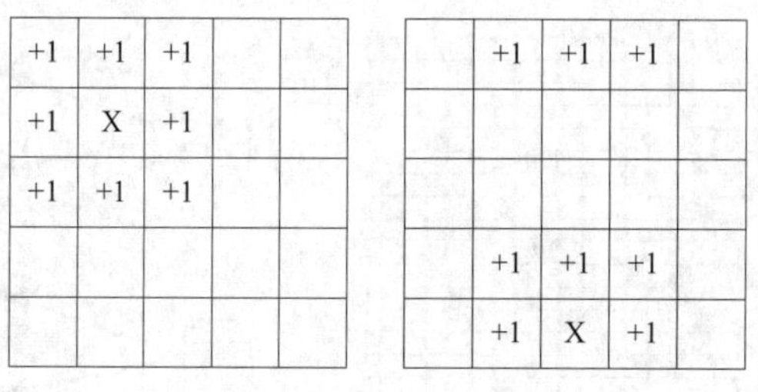

图 8-4　邻居单元格的环绕情况

8.4 设计解决方案

整个程序的总体实现流程非常简单，如图8-5所示。

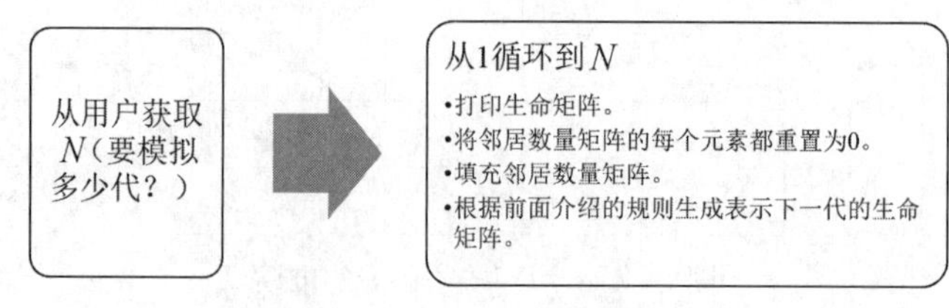

图 8-5　程序的总体流程

8.4.1 自定义矩阵类

下面是矩阵类的代码，这个矩阵类不仅可以运用于本案例中，对其他的应用程序也是一个通用类。为了方便以后能重复调用，可以将这段代码单独命名保存为lifcmat.py文件。

```
1    class Matrix2D:
2       #通用的二维矩阵类
3       def _ _init_ _(self,rows,cols):
4         #将矩阵初始化为rows行cols列
5         self.grid=[[0]*cols for_in range(rows)]
6         self.rows=rows
7         self.cols=cols
8       def get_cell(self,r,c):
9         #获取单元格（r,c）的值
10        return self.grid[r][c]
11      def set_cells(self,n,*args):
12        #将任意个单元格的值设置为n
13        for r,c in args:
14         self.grid[r][c]=n
15      def inc_cells(self,*args):
16        #将任意个单元格的值加1
17        for r,c in args:
18          self.grid[r][c]+=1
19      def set_all_cells(self,n=0):
20        #将所有单元格的值都设置为n(n的默认值为0)
21        for i in range(self.rows):
22          for j in range(self.cols):
23          self.grid[i][j]=n
```

初始化函数_ _init_ _使用了循环迭代的方法来创建二维生命矩阵：

```
5   self.grid=[[0]*cols for_in range(rows)]
```

get_cell函数用来确定生命矩阵的特定位置是否有活细胞，再使用inc_cells来填充矩阵的邻接单元格。

函数set_cells和inc_cells都使用了变长参数列表功能。

```
11    def set_cells(self,n,*args):
13        for r,c in args:
14            self.grid[r][c]=n
```

当函数有不确定的多个实参要输入时，可以将参数定义为*args。假定每个实参都是形如（r,c）的元组，循环每次读取一个元组，并将其直接赋给变量r和c。

可以通过下面的示例了解一下：

```
my_mat=Matrix2D(20,20)
my_mat.set_cells(5,(0,0),(0,1),(0,2))
```

第一句语句创建了一个20*20的矩阵。第二句语句set_cells函数是将矩阵第一行前三个单元格都设置为5，第一个参数（5）被传递给n，而在循环的各次迭代中，分别将元组(0,0)，(0,1)（0,2）读取到r和c中。

8.4.2 打印生命矩阵

程序中的第一项主要任务是打印生命矩阵：不打印数字，只打印表示“活的”单元字符，如“X”。还需要打印相邻代际之间的边界字符，同时为了确保打印平稳而快速，尽可能减少调用print函数的次数。

```
1    from lifemat import Matrix2D #从当前目录下的文件lifemat.py中导入
     Matrix2D类
2    rows=20
3    cols=40
4    life_mat=Matrix2D(rows,cols)#
5    nc_mat=Matrix2D(rows,cols) #邻居数量矩阵
6    life_mat.set_cells(1,(1,1),(2,2),(3,0),(3,1),(3,2))
7    border_str='_'*cols #创建边界字符串
8    def get_mat_str(a_mat):
9      disp_str=''
10     for i in range(rows):
11       lst=[get_chr(a_mat,i,j) for j in range(cols)]
12       disp_str+=''.join(lst)+'\n'
13     return  disp_str
14   def get_chr(a_mat,r,c):
15     return 'X' if a_mat.get_cell(r,c)>0 else ' '
16   do_generation()
```

8.5 实现设计方案

按照上面的思路，完整的程序代码如下：

```
1    import time
2    from lifemat import Matrix2D#从当前目录下的文件lifemat.py中导入
3    rows=20
4    cols=40
5    life_mat=Matrix2D(rows,cols)
6    nc_mat=Matrix2D(rows,cols) #邻居数量矩阵
7    life_mat.set_cells(1,(1,1),(2,2),(3,0),(3,1),(3,2))
```

```
8  border_str='_'*cols #创建边界字符串
9  #打印矩阵状态的函数
10 def get_mat_str(a_mat):
11   disp_str=''
12   for i in range(rows):
13     lst=[get_chr(a_mat,i,j) for j in range(cols)]
14     disp_str+=''.join(lst)+'\n'
15   return  disp_str
16 def get_chr(a_mat,r,c):
17   return 'X' if a_mat.get_cell(r,c)>0 else ' '
18 #代际过渡函数；
19 #打印life_mat的当前状态，并生成下一代；
20 def do_generation():
21   #打印生命矩阵的当前状态
22   print(border_str+'\n'+get_mat_str(life_mat))
23   nc_mat.set_all_cells(0)
24   #填充nc_mat：对于life_mat中每个包含活细胞的位置；
25   #将nc_mat中相应的邻接单元加1；
26   #在边上和角上使%运算符实现环绕；
27   for i in range(rows):
28     for j in range(cols):
29       if life_mat.get_cell(i,j):
30       im=(i-1) % rows
31       ip=(i+1) % rows
32       jm=(j-1) % cols
33       jp=(j+1) % cols
34 nc_mat.inc_cells((im,jm),(im,j),(im,jp),(i,jm),(i,jp),(ip,jm),
   (ip,j),(ip,jp))
35   #根据邻居数量矩阵按规则生成下一代
36   for i in range(rows):
37     for j in range(cols):
38      n=nc_mat.get_cell(i,j)
39      if n<2 or n>3:          #死亡
40         life_mat.set_cells(0,(i,j))
41      elif n==3:              #繁殖
42         life_mat.set_cells(1,(i,j))
43 n=int(input("How many generations of slider?"))
44 for i in range(n):
45   do_generation()
46   time.sleep(0.5)
```

只需在网格上布好初始图像，就可以观察程序如何运行，所以这是一种相当独特的无人游戏，它在大多数时间都不需要任何操作，只需要安静地观看而已——就像小时候坐在台阶上静静地观察蚂蚁。

在开始时，这有些莫名其妙，然而只需耐心地看下去，就会发现生命游戏并不简单：

格子的生与死可以演化出非常复杂的有型结构，随着回合推进展现出富有规律的运动趋势。一个最著名的运动结构被称为“滑翔机”，它总是由五个棋子构成，每四个回合就向着右下方平移一格，如图8-6所示。

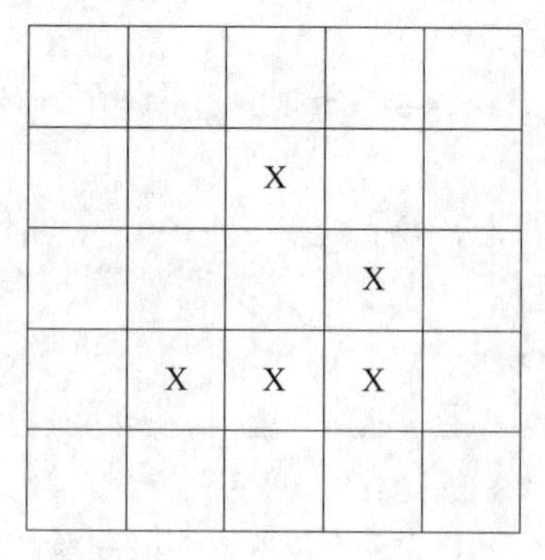

图 8–6 “滑翔机”图案

下列语句就在生命矩阵中初始化了一个“滑翔机”图案：

```
7    life_mat.set_cells(1,(1,1),(2,2),(3,0),(3,1),(3,2))
```

程序还必须解决“边角”问题，如果单元格位于边缘位置，那么它访问下一行或列会导致索引错误。

```
30   im=(i-1) % rows
31   ip=(i+1) % rows
32   jm=(j-1) % cols
33   jp=(j+1) % cols
```

这段代码中，i和j为当前单元格的行号和列号；ip和im为当前行号加1和减1；jp和jm为当前列号加1和减1。通过使用求余运算符（%，也称求模运算符），实现从左边缘环绕到右边缘的效果。

程序在执行当中，代际演变较快时，观者可能看不清中间的演变过程，可以用time模块中的sleep函数来控制代际迭代的演变速度。

```
1    import time
46       time.sleep(0.5)
```

首先要导入time模块，time.sleep(0.5)中的0.5表示程序运行将休眠0.5秒，这里也可以根据程序运行效果的需要调整休眠时间。

8.6 生命游戏能否演化成真实的生命形态

这恐怕是一个仁者见仁智者见智的问题。

细胞自动机的计算机框架大多是图灵在20世纪30年代奠定的，但是首要工作是冯·诺依曼在20世纪40年代完成的。冯·诺依曼设计细胞自动机的初衷是为自然界的自我复制和生物发展提供一个简化理论。冯·诺依曼最初设计的是一个离散的二维系统。他的细胞自动机也是首个可被称为通用计算机的离散并行计算模型。

细胞自动机对于生物现象的最大影射在于，生命的起源更像是一种相变，而进化则像是秩序和混沌之间的挣扎。冯·诺依曼的追随者们感到它对生命的解释有着非凡的意义。在这个大背景下，康威在1970年提出了细胞自动机的最佳样本——生命游戏。

在严格意义上，生命游戏并不是一种游戏，因为在这个游戏中没有任何玩家。康威说它是一种“0玩家且永不结束”的游戏。

纪录片《史蒂芬·霍金之大设计》（*Stephen Hawking's Grand Design*）曾经这样介绍它：“像生命游戏这样规则简单的东西能够创造出高度复杂的特征，智慧可能从中诞生。这个游戏需要数百万的格子，但是这并没什么奇怪的，我们的脑中就有数千亿的细胞。”

后来人们了解到，生命游戏便是“涌现复杂性”（Emergent Complexity）或者说“自组织系统”（Self-organizing System）的最简单版本。通过生命游戏，人们可以理解复杂的模式和行为是如何从几条简单的规则中“涌现”出来的。比如，它可以解释玫瑰的花瓣或者斑马身上的条纹是如何从一些生长在一起的活细胞中演变出来的。它甚至能够帮助我们理解生命复杂性的来源。认知科学家、哲学家丹尼尔·丹尼特（Daniel C. Dennett）甚至提出，康威生命游戏说明，复杂的哲学建构，如意识和自由意志可能就是由一些简单的物理定律触发的，而这一切本质上是决定论的。

但在目前的生命游戏中，绝大多数非常复杂的图案最终的演化结果也只是一个稳定的图案模式，并不具有无限演化的能力。目前的生命游戏演化中，尚缺乏真实生命体的自我修复能力。

本章小结

细胞自动机为模拟包括自组织结构在内的复杂现象提供了一个强有力的方法。细胞自动机模型的基本思想是：自然界里许多复杂结构和过程，归根到底只是由大量基本组成单元的简单相互作用所引起。因此，利用各种细胞自动机有可能模拟任何复杂事物的演化过程。

本章还包含以下知识点和技巧：

（1）类的创建与调用。

（2）二维矩阵的创建。

（3）减少print函数的调用，字符串拼接和字符串函数join的使用，都能提高打印输出的效率。

（4）乘法运算符“*”在创建列表和二维矩阵时很有用。

（5）如果在函数调用时需用到变长参数列表，必须在其中包含特殊参数*args。

课后习题

1. 当前游戏一开始，生命矩阵中只有一个“滑翔机”图案，没有其他任何东西。这里可以尝试添加众多其他图案或图案组合，比如两个“滑翔机”图案快速碰撞，或者“滑翔机”图案撞向一个稳定的方块图案。

2. 当前，这个游戏是自动代际迭代向下演变的，请让这个游戏放慢脚步，在每次代际迭代时，都询问用户是否要继续演变；如果用户按Enter键或输入“Y”或“y”，就过渡到下一代；如果用户输入“N”或“n”，就退出程序。

3. 能否让程序随机生成生命矩阵的初始图案，这样程序每次启动时，都会随机生成不同的图案再进行迭代演变。

4. 调用matplotlib模块，用图形化的方式输出生命游戏的演变进程，如图8-7所示。

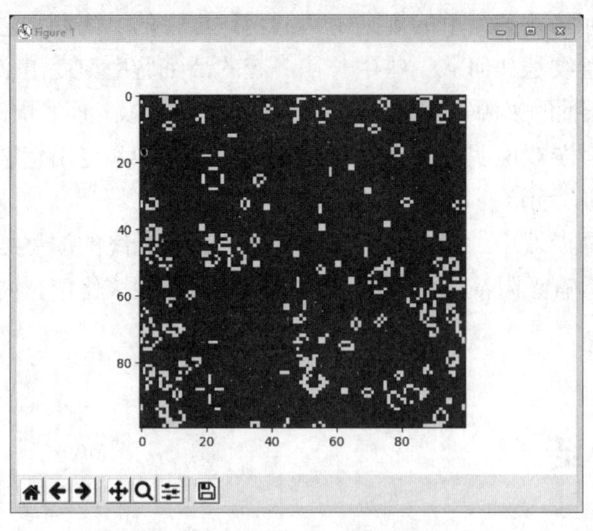

图8–7　调用matplotlib模块的输出效果